2025학년도 수능 대비

수능
기출의
미래

수학영역 | 확률과 통계

All New

구성과 특징

수능 기출의 미래
수학영역 확률과 통계

기출 풀어 유형 잡고,
수능 기출의 미래로 2025 수능 가자!!

매해 반복 출제되는 개념과 번갈아 출제되는 개념들을 익히기 위해서는 다년간의 기출 문제를 꼼꼼히 풀어 봐야 합니다.
다년간 수능 및 모의고사에 출제된 기출 문제를 풀다 보면 스스로 과목별, 영역별 유형을 익힐 수 있기 때문입니다.

새 교육과정에 맞춰 최근 7개년의 수능, 모의평가, 학력평가 기출 문제를 엄선하여
최다 문제를 실은 EBS **수능 기출의 미래로 2025학년도 수능을 준비**하세요.

수능 준비의 시작과 마무리! **수능 기출의 미래**가 책임집니다.

수능 유형별 기출 문제 ·····················

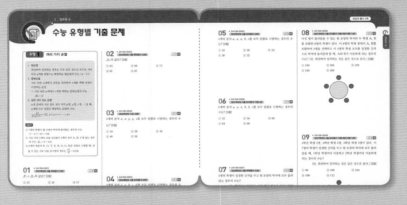

최근 7개년 간 역대 최다의 기출 문제로 단원별 유형을 확인하고 수능을 준비할 수 있도록 구성하였습니다. 매해 반복 출제되는 유형과 개념을 심화 학습할 수 있습니다.

도전 1등급 문제 ·····················

난도 있는 문제를 집중 심화 연습하면서 1등급을 완성합니다. 개념이 확장된 문제, 복합 유형을 다룬 문제를 수록하였습니다.

부록 경찰대학, 사관학교 기출 문제

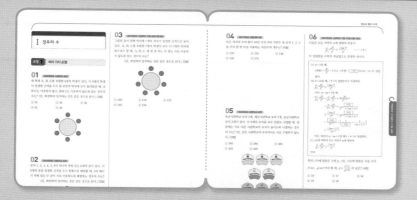

경찰대학, 사관학교 최근 기출 문제를 부록
으로 실었습니다.

정답과 풀이

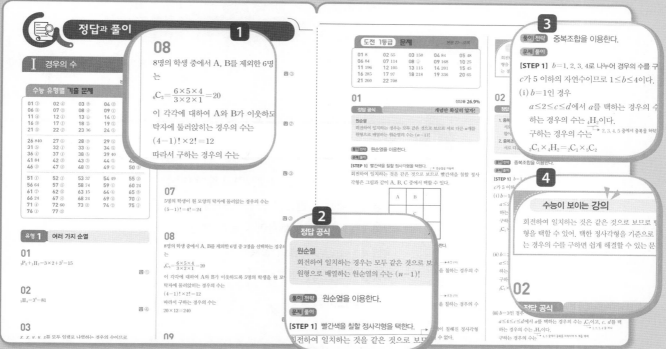

❶ 군더더기 없이 꼭 필요한 풀이만!
유형별 기출 문제 풀이는 복잡하지 않고 꼭 필요한 핵심
내용의 풀이만 담았습니다. 더욱 쉽고 빠르게 풀이를 이
해할 수 있도록 하였습니다.

❷ 정답 공식
문제를 푸는 데 핵심이 되는 개념과 관련된 공식을 정리
하여, 문제 풀이에 적용할 수 있도록 하였습니다.

❸ 1등급 문제 풀이의 단계별 전략과 첨삭 설명!
풀이 전략을 통해 문제를 한 번 더 점검한 후, 단계별로
제시된 친절한 풀이와 첨삭 지도를 통해 이해가 어려운
부분을 보충 설명하였습니다.

❹ 수능이 보이는 강의
문제와 풀이에 관련된 기본 개념과 이전에 배웠던 개념
을 다시 체크하고 다질 수 있도록 정리하였습니다.

차례

수능 기출의 미래
수학영역 확률과 통계

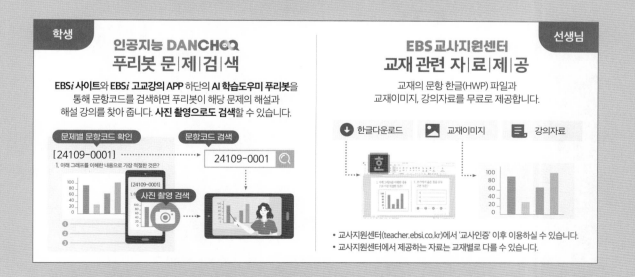

학생
인공지능 DANCHOQ
푸리봇 문|제|검|색

EBS*i* 사이트와 EBS*i* 고교강의 APP 하단의 **AI 학습도우미 푸리봇**을 통해 문항코드를 검색하면 푸리봇이 해당 문제의 해설과 해설 강의를 찾아 줍니다. **사진 촬영으로도 검색**할 수 있습니다.

문제별 문항코드 확인
[24109-0001]
1. 아래 그래프를 이해한 내용으로 가장 적절한 것은?

문항코드 검색
24109-0001

사진 촬영 검색

선생님
EBS 교사지원센터
교재 관련 자|료|제|공

교재의 문항 한글(HWP) 파일과 교재이미지, 강의자료를 무료로 제공합니다.

⬇ 한글다운로드   🖼 교재이미지   🗐 강의자료

• 교사지원센터(teacher.ebsi.co.kr)에서 '교사인증' 이후 이용하실 수 있습니다.
• 교사지원센터에서 제공하는 자료는 교재별로 다를 수 있습니다.

I

경우의 수

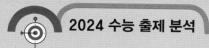
2024 수능 출제 분석

- 같은 것이 있는 문자를 모두 일렬로 나열하는 경우의 수를 구하는 문제가 출제되었다.
- 중복조합을 이용하여 조건을 만족시키는 자연수의 순서쌍의 개수를 구하는 문제가 출제되었다.

2025 수능 예측

❶ 다양한 상황에서 경우의 수를 구하는 문제의 출제가 예상된다. 다양한 조건과 상황을 분석하여 중복순열, 원순열, 같은 것이 있는 순열, 중복조합 중 어느 것을 이용해야 하는지 정확히 파악할 수 있어야 한다.

❷ 이항정리를 이용하여 다항식의 전개식에서 특정한 항의 계수를 구하는 문제의 출제가 예상된다. 쉬운 문제이지만 실수하지 않도록 연습을 충분히 해 두도록 한다.

❸ 주어진 조건을 분석한 후 중복순열 또는 중복조합을 이용하여 함수의 개수를 구하는 문제의 출제가 예상된다. 복잡한 조건을 구분하여 정리한 후 함수의 개수를 구하는 연습을 충분히 해 두도록 한다.

한눈에 보는 출제 빈도

연도 / 핵심 주제		유형 1 여러 가지 순열	유형 2 중복조합	유형 3 이항정리
2024 학년도	수능	1	1	
	9월모평	1	1	
	6월모평	2	1	1
2023 학년도	수능	2	1	1
	9월모평			1
	6월모평	2		1
2022 학년도	수능	1	1	1
	9월모평		1	1
	6월모평	2	1	1
2021 학년도	수능	1	2	2
	9월모평	1	1	2
	6월모평	2	2	1
2020 학년도	수능	1	2	1
	9월모평		1	1
	6월모평		2	1

수능 유형별 기출 문제

유형 1 여러 가지 순열

1. 원순열
   회전하여 일치하는 경우는 모두 같은 것으로 보므로 서로 다른 n개를 원형으로 배열하는 원순열의 수는 $(n-1)!$

2. 중복순열
   서로 다른 n개에서 중복을 허락하여 r개를 택해 일렬로 나열하는 순열
   ⇨ 서로 다른 n개에서 r개를 택하는 중복순열의 수는
   $$_n\Pi_r = n^r$$

3. 같은 것이 있는 순열
   n개 중에서 서로 같은 것이 각각 p개, q개, r개, …일 때, n개를 모두 일렬로 배열하는 순열의 수는
   $$\frac{n!}{p!q!r!\cdots} \ (단, \ p+q+r+\cdots=n)$$

보기

① 7명의 학생이 원 모양의 탁자에 둘러앉는 경우의 수는
   $(7-1)!=6!=720$

② 서로 다른 5개의 공을 남김없이 3개의 상자 A, B, C에 넣는 경우의 수는 $_3\Pi_5=3^5=243$

③ 8개의 영문자 N, O, T, E, B, O, O, K를 일렬로 나열할 때, 만들 수 있는 서로 다른 문자열의 개수는 $\dfrac{8!}{3!}=6720$

---

01 ▶ 24109-0001
2023학년도 3월 학력평가 23번 상중하

$_3P_2 + _3\Pi_2$의 값은? [2점]

① 15   ② 16   ③ 17
④ 18   ⑤ 19

---

02 ▶ 24109-0002
2022학년도 3월 학력평가 23번 상중하

$_3\Pi_4$의 값은? [2점]

① 63   ② 69   ③ 75
④ 81   ⑤ 87

---

03 ▶ 24109-0003
2024학년도 수능 23번 상중하

5개의 문자 x, x, y, y, z를 모두 일렬로 나열하는 경우의 수는? [2점]

① 10   ② 20   ③ 30
④ 40   ⑤ 50

---

04 ▶ 24109-0004
2024학년도 6월 모의평가 23번 상중하

5개의 문자 a, a, b, c, d를 모두 일렬로 나열하는 경우의 수는? [2점]

① 50   ② 55   ③ 60
④ 65   ⑤ 70

05 ▶ 24109-0005
2023학년도 6월 모의평가 23번   상 중 **하**

5개의 문자 a, a, a, b, c를 모두 일렬로 나열하는 경우의 수는? [2점]

① 16   ② 20   ③ 24
④ 28   ⑤ 32

06 ▶ 24109-0006
2021학년도 6월 모의평가 가형 4번   상 중 **하**

6개의 문자 a, a, a, b, b, c를 모두 일렬로 나열하는 경우의 수는? [3점]

① 52   ② 56   ③ 60
④ 64   ⑤ 68

07 ▶ 24109-0007
2023학년도 3월 학력평가 24번   상 중 **하**

5명의 학생이 일정한 간격을 두고 원 모양의 탁자에 모두 둘러앉는 경우의 수는?

(단, 회전하여 일치하는 것은 같은 것으로 본다.) [3점]

① 16   ② 20   ③ 24
④ 28   ⑤ 32

08 ▶ 24109-0008
2021학년도 9월 모의평가 가형 9번/나형 14번   상 중 **하**

다섯 명이 둘러앉을 수 있는 원 모양의 탁자와 두 학생 A, B를 포함한 8명의 학생이 있다. 이 8명의 학생 중에서 A, B를 포함하여 5명을 선택하고 이 5명의 학생 모두를 일정한 간격으로 탁자에 둘러앉게 할 때, A와 B가 이웃하게 되는 경우의 수는? (단, 회전하여 일치하는 것은 같은 것으로 본다.) [3점]

① 180   ② 200   ③ 220
④ 240   ⑤ 260

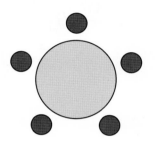

09 ▶ 24109-0009
2021학년도 6월 모의평가 가형 8번/나형 12번   상 중 **하**

1학년 학생 2명, 2학년 학생 2명, 3학년 학생 3명이 있다. 이 7명의 학생이 일정한 간격을 두고 원 모양의 탁자에 모두 둘러앉을 때, 1학년 학생끼리 이웃하고 2학년 학생끼리 이웃하게 되는 경우의 수는? (단, 회전하여 일치하는 것은 같은 것으로 본다.) [3점]

① 96   ② 100   ③ 104
④ 108   ⑤ 112

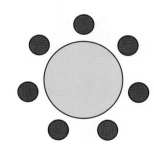

10
▶ 24109-0010
2023학년도 3월 학력평가 25번 　상　중　**하**

문자 A, A, A, B, B, B, C, C가 하나씩 적혀 있는 8장의 카드를 모두 일렬로 나열할 때, 양 끝 모두에 B가 적힌 카드가 놓이도록 나열하는 경우의 수는? (단, 같은 문자가 적혀 있는 카드끼리는 서로 구별하지 않는다.) [3점]

① 45　　　　② 50　　　　③ 55
④ 60　　　　⑤ 65

11
▶ 24109-0011
2020학년도 10월 학력평가 가형 10번　　상　중　**하**

A, B, B, C, C, C의 문자가 하나씩 적혀 있는 6장의 카드가 있다. 이 6장의 카드 중에서 5장의 카드를 택하여 이 5장의 카드를 왼쪽부터 모두 일렬로 나열할 때, C가 적힌 카드가 왼쪽에서 두 번째의 위치에 놓이도록 나열하는 경우의 수는? (단, 같은 문자가 적힌 카드끼리는 서로 구별하지 않는다.) [3점]

① 24　　　　② 26　　　　③ 28
④ 30　　　　⑤ 32

12
▶ 24109-0012
2019학년도 10월 학력평가 나형 3번　　상　중　**하**

다섯 개의 문자 a, a, a, b, b를 일렬로 나열하는 경우의 수는? [2점]

① 10　　　　② 15　　　　③ 20
④ 25　　　　⑤ 30

13
▶ 24109-0013
2019학년도 3월 학력평가 가형 9번　　상　중　**하**

그림과 같이 원형 탁자에 5개의 의자가 일정한 간격으로 놓여 있다. 1학년 학생 2명, 2학년 학생 2명, 3학년 학생 1명이 모두 이 5개의 의자에 앉으려고 할 때, 1학년 학생 2명이 서로 이웃하도록 앉는 경우의 수는?

(단, 회전하여 일치하는 것은 같은 것으로 본다.) [3점]

① 12　　　　② 14　　　　③ 16
④ 18　　　　⑤ 20

14
▶ 24109-0014
2020학년도 3월 학력평가 가형 7번　　상　중　**하**

숫자 0, 1, 2, 3 중에서 중복을 허락하여 네 개를 선택한 후, 일렬로 나열하여 만든 네 자리 자연수가 2100보다 작은 경우의 수는? [3점]

① 80　　　　② 85　　　　③ 90
④ 95　　　　⑤ 100

15 ▶ 24109-0015
2021학년도 3월 학력평가 24번
상중하

그림과 같이 직사각형 모양으로 연결된 도로망이 있다. 이 도로망을 따라 A지점에서 출발하여 P지점을 지나 B지점까지 최단거리로 가는 경우의 수는? [3점]

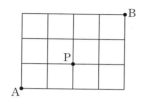

① 12   ② 14   ③ 16

④ 18   ⑤ 20

16 ▶ 24109-0016
2024학년도 9월 모의평가 24번
상중하

그림과 같이 직사각형 모양으로 연결된 도로망이 있다. 이 도로망을 따라 A지점에서 출발하여 P지점을 거쳐 B지점까지 최단 거리로 가는 경우의 수는? [3점]

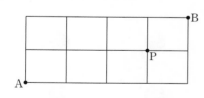

① 6   ② 7   ③ 8

④ 9   ⑤ 10

17 ▶ 24109-0017
2022학년도 3월 학력평가 26번
상중하

그림과 같이 직사각형 모양으로 연결된 도로망이 있다. 이 도로망을 따라 A지점에서 출발하여 P지점을 지나 B지점까지 최단 거리로 가는 경우의 수는?

(단, 한 번 지난 도로를 다시 지날 수 있다.) [3점]

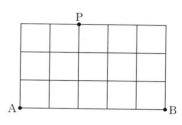

① 200   ② 210   ③ 220

④ 230   ⑤ 240

18 ▶ 24109-0018
2021학년도 3월 학력평가 25번
상중하

어느 고등학교 3학년의 네 학급에서 대표 2명씩 모두 8명의 학생이 참석하는 회의를 한다. 이 8명의 학생이 일정한 간격을 두고 원 모양의 탁자에 모두 둘러앉을 때, 같은 학급 학생끼리 서로 이웃하게 되는 경우의 수는?

(단, 회전하여 일치하는 것은 같은 것으로 본다.) [3점]

① 92   ② 96   ③ 100

④ 104   ⑤ 108

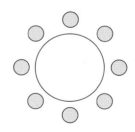

19

▶ 24109-0019
2020학년도 3월 학력평가 가형 11번

상중하

흰 공 2개, 빨간 공 2개, 검은 공 4개를 일렬로 나열할 때, 흰 공은 서로 이웃하지 않게 나열하는 경우의 수는?

(단, 같은 색의 공끼리는 서로 구별하지 않는다.) [3점]

① 295   ② 300   ③ 305

④ 310   ⑤ 315

20

▶ 24109-0020
2022학년도 3월 학력평가 24번

상중하

6개의 숫자 1, 1, 2, 2, 2, 3을 일렬로 나열하여 만들 수 있는 여섯 자리의 자연수 중 홀수의 개수는? [3점]

① 20   ② 30   ③ 40

④ 50   ⑤ 60

21

▶ 24109-0021
2023학년도 10월 학력평가 25번

상중하

숫자 0, 1, 2 중에서 중복을 허락하여 4개를 택해 일렬로 나열하여 만들 수 있는 네 자리의 자연수 중 각 자리의 수의 합이 7 이하인 자연수의 개수는? [3점]

① 45   ② 47   ③ 49

④ 51   ⑤ 53

22

▶ 24109-0022
2023학년도 수능 24번

상중하

숫자 1, 2, 3, 4, 5 중에서 중복을 허락하여 4개를 택해 일렬로 나열하여 만들 수 있는 네 자리의 자연수 중 4000 이상인 홀수의 개수는? [3점]

① 125   ② 150   ③ 175

④ 200   ⑤ 225

23

▶ 24109-0023
2021학년도 수능 가형 26번/나형 15번

상중하

세 학생 A, B, C를 포함한 6명의 학생이 있다. 이 6명의 학생이 일정한 간격을 두고 원 모양의 탁자에 다음 조건을 만족시키도록 모두 둘러앉는 경우의 수를 구하시오.

(단, 회전하여 일치하는 것은 같은 것으로 본다.) [4점]

(가) A와 B는 이웃한다.
(나) B와 C는 이웃하지 않는다.

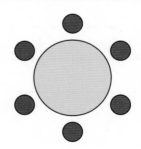

24
▶ 24109-0024
2022학년도 3월 학력평가 25번
상중하

A 학교 학생 5명, B 학교 학생 2명이 일정한 간격을 두고 원 모양의 탁자에 모두 둘러앉을 때, B 학교 학생끼리는 이웃하지 않도록 앉는 경우의 수는?

(단, 회전하여 일치하는 것은 같은 것으로 본다.) [3점]

① 320　　　　② 360　　　　③ 400
④ 440　　　　⑤ 480

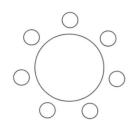

26
▶ 24109-0026
2020학년도 3월 학력평가 나형 24번
상중하

그림과 같이 반지름의 길이가 같은 7개의 원이 있다.

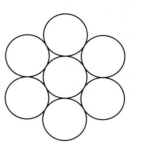

7개의 원에 서로 다른 7개의 색을 모두 사용하여 색칠하는 경우의 수를 구하시오. (단, 한 원에는 한 가지 색만 칠하고, 회전하여 일치하는 것은 같은 것으로 본다.) [3점]

25
▶ 24109-0025
2022학년도 10월 학력평가 26번
상중하

다음 조건을 만족시키는 자연수 a, b, c, d의 모든 순서쌍 (a, b, c, d)의 개수는? [3점]

> (가) $a \times b \times c \times d = 8$
> (나) $a + b + c + d < 10$

① 10　　　　② 12　　　　③ 14
④ 16　　　　⑤ 18

27
▶ 24109-0027
2023학년도 3월 학력평가 26번
상중하

서로 다른 공 6개를 남김없이 세 주머니 A, B, C에 나누어 넣을 때, 주머니 A에 넣은 공의 개수가 3이 되도록 나누어 넣는 경우의 수는? (단, 공을 넣지 않는 주머니가 있을 수 있다.)

[3점]

① 120　　　　② 130　　　　③ 140
④ 150　　　　⑤ 160

28 ▶24109-0028
2023학년도 6월 모의평가 27번   상 중 하

네 문자 a, b, X, Y 중에서 중복을 허락하여 6개를 택해 일렬로 나열하려고 한다. 다음 조건이 성립하도록 나열하는 경우의 수는? [3점]

> (가) 양 끝 모두에 대문자가 나온다.
> (나) a는 한 번만 나온다.

① 384   ② 408   ③ 432
④ 456   ⑤ 480

29 ▶24109-0029
2021학년도 3월 학력평가 27번   상 중 하

숫자 1, 2, 3, 3, 4, 4, 4가 하나씩 적힌 7장의 카드를 모두 한 번씩 사용하여 일렬로 나열할 때, 1이 적힌 카드와 2가 적힌 카드 사이에 두 장 이상의 카드가 있도록 나열하는 경우의 수는? [3점]

① 180   ② 185   ③ 190
④ 195   ⑤ 200

30 ▶24109-0030
2023학년도 3월 학력평가 29번   상 중 하

숫자 1, 2, 3 중에서 중복을 허락하여 다음 조건을 만족시키도록 여섯 개를 선택한 후, 선택한 숫자 여섯 개를 모두 일렬로 나열하는 경우의 수를 구하시오. [4점]

> (가) 숫자 1, 2, 3을 각각 한 개 이상씩 선택한다.
> (나) 선택한 여섯 개의 수의 합이 4의 배수이다.

31 ▶24109-0031
2023학년도 3월 학력평가 28번   상 중 하

원 모양의 식탁에 같은 종류의 비어 있는 4개의 접시가 일정한 간격을 두고 원형으로 놓여 있다. 이 4개의 접시에 서로 다른 종류의 빵 5개와 같은 종류의 사탕 5개를 다음 조건을 만족시키도록 남김없이 나누어 담는 경우의 수는?
(단, 회전하여 일치하는 것은 같은 것으로 본다.) [4점]

> (가) 각 접시에는 1개 이상의 빵을 담는다.
> (나) 각 접시에 담는 빵의 개수와 사탕의 개수의 합은 3 이하이다.

① 420   ② 450   ③ 480
④ 510   ⑤ 540

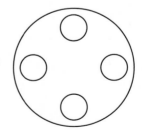

32 ▶ 24109-0032
2023학년도 10월 학력평가 27번 상중하

1부터 8까지의 자연수가 하나씩 적혀 있는 8개의 의자가 있다. 이 8개의 의자를 일정한 간격을 두고 원형으로 배열할 때, 서로 이웃한 2개의 의자에 적혀 있는 두 수가 서로소가 되도록 배열하는 경우의 수는?

(단, 회전하여 일치하는 것은 같은 것으로 본다.) [3점]

① 72   ② 78   ③ 84

④ 90   ⑤ 96

33 ▶ 24109-0033
2022학년도 3월 학력평가 28번 상중하

세 명의 학생 A, B, C에게 서로 다른 종류의 사탕 5개를 다음 규칙에 따라 남김없이 나누어 주는 경우의 수는?

(단, 사탕을 받지 못하는 학생이 있을 수 있다.) [4점]

> (가) 학생 A는 적어도 하나의 사탕을 받는다.
> (나) 학생 B가 받는 사탕의 개수는 2 이하이다.

① 167   ② 170   ③ 173

④ 176   ⑤ 179

34 ▶ 24109-0034
2024학년도 6월 모의평가 28번 상중하

집합 $X = \{1, 2, 3, 4, 5\}$에 대하여 다음 조건을 만족시키는 함수 $f : X \rightarrow X$의 개수는? [4점]

> (가) $f(1) \times f(3) \times f(5)$는 홀수이다.
> (나) $f(2) < f(4)$
> (다) 함수 f의 치역의 원소의 개수는 3이다.

① 128   ② 132   ③ 136

④ 140   ⑤ 144

35 ▶ 24109-0035
2021학년도 3월 학력평가 28번 상중하

두 집합

$$X = \{1, 2, 3, 4, 5\}, \; Y = \{2, 4, 6, 8, 10, 12\}$$

에 대하여 X에서 Y로의 함수 f 중에서 다음 조건을 만족시키는 함수의 개수는? [4점]

> (가) $f(2) < f(3) < f(4)$
> (나) $f(1) > f(3) > f(5)$

① 100   ② 102   ③ 104

④ 106   ⑤ 108

36 ▶ 24109-0036
2022학년도 9월 모의평가 28번 상중하

집합 $X = \{1, 2, 3, 4, 5, 6\}$에 대하여 다음 조건을 만족시키는 함수 $f : X \rightarrow X$의 개수는? [4점]

> (가) $f(3) + f(4)$는 5의 배수이다.
> (나) $f(1) < f(3)$이고 $f(2) < f(3)$이다.
> (다) $f(4) < f(5)$이고 $f(4) < f(6)$이다.

① 384   ② 394   ③ 404

④ 414   ⑤ 424

37
▸ 24109-0037

2020학년도 3월 학력평가 나형 14번

상中하

세 숫자 1, 2, 3만을 사용하여 일곱 자리의 자연수를 만들 때, 세 숫자 1, 2, 3을 모두 한 번 이상씩 사용하고 숫자 2를 반드시 짝수 번째 자리에만 오도록 놓는 경우의 수를 구하려고 한다. 다음은 이것을 구하는 과정의 일부이다.

일곱 자리의 자연수를 만들 때, 짝수 번째 자리는 세 군데이므로 숫자 2는 많아야 세 번 사용할 수 있다.

(i) 숫자 2를 한 번 사용한 경우

2를 십의 자리에 오도록 놓으면 조건을 만족시키도록 만들 수 있는 자연수는 나머지 자리에 1, 1, 1, 1, 1, 3 또는 1, 1, 1, 1, 3, 3 또는 1, 1, 1, 3, 3, 3 또는 1, 1, 3, 3, 3, 3 또는 1, 3, 3, 3, 3, 3을 나열한 것이므로 그 경우의 수는 [(가)]이다.

2를 짝수 번째 자리에 한 번 오도록 놓는 경우의 수는 세 군데 중 한 군데를 선택하는 경우의 수와 같으므로 $_3C_1$이다.

그러므로 숫자 2를 한 번 사용했을 때 일곱 자리의 자연수를 만들 수 있는 경우의 수는 [(나)]이다.

(ii) 숫자 2를 두 번 사용한 경우

: (중략)

(iii) 숫자 2를 세 번 사용한 경우

2를 모든 짝수 번째 자리에 오도록 놓으면 조건을 만족시키도록 만들 수 있는 자연수는 홀수 번째 자리에 1, 3을 모두 한 번 이상씩 사용하여 나열한 것이므로 그 경우의 수는 [(다)]이다.

따라서 (i), (ii), (iii)에 의해 구하는 경우의 수는 290이다.

위의 (가), (나), (다)에 알맞은 수를 각각 p, q, r라 할 때, $p+q+r$의 값은? [4점]

① 262   ② 267   ③ 272

④ 277   ⑤ 282

38
▸ 24109-0038

2022학년도 6월 모의평가 28번

상中하

한 개의 주사위를 한 번 던져 나온 눈의 수가 3 이하이면 나온 눈의 수를 점수로 얻고, 나온 눈의 수가 4 이상이면 0점을 얻는다. 이 주사위를 네 번 던져 나온 눈의 수를 차례로 a, b, c, d라 할 때, 얻은 네 점수의 합이 4가 되는 모든 순서쌍 (a, b, c, d)의 개수는? [4점]

① 187   ② 190   ③ 193

④ 196   ⑤ 199

39
▸ 24109-0039

2019학년도 3월 학력평가 가형 29번

상中하

주머니 속에 네 개의 숫자 0, 1, 2, 3이 각각 하나씩 적혀 있는 공 4개가 들어 있다. 이 주머니에서 1개의 공을 꺼내어 공에 적혀 있는 수를 확인한 후 다시 넣는다. 이 과정을 3번 반복할 때, 꺼낸 공에 적혀 있는 수를 차례로 a, b, c라 하자. $\dfrac{bc}{a}$가 정수가 되도록 하는 모든 순서쌍 (a, b, c)의 개수를 구하시오. [4점]

40
▸ 24109-0040

2020학년도 수능 가형 28번/나형 19번

상中하

숫자 1, 2, 3, 4, 5, 6 중에서 중복을 허락하여 다섯 개를 다음 조건을 만족시키도록 선택한 후, 일렬로 나열하여 만들 수 있는 모든 다섯 자리의 자연수의 개수를 구하시오. [4점]

(가) 각각의 홀수는 선택하지 않거나 한 번만 선택한다.
(나) 각각의 짝수는 선택하지 않거나 두 번만 선택한다.

유형 2 중복조합

1. 중복조합
   서로 다른 n개에서 중복을 허락하여 r개를 택하는 조합을 중복조합이라 한다.
2. 중복조합의 수
   서로 다른 n개에서 r개를 택하는 중복조합의 수는
   $_n\mathrm{H}_r = {}_{n+r-1}\mathrm{C}_r$
3. 방정식 $x_1+x_2+x_3+\cdots+x_n=r$ (n, r는 자연수)에서
   (1) 음이 아닌 정수해의 개수는 $_n\mathrm{H}_r$
   (2) 자연수해의 개수는 $_n\mathrm{H}_{r-n}$ (단, $n \leq r$)

보기

① $_3\mathrm{H}_3 = {}_{3+3-1}\mathrm{C}_3 = {}_5\mathrm{C}_3 = {}_5\mathrm{C}_2 = \dfrac{5 \times 4}{2 \times 1} = 10$

② $_2\mathrm{H}_7 = {}_{2+7-1}\mathrm{C}_7 = {}_8\mathrm{C}_7 = {}_8\mathrm{C}_1 = 8$

③ 방정식 $x+y+z+w=4$를 만족시키는 음이 아닌 정수해의 순서쌍 (x, y, z, w)의 개수는

$_4\mathrm{H}_4 = {}_{4+4-1}\mathrm{C}_4 = {}_7\mathrm{C}_4 = {}_7\mathrm{C}_3 = \dfrac{7 \times 6 \times 5}{3 \times 2 \times 1} = 35$

41 ▶ 24109-0041
2019학년도 10월 학력평가 가형 22번 상[중]하

$_7\mathrm{H}_3$의 값을 구하시오. [3점]

42 ▶ 24109-0042
2021학년도 3월 학력평가 23번 상중[하]

$_3\mathrm{H}_6$의 값은? [2점]

① 24 ② 26 ③ 28
④ 30 ⑤ 32

43 ▶ 24109-0043
2020학년도 10월 학력평가 나형 2번 상중[하]

$_4\Pi_2 + {}_4\mathrm{H}_2$의 값은? [2점]

① 22 ② 24 ③ 26
④ 28 ⑤ 30

44

▶ 24109-0044
2019학년도 10월 학력평가 나형 7번

상 중 하

같은 종류의 공 6개를 남김없이 서로 다른 3개의 상자에 나누어 넣으려고 한다. 각 상자에 공이 1개 이상씩 들어가도록 나누어 넣는 경우의 수는? [3점]

① 6   ② 7   ③ 8

④ 9   ⑤ 10

45

▶ 24109-0045
2021학년도 10월 학력평가 25번

상 중 하

같은 종류의 공책 10권을 4명의 학생 A, B, C, D에게 남김없이 나누어 줄 때, A와 B가 각각 2권 이상의 공책을 받도록 나누어 주는 경우의 수는?

(단, 공책을 받지 못하는 학생이 있을 수 있다.) [3점]

① 76   ② 80   ③ 84

④ 88   ⑤ 92

46

▶ 24109-0046
2022학년도 3월 학력평가 27번

상 중 하

그림과 같이 같은 종류의 책 8권과 이 책을 각 칸에 최대 5권, 5권, 8권을 꽂을 수 있는 3개의 칸으로 이루어진 책장이 있다. 이 책 8권을 책장에 남김없이 나누어 꽂는 경우의 수는?

(단, 비어 있는 칸이 있을 수 있다.) [3점]

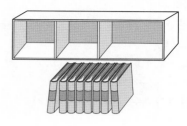

① 31   ② 32   ③ 33

④ 34   ⑤ 35

47

▶ 24109-0047
2023학년도 3월 학력평가 27번

상 중 하

방정식 $a+b+c+3d=10$을 만족시키는 자연수 a, b, c, d의 모든 순서쌍 (a, b, c, d)의 개수는? [3점]

① 15   ② 18   ③ 21

④ 24   ⑤ 27

48 ▶ 24109-0048
2020학년도 수능 가형 16번 상 중 하

다음 조건을 만족시키는 음이 아닌 정수 a, b, c, d의 모든 순서쌍 (a, b, c, d)의 개수는? [4점]

(가) $a+b+c-d=9$
(나) $d \leq 4$이고 $c \geq d$이다.

① 265 　　② 270 　　③ 275
④ 280 　　⑤ 285

49 ▶ 24109-0049
2021학년도 3월 학력평가 26번 상 중 하

같은 종류의 연필 6자루와 같은 종류의 지우개 5개를 세 명의 학생에게 남김없이 나누어 주려고 한다. 각 학생이 적어도 한 자루의 연필을 받도록 나누어 주는 경우의 수는?

(단, 지우개를 받지 못하는 학생이 있을 수 있다.) [3점]

① 210 　　② 220 　　③ 230
④ 240 　　⑤ 250

50 ▶ 24109-0050
2021학년도 수능 나형 13번 상 중 하

집합 $X=\{1, 2, 3, 4\}$에 대하여 다음 조건을 만족시키는 함수 $f:X \rightarrow X$의 개수는? [3점]

$$f(2) \leq f(3) \leq f(4)$$

① 64 　　② 68 　　③ 72
④ 76 　　⑤ 80

51 ▶ 24109-0051
2020학년도 6월 모의평가 가형 19번 상 중 하

다음 조건을 만족시키는 음이 아닌 정수 x_1, x_2, x_3, x_4의 모든 순서쌍 (x_1, x_2, x_3, x_4)의 개수는? [4점]

(가) $n=1$, 2, 3일 때, $x_{n+1}-x_n \geq 2$이다.
(나) $x_4 \leq 12$

① 210 　　② 220 　　③ 230
④ 240 　　⑤ 250

네 개의 비어 있는 상자 A, B, C, D가 있다. 각각의 상자에 최대 5개의 공을 넣을 수 있을 때, 네 상자 A, B, C, D에 $n(1 \le n \le 20)$개의 공을 남김없이 나누어 넣는 경우의 수를 $f(n)$이라 하자. 다음은 $f(15) + f(14) + f(13)$의 값을 구하는 과정이다. (단, 공은 구별하지 않고, 공을 하나도 넣지 않은 상자가 있을 수 있다.)

네 상자 A, B, C, D에 n개의 공을 남김없이 나누어 넣는 경우의 수는 공이 5개씩 모두 20개가 들어 있는 네 상자 A, B, C, D에서 총 $20 - n$개의 공을 꺼내는 경우의 수와 같다.

(i) $n = 15$인 경우

공이 5개씩 모두 20개가 들어 있는 네 상자 A, B, C, D에서 총 5개의 공을 꺼내는 경우의 수와 같으므로

$$f(15) = \boxed{(\text{가})}$$

(ii) $n = 14$인 경우

공이 5개씩 모두 20개가 들어 있는 네 상자 A, B, C, D에서 총 6개의 공을 꺼내는 경우의 수와 같으므로

$$f(14) = {}_4H_6 - \boxed{(\text{나})}$$

(iii) $n = 13$인 경우

공이 5개씩 모두 20개가 들어 있는 네 상자 A, B, C, D에서 총 7개의 공을 꺼내는 경우의 수와 같으므로

$$f(13) = \boxed{(\text{다})}$$

(i), (ii), (iii)에 의해

$$f(15) + f(14) + f(13) = \boxed{(\text{가})} + \left({}_4H_6 - \boxed{(\text{나})} \right) + \boxed{(\text{다})}$$

이다.

위의 (가), (나), (다)에 알맞은 수를 각각 p, q, r라 할 때, $p + q + r$의 값은? [4점]

① 164　　　　② 168　　　　③ 172

④ 176　　　　⑤ 180

세 명의 학생 A, B, C에게 같은 종류의 빵 3개와 같은 종류의 우유 4개를 남김없이 나누어 주려고 한다. 빵만 받는 학생은 없고, 학생 A는 빵을 1개 이상 받도록 나누어 주는 경우의 수를 구하시오. (단, 우유를 받지 못하는 학생이 있을 수 있다.) [4점]

연필 7자루와 볼펜 4자루를 다음 조건을 만족시키도록 여학생 3명과 남학생 2명에게 남김없이 나누어 주는 경우의 수를 구하시오. (단, 연필끼리는 서로 구별하지 않고, 볼펜끼리도 서로 구별하지 않는다.) [4점]

(가) 여학생이 각각 받는 연필의 개수는 서로 같고, 남학생이 각각 받는 볼펜의 개수도 서로 같다.

(나) 여학생은 연필을 1자루 이상 받고, 볼펜을 받지 못하는 여학생이 있을 수 있다.

(다) 남학생은 볼펜을 1자루 이상 받고, 연필을 받지 못하는 남학생이 있을 수 있다.

---

55 ▶ 24109-0055
2022학년도 6월 모의평가 26번 상[중]하

빨간색 카드 4장, 파란색 카드 2장, 노란색 카드 1장이 있다. 이 7장의 카드를 세 명의 학생에게 남김없이 나누어 줄 때, 3가지 색의 카드를 각각 한 장 이상 받는 학생이 있도록 나누어 주는 경우의 수는? (단, 같은 색 카드끼리는 서로 구별하지 않고, 카드를 받지 못하는 학생이 있을 수 있다.) [3점]

① 78   ② 84   ③ 90
④ 96   ⑤ 102

56 ▶ 24109-0056
2023학년도 10월 학력평가 29번 상[중]하

다음 조건을 만족시키는 자연수 a, b, c의 모든 순서쌍 (a, b, c)의 개수를 구하시오. [4점]

(가) $a \leq b \leq c \leq 8$
(나) $(a-b)(b-c)=0$

57 ▶ 24109-0057
2022학년도 수능 25번 상[중]하

다음 조건을 만족시키는 자연수 a, b, c, d, e의 모든 순서쌍 (a, b, c, d, e)의 개수는? [3점]

(가) $a+b+c+d+e=12$
(나) $|a^2-b^2|=5$

① 30   ② 32   ③ 34
④ 36   ⑤ 38

58 ▶ 24109-0058
2021학년도 6월 모의평가 나형 27번 상[중]하

다음 조건을 만족시키는 음이 아닌 정수 a, b, c, d의 모든 순서쌍 (a, b, c, d)의 개수를 구하시오. [4점]

(가) $a+b+c+d=6$
(나) a, b, c, d 중에서 적어도 하나는 0이다.

1. 이항정리

   n이 자연수일 때, $(a+b)^n$의 전개식은 다음과 같고, 이것을 이항정리라 한다.

   $(a+b)^n$
   $= {}_nC_0\,a^n + {}_nC_1\,a^{n-1}b + \cdots + {}_nC_r\,a^{n-r}b^r + \cdots + {}_nC_n\,b^n$
   $= \sum_{r=0}^{n} {}_nC_r\,a^{n-r}b^r$

   위의 각 항의 계수 ${}_nC_0,\ {}_nC_1,\ \cdots,\ {}_nC_r,\ \cdots,\ {}_nC_n$을 이항계수라 하고, ${}_nC_r\,a^{n-r}b^r$을 $(a+b)^n$의 전개식의 일반항이라 한다.

2. 이항계수의 성질

   $$(1+x)^n = \sum_{r=0}^{n} {}_nC_r\,x^r$$
   $$= {}_nC_0 + {}_nC_1\,x + {}_nC_2\,x^2 + \cdots + {}_nC_r\,x^r + \cdots + {}_nC_n\,x^n$$

   을 이용하여 다음을 얻을 수 있다.

   (1) ${}_nC_0 + {}_nC_1 + {}_nC_2 + \cdots + {}_nC_n = 2^n$

   (2) ${}_nC_0 - {}_nC_1 + {}_nC_2 - \cdots + (-1)^n\,{}_nC_n = 0$

   (3) ${}_nC_0 + {}_nC_2 + {}_nC_4 + \cdots = {}_nC_1 + {}_nC_3 + {}_nC_5 + \cdots = 2^{n-1}$

   (4) ${}_nC_1 + 2\cdot{}_nC_2 + 3\cdot{}_nC_3 + \cdots + n\cdot{}_nC_n = n\cdot 2^{n-1}$

보기

다항식 $(1+x)^5$의 전개식의 일반항은 ${}_5C_r\,x^r\,(r=0,\ 1,\ 2,\ \cdots,\ 5)$이고 x^2의 계수는 $r=2$일 때이므로 ${}_5C_2 = \dfrac{5\times 4}{2\times 1} = 10$

---

59 ▶ 24109-0059
2020학년도 10월 학력평가 가형 5번 상중하

$\left(2x + \dfrac{a}{x}\right)^7$의 전개식에서 x^3의 계수가 42일 때, 양수 a의 값은? [3점]

① $\dfrac{1}{4}$ ② $\dfrac{1}{2}$ ③ $\dfrac{3}{4}$

④ 1 ⑤ $\dfrac{5}{4}$

---

60 ▶ 24109-0060
2021학년도 9월 모의평가 가형 22번 상중하

$\left(x + \dfrac{4}{x^2}\right)^6$의 전개식에서 x^3의 계수를 구하시오. [3점]

---

61 ▶ 24109-0061
2020학년도 9월 모의평가 가형 7번 상중하

다항식 $(2+x)^4(1+3x)^3$의 전개식에서 x의 계수는? [3점]

① 174 ② 176 ③ 178

④ 180 ⑤ 182

62 ▶ 24109-0062
2020학년도 10월 학력평가 나형 6번 [상][중]**하**

$_4C_0 + {_4C_1} \times 3 + {_4C_2} \times 3^2 + {_4C_3} \times 3^3 + {_4C_4} \times 3^4$의 값은? [3점]

① 240   ② 244   ③ 248

④ 252   ⑤ 256

63 ▶ 24109-0063
2021학년도 수능 가형 22번 [상][중]**하**

$\left(x + \dfrac{3}{x^2}\right)^5$의 전개식에서 x^2의 계수를 구하시오. [3점]

64 ▶ 24109-0064
2021학년도 6월 모의평가 가형 22번/나형 8번 [상][중]**하**

다항식 $(1+2x)^4$의 전개식에서 x^2의 계수는? [3점]

① 12   ② 16   ③ 20

④ 24   ⑤ 28

65 ▶ 24109-0065
2020학년도 수능 가형 4번 [상][중]**하**

$\left(2x + \dfrac{1}{x^2}\right)^4$의 전개식에서 x의 계수는? [3점]

① 16   ② 20   ③ 24

④ 28   ⑤ 32

66 ▶ 24109-0066
2021학년도 수능 나형 22번
상중하

다항식 $(3x+1)^8$의 전개식에서 x의 계수를 구하시오. [3점]

67 ▶ 24109-0067
2022학년도 수능 23번
상중하

다항식 $(x+2)^7$의 전개식에서 x^5의 계수는? [2점]

① 42   ② 56   ③ 70

④ 84   ⑤ 98

68 ▶ 24109-0068
2021학년도 9월 모의평가 나형 22번
상중하

다항식 $(x+3)^8$의 전개식에서 x^7의 계수를 구하시오. [3점]

69 ▶ 24109-0069
2023학년도 수능 23번
상중하

다항식 $(x^3+3)^5$의 전개식에서 x^9의 계수는? [2점]

① 30   ② 60   ③ 90

④ 120   ⑤ 150

70 ▶ 24109-0070
2023학년도 9월 모의평가 23번 상중하

다항식 $(x^2+2)^6$의 전개식에서 x^4의 계수는? [2점]

① 240 ② 270 ③ 300

④ 330 ⑤ 360

72 ▶ 24109-0072
2019학년도 3월 학력평가 가형 23번 상중하

다항식 $\left(2x+\dfrac{1}{2}\right)^6$의 전개식에서 x^4의 계수를 구하시오. [3점]

73 ▶ 24109-0073
2020학년도 6월 모의평가 나형 14번 상중하

$\left(x^2-\dfrac{1}{x}\right)\left(x+\dfrac{a}{x^2}\right)^4$의 전개식에서 x^3의 계수가 7일 때, 상수 a의 값은? [4점]

① 1 ② 2 ③ 3

④ 4 ⑤ 5

71 ▶ 24109-0071
2022학년도 6월 모의평가 23번 상중하

다항식 $(2x+1)^5$의 전개식에서 x^3의 계수는? [2점]

① 20 ② 40 ③ 60

④ 80 ⑤ 100

74 ▶ 24109-0074
2022학년도 9월 모의평가 25번 상(중)하

$\left(x^2+\dfrac{a}{x}\right)^5$의 전개식에서 $\dfrac{1}{x^2}$의 계수와 x의 계수가 같을 때, 양수 a의 값은? [3점]

① 1   ② 2   ③ 3

④ 4   ⑤ 5

75 ▶ 24109-0075
2024학년도 6월 모의평가 26번 상(중)하

다항식 $(x-1)^6(2x+1)^7$의 전개식에서 x^2의 계수는? [3점]

① 15   ② 20   ③ 25

④ 30   ⑤ 35

76 ▶ 24109-0076
2022학년도 10월 학력평가 24번 상(중)하

다항식 $(x^2+1)(x-2)^5$의 전개식에서 x^6의 계수는? [3점]

① -10 ② -8 ③ -6

④ -4 ⑤ -2

77 ▶ 24109-0077
2023학년도 6월 모의평가 26번 상(중)하

다항식 $(x^2+1)^4(x^3+1)^n$의 전개식에서 x^5의 계수가 12일 때, x^6의 계수는? (단, n은 자연수이다.) [3점]

① 6   ② 7   ③ 8

④ 9   ⑤ 10

도전 1등급 문제

01 ▶ 24109-0078
2020학년도 3월 학력평가 가형 27번

그림과 같이 합동인 9개의 정사각형으로 이루어진 색칠판이 있다.

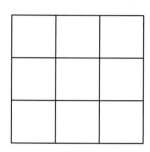

빨간색과 파란색을 포함하여 총 9가지의 서로 다른 색으로 이 색칠판을 다음 조건을 만족시키도록 칠하려고 한다.

(가) 주어진 9가지의 색을 모두 사용하여 칠한다.
(나) 한 정사각형에는 한 가지 색만을 칠한다.
(다) 빨간색과 파란색이 칠해진 두 정사각형은 꼭짓점을 공유하지 않는다.

색칠판을 칠하는 경우의 수는 $k \times 7!$이다. k의 값을 구하시오.
(단, 회전하여 일치하는 것은 같은 것으로 본다.) [4점]

02 ▶ 24109-0079
2021학년도 3월 학력평가 29번

5 이하의 자연수 a, b, c, d에 대하여 부등식

$$a \leq b + 1 \leq c \leq d$$

를 만족시키는 모든 순서쌍 (a, b, c, d)의 개수를 구하시오.
[4점]

03 ▶ 24109-0080
2021학년도 10월 학력평가 29번

숫자 1, 2, 3 중에서 모든 숫자가 한 개 이상씩 포함되도록 중복을 허락하여 6개를 선택한 후, 일렬로 나열하여 만들 수 있는 여섯 자리의 자연수 중 일의 자리의 수와 백의 자리의 수가 같은 자연수의 개수를 구하시오. [4점]

04 ▶ 24109-0081
2020학년도 6월 모의평가 나형 29번

다음 조건을 만족시키는 음이 아닌 정수 x_1, x_2, x_3의 모든 순서쌍 (x_1, x_2, x_3)의 개수를 구하시오. [4점]

(가) $n = 1$, 2일 때, $x_{n+1} - x_n \geq 2$이다.
(나) $x_3 \leq 10$

05 ▶ 24109-0082
2022학년도 6월 모의평가 29번

1부터 6까지의 자연수가 하나씩 적혀 있는 6개의 의자가 있다. 이 6개의 의자를 일정한 간격을 두고 원형으로 배열할 때, 서로 이웃한 2개의 의자에 적혀 있는 수의 곱이 12가 되지 않도록 배열하는 경우의 수를 구하시오.

(단, 회전하여 일치하는 것은 같은 것으로 본다.) [4점]

06 ▶ 24109-0083
2020학년도 10월 학력평가 나형 27번

다음 조건을 만족시키는 음이 아닌 정수 a, b, c의 모든 순서쌍 (a, b, c)의 개수를 구하시오. [4점]

(가) $a+b+c=14$
(나) $(a-2)(b-2)(c-2) \neq 0$

07 ▶ 24109-0084
2021학년도 6월 모의평가 가형 29번

검은색 볼펜 1자루, 파란색 볼펜 4자루, 빨간색 볼펜 4자루가 있다. 이 9자루의 볼펜 중에서 5자루를 선택하여 2명의 학생에게 남김없이 나누어 주는 경우의 수를 구하시오. (단, 같은 색 볼펜끼리는 서로 구별하지 않고, 볼펜을 1자루도 받지 못하는 학생이 있을 수 있다.) [4점]

08 ▶ 24109-0085
2022학년도 수능 28번

두 집합 $X=\{1, 2, 3, 4, 5\}$, $Y=\{1, 2, 3, 4\}$에 대하여 다음 조건을 만족시키는 X에서 Y로의 함수 f의 개수는? [4점]

(가) 집합 X의 모든 원소 x에 대하여 $f(x) \geq \sqrt{x}$이다.
(나) 함수 f의 치역의 원소의 개수는 3이다.

① 128   ② 138   ③ 148
④ 158   ⑤ 168

09 ▶ 24109-0086
2021학년도 9월 모의평가 가형 29번/나형 29번

흰 공 4개와 검은 공 6개를 세 상자 A, B, C에 남김없이 나누어 넣을 때, 각 상자에 공이 2개 이상씩 들어가도록 나누어 넣는 경우의 수를 구하시오.

(단, 같은 색 공끼리는 서로 구별하지 않는다.) [4점]

10 ▶ 24109-0087
2024학년도 6월 모의평가 29번

그림과 같이 2장의 검은색 카드와 1부터 8까지의 자연수가 하나씩 적혀 있는 8장의 흰색 카드가 있다. 이 카드를 모두 한 번씩 사용하여 왼쪽에서 오른쪽으로 일렬로 배열할 때, 다음 조건을 만족시키는 경우의 수를 구하시오.

(단, 검은색 카드는 서로 구별하지 않는다.) [4점]

(가) 흰색 카드에 적힌 수가 작은 수부터 크기순으로 왼쪽에서 오른쪽으로 배열되도록 카드가 놓여 있다.
(나) 검은색 카드 사이에는 흰색 카드가 2장 이상 놓여 있다.
(다) 검은색 카드 사이에는 3의 배수가 적힌 흰색 카드가 1장 이상 놓여 있다.

11
▶ 24109-0088
2024학년도 수능 29번

다음 조건을 만족시키는 6 이하의 자연수 a, b, c, d의 모든 순서쌍 (a, b, c, d)의 개수를 구하시오. [4점]

$a \leq c \leq d$이고 $b \leq c \leq d$이다.

12
▶ 24109-0089
2022학년도 10월 학력평가 29번

두 집합 $X = \{1, 2, 3, 4\}$, $Y = \{1, 2, 3, 4, 5, 6\}$에 대하여 다음 조건을 만족시키는 함수 $f : X \longrightarrow Y$의 개수를 구하시오. [4점]

(가) 집합 X의 임의의 두 원소 x_1, x_2에 대하여
 $x_1 < x_2$이면 $f(x_1) \leq f(x_2)$이다.
(나) $f(1) \leq 3$
(다) $f(3) \leq f(1) + 4$

13
▶ 24109-0090
2023학년도 6월 모의평가 29번

집합 $X = \{1, 2, 3, 4, 5\}$에 대하여 다음 조건을 만족시키는 함수 $f : X \longrightarrow X$의 개수를 구하시오. [4점]

(가) $f(f(1)) = 4$
(나) $f(1) \leq f(3) \leq f(5)$

14
▶ 24109-0091
2021학년도 수능 가형 29번

네 명의 학생 A, B, C, D에게 검은색 모자 6개와 흰색 모자 6개를 다음 규칙에 따라 남김없이 나누어 주는 경우의 수를 구하시오. (단, 같은 색 모자끼리는 서로 구별하지 않는다.) [4점]

(가) 각 학생은 1개 이상의 모자를 받는다.
(나) 학생 A가 받는 검은색 모자의 개수는 4 이상이다.
(다) 흰색 모자보다 검은색 모자를 더 많이 받는 학생은 A를 포함하여 2명뿐이다.

15
▶ 24109-0092
2023학년도 3월 학력평가 30번

집합 $X = \{1, 2, 3, 4, 5\}$에 대하여 다음 조건을 만족시키는 함수 $f : X \longrightarrow X$의 개수를 구하시오. [4점]

(가) 집합 X의 임의의 두 원소 x_1, x_2에 대하여
    $x_1 < x_2$이면 $f(x_1) \leq f(x_2)$이다.
(나) $f(2) \neq 1$이고 $f(4) \times f(5) < 20$이다.

16
▶ 24109-0093
2020학년도 수능 나형 29번

세 명의 학생 A, B, C에게 같은 종류의 사탕 6개와 같은 종류의 초콜릿 5개를 다음 규칙에 따라 남김없이 나누어 주는 경우의 수를 구하시오. [4점]

(가) 학생 A가 받는 사탕의 개수는 1 이상이다.
(나) 학생 B가 받는 초콜릿의 개수는 1 이상이다.
(다) 학생 C가 받는 사탕의 개수와 초콜릿의 개수의 합은 1 이상이다.

I 경우의 수

17
▶ 24109-0094
2021학년도 3월 학력평가 30번

숫자 1, 2, 3, 4 중에서 중복을 허락하여 네 개를 선택한 후 일렬로 나열할 때, 다음 조건을 만족시키도록 나열하는 경우의 수를 구하시오. [4점]

(가) 숫자 1은 한 번 이상 나온다.
(나) 이웃한 두 수의 차는 모두 2 이하이다.

18
▶ 24109-0095
2022학년도 9월 모의평가 30번

네 명의 학생 A, B, C, D에게 같은 종류의 사인펜 14개를 다음 규칙에 따라 남김없이 나누어 주는 경우의 수를 구하시오.

[4점]

(가) 각 학생은 1개 이상의 사인펜을 받는다.
(나) 각 학생이 받는 사인펜의 개수는 9 이하이다.
(다) 적어도 한 학생은 짝수 개의 사인펜을 받는다.

19
▶ 24109-0096
2024학년도 9월 모의평가 30번

다음 조건을 만족시키는 13 이하의 자연수 a, b, c, d의 모든 순서쌍 (a, b, c, d)의 개수를 구하시오. [4점]

(가) $a \leq b \leq c \leq d$
(나) $a \times d$는 홀수이고, $b+c$는 짝수이다.

20

▶ 24109-0097
2022학년도 3월 학력평가 29번

두 집합 $X=\{1, 2, 3, 4, 5\}$, $Y=\{-1, 0, 1, 2, 3\}$에 대하여 다음 조건을 만족시키는 함수 $f:X \longrightarrow Y$의 개수를 구하시오. [4점]

(가) $f(1) \leq f(2) \leq f(3) \leq f(4) \leq f(5)$
(나) $f(a)+f(b)=0$을 만족시키는 집합 X의 서로 다른 두 원소 a, b가 존재한다.

21

▶ 24109-0098
2023학년도 9월 모의평가 30번

집합 $X=\{1, 2, 3, 4, 5\}$와 함수 $f:X \longrightarrow X$에 대하여 함수 f의 치역을 A, 합성함수 $f \circ f$의 치역을 B라 할 때, 다음 조건을 만족시키는 함수 f의 개수를 구하시오. [4점]

(가) $n(A) \leq 3$
(나) $n(A)=n(B)$
(다) 집합 X의 모든 원소 x에 대하여 $f(x) \neq x$이다.

22

▶ 24109-0099
2022학년도 3월 학력평가 30번

흰색 원판 4개와 검은색 원판 4개에 각각 A, B, C, D의 문자가 하나씩 적혀 있다. 이 8개의 원판 중에서 4개를 택하여 다음 규칙에 따라 원기둥 모양으로 쌓는 경우의 수를 구하시오. (단, 원판의 크기는 모두 같고, 원판의 두 밑면은 서로 구별하지 않는다.) [4점]

(가) 선택된 4개의 원판 중 같은 문자가 적힌 원판이 있으면 같은 문자가 적힌 원판끼리는 검은색 원판이 흰색 원판보다 아래쪽에 놓이도록 쌓는다.
(나) 선택된 4개의 원판 중 같은 문자가 적힌 원판이 없으면 D가 적힌 원판이 맨 아래에 놓이도록 쌓는다.

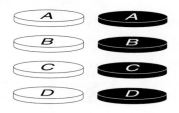

II

확률

2024 수능 출제 분석

- 두 사건 A, B가 서로 독립일 때, 주어진 조건을 이용하여 확률을 구하는 문제가 출제되었다.
- 여사건을 이용하여 확률을 구하는 문제가 출제되었다.
- 조건을 만족시키는 각각의 경우가 일어나는 확률을 구한 후 조건부확률을 구하는 문제가 출제되었다.

2025 수능 예측

1. 조건부확률, 사건의 독립을 이용하여 확률을 구하는 계산 문제의 출제가 예상된다. 쉬운 문제이지만 실수하지 않도록 연습을 충분히 해 두도록 한다.

2. 다양한 상황에서 경우의 수를 구한 후 수학적 확률을 구하는 문제의 출제가 예상된다. 복잡한 조건을 구분하여 정리한 후 확률을 구하는 연습을 충분히 해 두도록 한다.

3. 주어진 조건을 분석한 후 조건부확률이나 독립시행을 이용하여 확률을 구하는 문제의 출제가 예상된다. 복잡한 상황을 표나 기호로 정리하는 연습을 충분히 해 두도록 한다.

한눈에 보는 출제 빈도

연도	핵심 주제	유형 1 확률의 연산 (덧셈정리와 배반사건)	유형 2 확률의 연산 (조건부확률, 곱셈정리, 사건의 독립)	유형 3 여러 가지 사건의 확률의 계산	유형 4 조건부확률의 활용	유형 5 독립시행의 확률
2024 학년도	수능		1	1	1	
	9월모평	1		1		1
	6월모평	1		2		1
2023 학년도	수능			2	1	
	9월모평		1	2		
	6월모평			2	1	1
2022 학년도	수능			1		1
	9월모평			1	1	
	6월모평			3	1	
2021 학년도	수능		2	4		
	9월모평		1	4		
	6월모평	1		4	2	
2020 학년도	수능	1		1	1	2
	9월모평	1	2	2		
	6월모평	1		5		

수능 유형별 기출 문제

유형 1 **확률의 연산(덧셈정리와 배반사건)**

1. 확률의 덧셈정리
   두 사건 A, B에 대하여
   $P(A \cup B) = P(A) + P(B) - P(A \cap B)$

2. 배반사건의 확률
   두 사건 A, B가 서로 배반사건이면, 즉 $A \cap B = \varnothing$이면
   $P(A \cup B) = P(A) + P(B)$

3. 여사건의 확률
   사건 A의 여사건 A^C의 확률은
   $P(A^C) = 1 - P(A)$

보기

① 두 사건 A, B에 대하여
   $P(A) = \dfrac{1}{2}$, $P(B) = \dfrac{1}{3}$, $P(A \cap B) = \dfrac{1}{4}$일 때,
   $P(A \cup B) = P(A) + P(B) - P(A \cap B)$
   $\qquad\qquad = \dfrac{1}{2} + \dfrac{1}{3} - \dfrac{1}{4} = \dfrac{7}{12}$

② 두 사건 A, B가 서로 배반사건이고
   $P(A) = \dfrac{1}{3}$, $P(B) = \dfrac{1}{4}$일 때,
   $P(A \cup B) = P(A) + P(B) = \dfrac{1}{3} + \dfrac{1}{4} = \dfrac{7}{12}$

③ A^C은 사건 A의 여사건이고 $P(A) = \dfrac{1}{5}$일 때,
   $P(A^C) = 1 - P(A) = 1 - \dfrac{1}{5} = \dfrac{4}{5}$

01 ▶ 24109-0100
2020학년도 6월 모의평가 가형 4번/나형 6번   상 중 하

두 사건 A, B에 대하여

$$P(A \cup B) = \dfrac{3}{4}, \quad P(A^C \cap B) = \dfrac{2}{3}$$

일 때, $P(A)$의 값은? (단, A^C은 A의 여사건이다.) [3점]

① $\dfrac{1}{12}$ ② $\dfrac{1}{8}$ ③ $\dfrac{1}{6}$

④ $\dfrac{5}{24}$ ⑤ $\dfrac{1}{4}$

02 ▶ 24109-0101
2020학년도 9월 모의평가 가형 10번   상 중 하

1부터 7까지의 자연수 중에서 임의로 서로 다른 3개의 수를 선택한다. 선택된 3개의 수의 곱을 a, 선택되지 않은 4개의 수의 곱을 b라 할 때, a와 b가 모두 짝수일 확률은? [3점]

① $\dfrac{4}{7}$ ② $\dfrac{9}{14}$ ③ $\dfrac{5}{7}$

④ $\dfrac{11}{14}$ ⑤ $\dfrac{6}{7}$

03 ▶ 24109-0102
2023학년도 10월 학력평가 24번   상 중 하

두 사건 A, B가 서로 배반사건이고

$$P(A \cup B) = \dfrac{5}{6}, \quad P(A^C) = \dfrac{3}{4}$$

일 때, $P(B)$의 값은? (단, A^C은 A의 여사건이다.) [3점]

① $\dfrac{1}{3}$ ② $\dfrac{5}{12}$ ③ $\dfrac{1}{2}$

④ $\dfrac{7}{12}$ ⑤ $\dfrac{2}{3}$

04
▶ 24109-0103
2024학년도 6월 모의평가 24번
상 중 하

두 사건 A, B에 대하여

$$P(A \cap B^c) = \frac{1}{9}, \ P(B^c) = \frac{7}{18}$$

일 때, $P(A \cup B)$의 값은? (단, B^c은 B의 여사건이다.) [3점]

① $\dfrac{5}{9}$ ② $\dfrac{11}{18}$ ③ $\dfrac{2}{3}$

④ $\dfrac{13}{18}$ ⑤ $\dfrac{7}{9}$

05
▶ 24109-0104
2021학년도 6월 모의평가 나형 6번
상 중 하

두 사건 A, B에 대하여

$$P(A \cup B) = 1, \ P(B) = \frac{1}{3}, \ P(A \cap B) = \frac{1}{6}$$

일 때, $P(A^c)$의 값은? (단, A^c은 A의 여사건이다.) [3점]

① $\dfrac{1}{3}$ ② $\dfrac{1}{4}$ ③ $\dfrac{1}{5}$

④ $\dfrac{1}{6}$ ⑤ $\dfrac{1}{7}$

06
▶ 24109-0105
2020학년도 수능 나형 5번
상 중 하

두 사건 A, B에 대하여

$$P(A^c) = \frac{2}{3}, \ P(A^c \cap B) = \frac{1}{4}$$

일 때, $P(A \cup B)$의 값은? (단, A^c은 A의 여사건이다.) [3점]

① $\dfrac{1}{2}$ ② $\dfrac{7}{12}$ ③ $\dfrac{2}{3}$

④ $\dfrac{3}{4}$ ⑤ $\dfrac{5}{6}$

Ⅱ
확률

07
▶ 24109-0106
2019학년도 10월 학력평가 나형 4번
상 중 하

두 사건 A, B는 서로 배반이고

$$P(A)=\frac{1}{6}, \ P(B)=\frac{2}{3}$$

일 때, $P(A^c \cap B)$의 값은? (단, A^c은 A의 여사건이다.) [3점]

① $\frac{1}{6}$　　　　② $\frac{1}{4}$　　　　③ $\frac{1}{3}$

④ $\frac{1}{2}$　　　　⑤ $\frac{2}{3}$

08
▶ 24109-0107
2024학년도 9월 모의평가 25번
상 중 하

두 사건 A, B에 대하여 A와 B^c은 서로 배반사건이고

$$P(A \cap B)=\frac{1}{5}, \ P(A)+P(B)=\frac{7}{10}$$

일 때, $P(A^c \cap B)$의 값은? (단, A^c은 A의 여사건이다.) [3점]

① $\frac{1}{10}$　　　　② $\frac{1}{5}$　　　　③ $\frac{3}{10}$

④ $\frac{2}{5}$　　　　⑤ $\frac{1}{2}$

유형 2　확률의 연산(조건부확률, 곱셈정리, 사건의 독립)

1. **조건부확률**

   표본공간 S의 두 사건 A, B에 대하여 확률이 0이 아닌 사건 A가 일어났을 때, 사건 B가 일어날 확률을 사건 A가 일어났을 때의 사건 B의 조건부확률이라 하고, 기호로 $P(B|A)$와 같이 나타낸다. 사건 A가 일어났을 때의 사건 B의 조건부확률은

   $$P(B|A)=\frac{P(A \cap B)}{P(A)} \ (단, \ P(A)>0)$$

2. **확률의 곱셈정리**

   두 사건 A, B가 동시에 일어날 확률은
   $$P(A \cap B)=P(A)P(B|A) \ (단, \ P(A)>0)$$
   $$=P(B)P(A|B) \ (단, \ P(B)>0)$$

3. **사건의 독립과 종속**

   (1) 사건의 독립: 두 사건 A, B에 대하여 한 사건이 일어나는 것이 다른 사건이 일어날 확률에 아무런 영향을 주지 않을 때, 즉 $P(B|A)=P(B)$ 또는 $P(A|B)=P(A)$일 때, 사건 A와 사건 B는 서로 독립이라 한다.

   (2) 사건의 종속: 두 사건 A, B가 서로 독립이 아닐 때, 즉 $P(B|A) \neq P(B)$일 때, 두 사건 A, B는 서로 종속이라 한다.

   (3) 두 사건 A, B가 서로 독립이기 위한 필요충분조건은
   $$P(A \cap B)=P(A)P(B) \ (단, \ P(A)>0, \ P(B)>0)$$

보기

① 두 사건 A, B에 대하여 $P(A)=\frac{2}{9}$, $P(A \cap B)=\frac{1}{9}$일 때,

$$P(B|A)=\frac{P(A \cap B)}{P(A)}=\frac{\frac{1}{9}}{\frac{2}{9}}=\frac{1}{2}$$

② 두 사건 A, B에 대하여 $P(A)=\frac{2}{5}$, $P(B|A)=\frac{5}{6}$일 때,

$$P(A \cap B)=P(A)P(B|A)=\frac{2}{5} \times \frac{5}{6}=\frac{1}{3}$$

③ 두 사건 A, B가 서로 독립이고

$P(A)=\frac{1}{2}$, $P(B)=\frac{3}{5}$일 때,

$$P(A \cap B)=P(A)P(B)=\frac{1}{2} \times \frac{3}{5}=\frac{3}{10}$$

09 ▶ 24109-0108
2021학년도 수능 가형 4번
상 **중** 하

두 사건 A, B에 대하여

$$P(B|A)=\frac{1}{4},\ P(A|B)=\frac{1}{3},\ P(A)+P(B)=\frac{7}{10}$$

일 때, $P(A\cap B)$의 값은? [3점]

① $\frac{1}{7}$ ② $\frac{1}{8}$ ③ $\frac{1}{9}$

④ $\frac{1}{10}$ ⑤ $\frac{1}{11}$

10 ▶ 24109-0109
2021학년도 9월 모의평가 가형 3번/나형 5번
상 **중** 하

두 사건 A, B에 대하여

$$P(A)=\frac{2}{5},\ P(B)=\frac{4}{5},\ P(A\cup B)=\frac{9}{10}$$

일 때, $P(B|A)$의 값은? [2점]

① $\frac{5}{12}$ ② $\frac{1}{2}$ ③ $\frac{7}{12}$

④ $\frac{2}{3}$ ⑤ $\frac{3}{4}$

11 ▶ 24109-0110
2020학년도 10월 학력평가 가형 4번
상 **중** 하

두 사건 A와 B는 서로 독립이고

$$P(A^C)=\frac{2}{5},\ P(B)=\frac{1}{6}$$

일 때, $P(A^C\cup B^C)$의 값은? (단, A^C은 A의 여사건이다.)

[3점]

① $\frac{1}{2}$ ② $\frac{3}{5}$ ③ $\frac{7}{10}$

④ $\frac{4}{5}$ ⑤ $\frac{9}{10}$

II
확률

12

▶ 24109-0111
2019학년도 10월 학력평가 가형 4번

상 중 **하**

두 사건 A와 B가 서로 독립이고

$$\mathrm{P}(A|B)=\frac{1}{3},\ \mathrm{P}(A\cap B^c)=\frac{1}{12}$$

일 때, $\mathrm{P}(B)$의 값은? (단, B^c은 B의 여사건이다.) [3점]

① $\dfrac{5}{12}$ ② $\dfrac{1}{2}$ ③ $\dfrac{7}{12}$

④ $\dfrac{2}{3}$ ⑤ $\dfrac{3}{4}$

13

▶ 24109-0112
2020학년도 9월 모의평가 가형 5번

상 중 **하**

두 사건 A, B에 대하여

$$\mathrm{P}(A)=\frac{2}{5},\ \mathrm{P}(B^c)=\frac{3}{10},\ \mathrm{P}(A\cap B)=\frac{1}{5}$$

일 때, $\mathrm{P}(A^c|B^c)$의 값은? (단, A^c은 A의 여사건이다.) [3점]

① $\dfrac{1}{6}$ ② $\dfrac{1}{5}$ ③ $\dfrac{1}{4}$

④ $\dfrac{1}{3}$ ⑤ $\dfrac{1}{2}$

14

▶ 24109-0113
2024학년도 수능 24번

상 중 **하**

두 사건 A, B는 서로 독립이고

$$\mathrm{P}(A\cap B)=\frac{1}{4},\ \mathrm{P}(A^c)=2\mathrm{P}(A)$$

일 때, $\mathrm{P}(B)$의 값은? (단, A^c은 A의 여사건이다.) [3점]

① $\dfrac{3}{8}$ ② $\dfrac{1}{2}$ ③ $\dfrac{5}{8}$

④ $\dfrac{3}{4}$ ⑤ $\dfrac{7}{8}$

15
▶ 24109-0114
2020학년도 10월 학력평가 나형 3번   (상)(중)(하)

두 사건 A, B에 대하여

$$\mathrm{P}(A|B)=\frac{2}{3},\ \mathrm{P}(A\cap B)=\frac{2}{15}$$

일 때, $\mathrm{P}(B)$의 값은? [2점]

① $\frac{1}{5}$ ② $\frac{4}{15}$ ③ $\frac{1}{3}$

④ $\frac{2}{5}$ ⑤ $\frac{7}{15}$

16
▶ 24109-0115
2020학년도 9월 모의평가 나형 8번   (상)(중)(하)

두 사건 A, B에 대하여

$$\mathrm{P}(A)=\frac{7}{10},\ \mathrm{P}(A\cup B)=\frac{9}{10}$$

일 때, $\mathrm{P}(B^c|A^c)$의 값은? (단, A^c은 A의 여사건이다.) [3점]

① $\frac{1}{6}$ ② $\frac{1}{5}$ ③ $\frac{1}{4}$

④ $\frac{1}{3}$ ⑤ $\frac{1}{2}$

17
▶ 24109-0116
2021학년도 10월 학력평가 24번   (상)(중)(하)

두 사건 A와 B는 서로 배반사건이고

$$\mathrm{P}(A)=\frac{1}{3},\ \mathrm{P}(A^c)\mathrm{P}(B)=\frac{1}{6}$$

일 때, $\mathrm{P}(A\cup B)$의 값은? (단, A^c은 A의 여사건이다.) [3점]

① $\frac{1}{2}$ ② $\frac{7}{12}$ ③ $\frac{2}{3}$

④ $\frac{3}{4}$ ⑤ $\frac{5}{6}$

II
확률

18 ▶ 24109-0117
2023학년도 9월 모의평가 24번
(상)(중)(하)

두 사건 A, B에 대하여

$$P(A \cup B) = 1, \ P(A \cap B) = \frac{1}{4}, \ P(A|B) = P(B|A)$$

일 때, $P(A)$의 값은? [3점]

① $\frac{1}{2}$ ② $\frac{9}{16}$ ③ $\frac{5}{8}$

④ $\frac{11}{16}$ ⑤ $\frac{3}{4}$

---

19 ▶ 24109-0118
2021학년도 수능 나형 5번
(상)(중)(하)

두 사건 A와 B는 서로 독립이고

$$P(A|B) = P(B), \ P(A \cap B) = \frac{1}{9}$$

일 때, $P(A)$의 값은? [3점]

① $\frac{7}{18}$ ② $\frac{1}{3}$ ③ $\frac{5}{18}$

④ $\frac{2}{9}$ ⑤ $\frac{1}{6}$

유형 3   여러 가지 사건의 확률의 계산

(1) 순서의 유무, 중복의 유무를 파악한 후 순열과 조합, 중복
순열과 중복조합을 이용하여 확률을 구한다.
(2) 문제의 상황을 교집합, 합집합, 여집합 등 집합 기호를 써
서 나타낸 후 확률을 구한다.
(3) 문장으로 표현된 사건들을 기호로 정리하여 문제 상황을
단순화시킨 후 확률을 구한다.

보기

2개의 당첨제비가 포함되어 있는 10개의 제비 중에서 임의로 3개의
제비를 동시에 뽑을 때, 적어도 한 개가 당첨제비일 확률은 당첨제비
가 하나도 뽑히지 않을 확률이 $\dfrac{_8C_3}{_{10}C_3}$이므로

$$1 - \frac{_8C_3}{_{10}C_3} = 1 - \frac{7}{15} = \frac{8}{15}$$

---

20 ▶ 24109-0119
2020학년도 수능 가형 6번
(상)(중)(하)

흰 공 3개, 검은 공 4개가 들어 있는 주머니가 있다. 이 주머니
에서 임의로 네 개의 공을 동시에 꺼낼 때, 흰 공 2개와 검은
공 2개가 나올 확률은? [3점]

① $\frac{2}{5}$ ② $\frac{16}{35}$ ③ $\frac{18}{35}$

④ $\frac{4}{7}$ ⑤ $\frac{22}{35}$

21
▶ 24109-0120
2021학년도 수능 가형 9번
상중**하**

문자 A, B, C, D, E가 하나씩 적혀 있는 5장의 카드와 숫자 1, 2, 3, 4가 하나씩 적혀 있는 4장의 카드가 있다. 이 9장의 카드를 모두 한 번씩 사용하여 일렬로 임의로 나열할 때, 문자 A가 적혀 있는 카드의 바로 양옆에 각각 숫자가 적혀 있는 카드가 놓일 확률은? [3점]

① $\dfrac{5}{12}$ ② $\dfrac{1}{3}$ ③ $\dfrac{1}{4}$

④ $\dfrac{1}{6}$ ⑤ $\dfrac{1}{12}$

22
▶ 24109-0121
2020학년도 6월 모의평가 가형 14번
상중**하**

한 개의 주사위를 세 번 던져서 나오는 눈의 수를 차례로 a, b, c라 할 때, $a > b$이고 $a > c$일 확률은? [4점]

① $\dfrac{13}{54}$ ② $\dfrac{55}{216}$ ③ $\dfrac{29}{108}$

④ $\dfrac{61}{216}$ ⑤ $\dfrac{8}{27}$

23
▶ 24109-0122
2021학년도 수능 나형 8번
상중**하**

한 개의 주사위를 세 번 던져서 나오는 눈의 수를 차례로 a, b, c라 할 때, $a \times b \times c = 4$일 확률은? [3점]

① $\dfrac{1}{54}$ ② $\dfrac{1}{36}$ ③ $\dfrac{1}{27}$

④ $\dfrac{5}{108}$ ⑤ $\dfrac{1}{18}$

24
▶ 24109-0123
2024학년도 수능 25번
상중**하**

숫자 1, 2, 3, 4, 5, 6이 하나씩 적혀 있는 6장의 카드가 있다. 이 6장의 카드를 모두 한 번씩 사용하여 일렬로 임의로 나열할 때, 양 끝에 놓인 카드에 적힌 두 수의 합이 10 이하가 되도록 카드가 놓일 확률은? [3점]

① $\dfrac{8}{15}$ ② $\dfrac{19}{30}$ ③ $\dfrac{11}{15}$

④ $\dfrac{5}{6}$ ⑤ $\dfrac{14}{15}$

25 ▶ 24109-0124
2024학년도 6월 모의평가 25번　　[상 중 하]

흰색 손수건 4장, 검은색 손수건 5장이 들어 있는 상자가 있다. 이 상자에서 임의로 4장의 손수건을 동시에 꺼낼 때, 꺼낸 4장의 손수건 중에서 흰색 손수건이 2장 이상일 확률은? [3점]

① $\dfrac{1}{2}$　　　② $\dfrac{4}{7}$　　　③ $\dfrac{9}{14}$

④ $\dfrac{5}{7}$　　　⑤ $\dfrac{11}{14}$

26 ▶ 24109-0125
2023학년도 수능 25번　　[상 중 하]

흰색 마스크 5개, 검은색 마스크 9개가 들어 있는 상자가 있다. 이 상자에서 임의로 3개의 마스크를 동시에 꺼낼 때, 꺼낸 3개의 마스크 중에서 적어도 한 개가 흰색 마스크일 확률은?

[3점]

① $\dfrac{8}{13}$　　　② $\dfrac{17}{26}$　　　③ $\dfrac{9}{13}$

④ $\dfrac{19}{26}$　　　⑤ $\dfrac{10}{13}$

27 ▶ 24109-0126
2020학년도 6월 모의평가 나형 10번　　[상 중 하]

검은 공 3개, 흰 공 4개가 들어 있는 주머니가 있다. 이 주머니에서 임의로 3개의 공을 동시에 꺼낼 때, 꺼낸 3개의 공 중에서 적어도 한 개가 검은 공일 확률은? [3점]

① $\dfrac{19}{35}$　　　② $\dfrac{22}{35}$　　　③ $\dfrac{5}{7}$

④ $\dfrac{4}{5}$　　　⑤ $\dfrac{31}{35}$

28 ▸ 24109-0127
2021학년도 9월 모의평가 가형 17번 　상중하

어느 고등학교에는 5개의 과학 동아리와 2개의 수학 동아리 A, B가 있다. 동아리 학술 발표회에서 이 7개 동아리가 모두 발표하도록 발표 순서를 임의로 정할 때, 수학 동아리 A가 수학 동아리 B보다 먼저 발표하는 순서로 정해지거나 두 수학 동아리의 발표 사이에는 2개의 과학 동아리만이 발표하는 순서로 정해질 확률은? (단, 발표는 한 동아리씩 하고, 각 동아리는 1회만 발표한다.) [4점]

① $\dfrac{4}{7}$　　② $\dfrac{7}{12}$　　③ $\dfrac{25}{42}$

④ $\dfrac{17}{28}$　　⑤ $\dfrac{13}{21}$

29 ▸ 24109-0128
2023학년도 9월 모의평가 26번 　상중하

세 학생 A, B, C를 포함한 7명의 학생이 원 모양의 탁자에 일정한 간격을 두고 임의로 모두 둘러앉을 때, A가 B 또는 C와 이웃하게 될 확률은? [3점]

① $\dfrac{1}{2}$　　② $\dfrac{3}{5}$　　③ $\dfrac{7}{10}$

④ $\dfrac{4}{5}$　　⑤ $\dfrac{9}{10}$

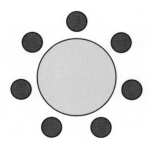

30 ▸ 24109-0129
2021학년도 6월 모의평가 가형 13번/나형 16번 　상중하

한 개의 주사위를 두 번 던져서 나오는 눈의 수를 차례로 a, b라 할 때, $|a-3|+|b-3|=2$이거나 $a=b$일 확률은? [4점]

① $\dfrac{1}{4}$　　② $\dfrac{1}{3}$　　③ $\dfrac{5}{12}$

④ $\dfrac{1}{2}$　　⑤ $\dfrac{7}{12}$

31 ▸ 24109-0130
2022학년도 9월 모의평가 24번 　상중하

네 개의 수 1, 3, 5, 7 중에서 임의로 선택한 한 개의 수를 a라 하고, 네 개의 수 2, 4, 6, 8 중에서 임의로 선택한 한 개의 수를 b라 하자. $a \times b > 31$일 확률은? [3점]

① $\dfrac{1}{16}$　　② $\dfrac{1}{8}$　　③ $\dfrac{3}{16}$

④ $\dfrac{1}{4}$　　⑤ $\dfrac{5}{16}$

32 ▶ 24109-0131
2021학년도 9월 모의평가 나형 8번   상中하

네 개의 수 1, 3, 5, 7 중에서 임의로 선택한 한 개의 수를 a라 하고, 네 개의 수 4, 6, 8, 10 중에서 임의로 선택한 한 개의 수를 b라 하자. $1 < \dfrac{b}{a} < 4$일 확률은? [3점]

① $\dfrac{1}{2}$ ② $\dfrac{9}{16}$ ③ $\dfrac{5}{8}$

④ $\dfrac{11}{16}$ ⑤ $\dfrac{3}{4}$

33 ▶ 24109-0132
2020학년도 6월 모의평가 나형 16번   상中하

한 개의 주사위를 네 번 던질 때 나오는 눈의 수를 차례로 a, b, c, d라 하자. 네 수 a, b, c, d의 곱 $a \times b \times c \times d$가 12일 확률은? [4점]

① $\dfrac{1}{36}$ ② $\dfrac{5}{72}$ ③ $\dfrac{1}{9}$

④ $\dfrac{11}{72}$ ⑤ $\dfrac{7}{36}$

34 ▶ 24109-0133
2021학년도 9월 모의평가 가형 19번   상中하

집합 $X = \{1, 2, 3, 4\}$의 공집합이 아닌 모든 부분집합 15개 중에서 임의로 서로 다른 세 부분집합을 뽑아 임의로 일렬로 나열하고, 나열된 순서대로 A, B, C라 할 때, $A \subset B \subset C$일 확률은? [4점]

① $\dfrac{1}{91}$ ② $\dfrac{2}{91}$ ③ $\dfrac{3}{91}$

④ $\dfrac{4}{91}$ ⑤ $\dfrac{5}{91}$

35 ▶ 24109-0134
2023학년도 6월 모의평가 28번 상 중 하

숫자 1, 2, 3, 4, 5 중에서 서로 다른 4개를 택해 일렬로 나열하여 만들 수 있는 모든 네 자리의 자연수 중에서 임의로 하나의 수를 택할 때, 택한 수가 5의 배수 또는 3500 이상일 확률은? [4점]

① $\dfrac{9}{20}$ ② $\dfrac{1}{2}$ ③ $\dfrac{11}{20}$

④ $\dfrac{3}{5}$ ⑤ $\dfrac{13}{20}$

36 ▶ 24109-0135
2022학년도 6월 모의평가 25번 상 중 하

숫자 1, 2, 3, 4, 5 중에서 중복을 허락하여 4개를 택해 일렬로 나열하여 만들 수 있는 모든 네 자리의 자연수 중에서 임의로 하나의 수를 선택할 때, 선택한 수가 3500보다 클 확률은?

[3점]

① $\dfrac{9}{25}$ ② $\dfrac{2}{5}$ ③ $\dfrac{11}{25}$

④ $\dfrac{12}{25}$ ⑤ $\dfrac{13}{25}$

37 ▶ 24109-0136
2020학년도 9월 모의평가 나형 14번 상 중 하

다음 조건을 만족시키는 좌표평면 위의 점 (a, b) 중에서 임의로 서로 다른 두 점을 선택할 때, 선택된 두 점 사이의 거리가 1보다 클 확률은? [4점]

(가) a, b는 자연수이다.
(나) $1 \le a \le 4$, $1 \le b \le 3$

① $\dfrac{41}{66}$ ② $\dfrac{43}{66}$ ③ $\dfrac{15}{22}$

④ $\dfrac{47}{66}$ ⑤ $\dfrac{49}{66}$

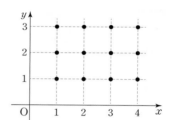

38

▶ 24109-0137
2023학년도 6월 모의평가 24번

상 중 하

주머니 A에는 1부터 3까지의 자연수가 하나씩 적혀 있는 3장의 카드가 들어 있고, 주머니 B에는 1부터 5까지의 자연수가 하나씩 적혀 있는 5장의 카드가 들어 있다. 두 주머니 A, B에서 각각 카드를 임의로 한 장씩 꺼낼 때, 꺼낸 두 장의 카드에 적힌 수의 차가 1일 확률은? [3점]

① $\dfrac{1}{3}$

② $\dfrac{2}{5}$

③ $\dfrac{7}{15}$

④ $\dfrac{8}{15}$

⑤ $\dfrac{3}{5}$

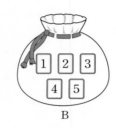

A   B

39

▶ 24109-0138
2022학년도 수능 26번

상 중 하

1부터 10까지 자연수가 하나씩 적혀 있는 10장의 카드가 들어 있는 주머니가 있다. 이 주머니에서 임의로 카드 3장을 동시에 꺼낼 때, 꺼낸 카드에 적혀 있는 세 자연수 중에서 가장 작은 수가 4 이하이거나 7 이상일 확률은? [3점]

① $\dfrac{4}{5}$

② $\dfrac{5}{6}$

③ $\dfrac{13}{15}$

④ $\dfrac{9}{10}$

⑤ $\dfrac{14}{15}$

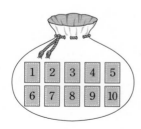

40

▶ 24109-0139
2021학년도 수능 가형 19번

상 중 하

숫자 3, 3, 4, 4, 4가 하나씩 적힌 5개의 공이 들어 있는 주머니가 있다. 이 주머니와 한 개의 주사위를 사용하여 다음 규칙에 따라 점수를 얻는 시행을 한다.

> 주머니에서 임의로 한 개의 공을 꺼내어
> 꺼낸 공에 적힌 수가 3이면 주사위를 3번 던져서 나오는 세 눈의 수의 합을 점수로 하고,
> 꺼낸 공에 적힌 수가 4이면 주사위를 4번 던져서 나오는 네 눈의 수의 합을 점수로 한다.

이 시행을 한 번 하여 얻은 점수가 10점일 확률은? [4점]

① $\dfrac{13}{180}$

② $\dfrac{41}{540}$

③ $\dfrac{43}{540}$

④ $\dfrac{1}{12}$

⑤ $\dfrac{47}{540}$

41 ▶ 24109-0140
2020학년도 9월 모의평가 가형 18번/나형 20번 [상][중][하]

빨간색 공 6개, 파란색 공 3개, 노란색 공 3개가 들어 있는 주머니가 있다. 이 주머니에서 임의로 한 개의 공을 꺼내는 시행을 하여, 다음 규칙에 따라 세 사람 A, B, C가 점수를 얻는다.
(단, 한 번 꺼낸 공은 다시 주머니에 넣지 않는다.)

- 빨간색 공이 나오면 A는 3점, B는 1점, C는 1점을 얻는다.
- 파란색 공이 나오면 A는 2점, B는 6점, C는 2점을 얻는다.
- 노란색 공이 나오면 A는 2점, B는 2점, C는 6점을 얻는다.

이 시행을 계속하여 얻은 점수의 합이 처음으로 24점 이상인 사람이 나오면 시행을 멈춘다. 다음은 얻은 점수의 합이 24점 이상인 사람이 A뿐일 확률을 구하는 과정이다.

꺼낸 빨간색 공의 개수를 x, 파란색 공의 개수를 y, 노란색 공의 개수를 z라 할 때, 얻은 점수의 합이 24점 이상인 사람이 A뿐이기 위해서는 x, y, z가 다음 조건을 만족시켜야 한다.
$$x=6, \ 0<y<3, \ 0<z<3, \ y+z\geq3$$
이 조건을 만족시키는 순서쌍 (x, y, z)는
$$(6, 1, 2), \ (6, 2, 1), \ (6, 2, 2)$$
이다.
(i) $(x, y, z)=(6, 1, 2)$인 경우의 확률은 [(가)]이다.
(ii) $(x, y, z)=(6, 2, 1)$인 경우의 확률은 [(가)]이다.
(iii) $(x, y, z)=(6, 2, 2)$인 경우는 10번째 시행에서 빨간색 공이 나와야 하므로 그 확률은 [(나)]이다.
(i), (ii), (iii)에 의하여 구하는 확률은
$$2\times[(가)]+[(나)]$$
이다.

위의 (가), (나)에 알맞은 수를 각각 p, q라 할 때, $p+q$의 값은? [4점]

① $\dfrac{13}{110}$ ② $\dfrac{27}{220}$ ③ $\dfrac{7}{55}$

④ $\dfrac{29}{220}$ ⑤ $\dfrac{3}{22}$

42 ▶ 24109-0141
2023학년도 수능 26번 [상][중][하]

주머니에 1이 적힌 흰 공 1개, 2가 적힌 흰 공 1개, 1이 적힌 검은 공 1개, 2가 적힌 검은 공 3개가 들어 있다. 이 주머니에서 임의로 3개의 공을 동시에 꺼내는 시행을 한다. 이 시행에서 꺼낸 3개의 공 중에서 흰 공이 1개이고 검은 공이 2개인 사건을 A, 꺼낸 3개의 공에 적혀 있는 수를 모두 곱한 값이 8인 사건을 B라 할 때, $P(A\cup B)$의 값은? [3점]

① $\dfrac{11}{20}$ ② $\dfrac{3}{5}$ ③ $\dfrac{13}{20}$

④ $\dfrac{7}{10}$ ⑤ $\dfrac{3}{4}$

43 ▶ 24109-0142
2022학년도 10월 학력평가 27번 [상][중][하]

1부터 10까지의 자연수가 하나씩 적혀 있는 10장의 카드가 들어 있는 주머니가 있다. 이 주머니에서 임의로 카드 4장을 동시에 꺼내어 카드에 적혀 있는 수를 작은 수부터 크기 순서대로 a_1, a_2, a_3, a_4라 하자. $a_1\times a_2$의 값이 홀수이고, $a_3+a_4\geq16$일 확률은? [3점]

① $\dfrac{1}{14}$ ② $\dfrac{3}{35}$ ③ $\dfrac{1}{10}$

④ $\dfrac{4}{35}$ ⑤ $\dfrac{9}{70}$

44

▶ 24109-0143
2020학년도 6월 모의평가 가형 17번/나형 19번 상中하

1부터 8까지의 자연수가 하나씩 적혀 있는 8장의 카드가 있다. 이 카드를 모두 한 번씩 사용하여 그림과 같은 8개의 자리에 각각 한 장씩 임의로 놓을 때, 8 이하의 자연수 k에 대하여 k번째 자리에 놓인 카드에 적힌 수가 k 이하인 사건을 A_k라 하자.

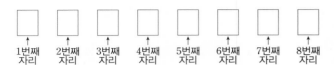

다음은 두 자연수 m, n $(1 \le m < n \le 8)$에 대하여 두 사건 A_m과 A_n이 서로 독립이 되도록 하는 m, n의 모든 순서쌍 (m, n)의 개수를 구하는 과정이다.

A_k는 k번째 자리에 k 이하의 자연수 중 하나가 적힌 카드가 놓여 있고, k번째 자리를 제외한 7개의 자리에 나머지 7장의 카드가 놓여 있는 사건이므로

$$P(A_k) = \boxed{\text{(가)}}$$

이다.

$A_m \cap A_n (m < n)$은 m번째 자리에 m 이하의 자연수 중 하나가 적힌 카드가 놓여 있고, n번째 자리에 n 이하의 자연수 중 m번째 자리에 놓인 카드에 적힌 수가 아닌 자연수가 적힌 카드가 놓여 있고, m번째와 n번째 자리를 제외한 6개의 자리에 나머지 6장의 카드가 놓여 있는 사건이므로

$$P(A_m \cap A_n) = \boxed{\text{(나)}}$$

이다.

한편, 두 사건 A_m과 A_n이 서로 독립이기 위해서는

$$P(A_m \cap A_n) = P(A_m)P(A_n)$$

을 만족시켜야 한다.

따라서 두 사건 A_m과 A_n이 서로 독립이 되도록 하는 m, n의 모든 순서쌍 (m, n)의 개수는 $\boxed{\text{(다)}}$ 이다.

위의 (가)에 알맞은 식에 $k=4$를 대입한 값을 p, (나)에 알맞은 식에 $m=3$, $n=5$를 대입한 값을 q, (다)에 알맞은 수를 r라 할 때, $p \times q \times r$의 값은? [4점]

① $\dfrac{3}{8}$ ② $\dfrac{1}{2}$ ③ $\dfrac{5}{8}$

④ $\dfrac{3}{4}$ ⑤ $\dfrac{7}{8}$

45

▶ 24109-0144
2020학년도 10월 학력평가 가형 16번 상中하

집합 $\{x \mid x$는 10 이하의 자연수$\}$의 원소의 개수가 4인 부분집합 중 임의로 하나의 집합을 택하여 X라 할 때, 집합 X가 다음 조건을 만족시킬 확률은? [4점]

집합 X의 서로 다른 세 원소의 합은 항상 3의 배수가 아니다.

---

① $\dfrac{3}{14}$ ② $\dfrac{2}{7}$ ③ $\dfrac{5}{14}$

④ $\dfrac{3}{7}$ ⑤ $\dfrac{1}{2}$

46

▶ 24109-0145
2021학년도 6월 모의평가 가형 17번 상中하

숫자 1, 2, 3, 4, 5, 6, 7이 하나씩 적혀 있는 7장의 카드가 있다. 이 7장의 카드를 모두 한 번씩 사용하여 일렬로 임의로 나열할 때, 다음 조건을 만족시킬 확률은? [4점]

(가) 4가 적혀 있는 카드의 바로 양옆에는 각각 4보다 큰 수가 적혀 있는 카드가 있다.
(나) 5가 적혀 있는 카드의 바로 양옆에는 각각 5보다 작은 수가 적혀 있는 카드가 있다.

---

① $\dfrac{1}{28}$ ② $\dfrac{1}{14}$ ③ $\dfrac{3}{28}$

④ $\dfrac{1}{7}$ ⑤ $\dfrac{5}{28}$

47
▶ 24109-0146
2024학년도 9월 모의평가 27번
상(중)(하)

두 집합 $X=\{1, 2, 3, 4\}$, $Y=\{1, 2, 3, 4, 5, 6, 7\}$에 대하여 X에서 Y로의 모든 일대일함수 f 중에서 임의로 하나를 선택할 때, 이 함수가 다음 조건을 만족시킬 확률은? [3점]

(가) $f(2)=2$
(나) $f(1) \times f(2) \times f(3) \times f(4)$는 4의 배수이다.

① $\dfrac{1}{14}$ ② $\dfrac{3}{35}$ ③ $\dfrac{1}{10}$

④ $\dfrac{4}{35}$ ⑤ $\dfrac{9}{70}$

48
▶ 24109-0147
2021학년도 6월 모의평가 가형 19번
상(중)(하)

두 집합 $A=\{1, 2, 3, 4\}$, $B=\{1, 2, 3\}$에 대하여 A에서 B로의 모든 함수 f 중에서 임의로 하나를 선택할 때, 이 함수가 다음 조건을 만족시킬 확률은? [4점]

$f(1) \geq 2$이거나 함수 f의 치역은 B이다.

① $\dfrac{16}{27}$ ② $\dfrac{2}{3}$ ③ $\dfrac{20}{27}$

④ $\dfrac{22}{27}$ ⑤ $\dfrac{8}{9}$

49
▶ 24109-0148
2023학년도 9월 모의평가 28번
상(중)(하)

1부터 10까지의 자연수 중에서 임의로 서로 다른 3개의 수를 선택한다. 선택된 세 개의 수의 곱이 5의 배수이고 합은 3의 배수일 확률은? [4점]

① $\dfrac{3}{20}$ ② $\dfrac{1}{6}$ ③ $\dfrac{11}{60}$

④ $\dfrac{1}{5}$ ⑤ $\dfrac{13}{60}$

50
▶ 24109-0149
2021학년도 10월 학력평가 26번

상 중 **하**

한 개의 주사위를 두 번 던져서 나오는 눈의 수를 차례로 a, b라 할 때, 두 수 a, b의 최대공약수가 홀수일 확률은? [3점]

① $\dfrac{5}{12}$　　　② $\dfrac{1}{2}$　　　③ $\dfrac{7}{12}$

④ $\dfrac{2}{3}$　　　⑤ $\dfrac{3}{4}$

51
▶ 24109-0150
2022학년도 6월 모의평가 27번

상 **중** 하

주사위 2개와 동전 4개를 동시에 던질 때, 나오는 주사위의 눈의 수의 곱과 앞면이 나오는 동전의 개수가 같을 확률은? [3점]

① $\dfrac{3}{64}$　　　② $\dfrac{5}{96}$　　　③ $\dfrac{11}{192}$

④ $\dfrac{1}{16}$　　　⑤ $\dfrac{13}{192}$

52
▶ 24109-0151
2021학년도 9월 모의평가 나형 19번

상 중 **하**

1부터 6까지의 자연수가 하나씩 적혀 있는 6장의 카드가 들어 있는 주머니가 있다. 이 주머니에서 임의로 두 장의 카드를 동시에 꺼내어 적혀 있는 수를 확인한 후 다시 넣는 시행을 두 번 반복한다. 첫 번째 시행에서 확인한 두 수 중 작은 수를 a_1, 큰 수를 a_2라 하고, 두 번째 시행에서 확인한 두 수 중 작은 수를 b_1, 큰 수를 b_2라 하자. 두 집합 A, B를

$$A = \{x \mid a_1 \le x \le a_2\}, \ B = \{x \mid b_1 \le x \le b_2\}$$

라 할 때, $A \cap B \neq \varnothing$일 확률은? [4점]

① $\dfrac{3}{5}$　　　② $\dfrac{2}{3}$　　　③ $\dfrac{11}{15}$

④ $\dfrac{4}{5}$　　　⑤ $\dfrac{13}{15}$

유형 4 조건부확률의 활용

(1) 표가 주어진 경우에는 표를 이용하여 확률을 구한다.
(2) 표가 주어지지 않는 경우에는 주어진 상황을 표로 나타낸 후 표를 이용하여 확률을 구한다.
(3) 문장으로 표현된 사건들을 기호로 정리하여 문제 상황을 단순화시킨 후 확률을 구한다.

보기

어느 직업 체험 행사에 참가한 300명의 A 고등학교 1, 2학년 학생 중 남학생과 여학생의 수는 다음과 같다.

(단위 : 명)

구분	남학생	여학생
1학년	80	60
2학년	90	70

이 행사에 참가한 A 고등학교 학생 중에서 임의로 선택한 1명이 여학생일 때, 이 학생이 2학년일 확률은 여학생인 사건을 A, 2학년인 사건을 B라 하면

$$P(B|A) = \frac{P(A \cap B)}{P(A)} = \frac{\frac{70}{300}}{\frac{130}{300}} = \frac{7}{13}$$

53

▶ 24109-0152
2020학년도 10월 학력평가 가형 7번
상중하

표와 같이 두 주머니 A, B에 흰 공과 검은 공이 섞여서 각각 50개씩 들어 있다.

(단위 : 개)

	주머니 A	주머니 B
흰 공	21	14
검은 공	29	36
합계	50	50

두 주머니 A, B 중 임의로 택한 1개의 주머니에서 임의로 1개의 공을 꺼내는 시행을 한다. 이 시행에서 꺼낸 공이 흰 공일 때, 이 공이 주머니 A에서 꺼낸 공일 확률은? [3점]

① $\frac{3}{10}$
② $\frac{2}{5}$
③ $\frac{1}{2}$
④ $\frac{3}{5}$
⑤ $\frac{7}{10}$

54

▶ 24109-0153
2020학년도 수능 나형 9번
상중하

어느 학교 학생 200명을 대상으로 체험활동에 대한 선호도를 조사하였다. 이 조사에 참여한 학생은 문화체험과 생태연구 중 하나를 선택하였고, 각각의 체험활동을 선택한 학생의 수는 다음과 같다.

(단위 : 명)

구분	문화체험	생태연구	합계
남학생	40	60	100
여학생	50	50	100
합계	90	110	200

이 조사에 참여한 학생 200명 중에서 임의로 선택한 1명이 생태연구를 선택한 학생일 때, 이 학생이 여학생일 확률은? [3점]

① $\frac{5}{11}$
② $\frac{1}{2}$
③ $\frac{6}{11}$
④ $\frac{5}{9}$
⑤ $\frac{3}{5}$

55 ▶ 24109-0154
2022학년도 6월 모의평가 24번 상중하

어느 동아리의 학생 20명을 대상으로 진로활동 A와 진로활동 B에 대한 선호도를 조사하였다. 이 조사에 참여한 학생은 진로활동 A와 진로활동 B 중 하나를 선택하였고, 각각의 진로활동을 선택한 학생 수는 다음과 같다.

(단위 : 명)

구분	진로활동 A	진로활동 B	합계
1학년	7	5	12
2학년	4	4	8
합계	11	9	20

이 조사에 참여한 학생 20명 중에서 임의로 선택한 한 명이 진로활동 B를 선택한 학생일 때, 이 학생이 1학년일 확률은? [3점]

① $\frac{1}{2}$ ② $\frac{5}{9}$ ③ $\frac{3}{5}$

④ $\frac{7}{11}$ ⑤ $\frac{2}{3}$

56 ▶ 24109-0155
2019학년도 10월 학력평가 가형 15번 상중하

주머니에 1부터 8까지의 자연수가 하나씩 적힌 8개의 공이 들어 있다. 이 주머니에서 임의로 3개의 공을 동시에 꺼낼 때, 꺼낸 3개의 공에 적힌 수를 a, b, c $(a<b<c)$라 하자. $a+b+c$가 짝수일 때, a가 홀수일 확률은? [4점]

① $\frac{3}{7}$ ② $\frac{1}{2}$ ③ $\frac{4}{7}$

④ $\frac{9}{14}$ ⑤ $\frac{5}{7}$

57 ▶ 24109-0156
2024학년도 수능 28번 상중하

하나의 주머니와 두 상자 A, B가 있다. 주머니에는 숫자 1, 2, 3, 4가 하나씩 적힌 4장의 카드가 들어 있고, 상자 A에는 흰 공과 검은 공이 각각 8개 이상 들어 있고, 상자 B는 비어 있다. 이 주머니와 두 상자 A, B를 사용하여 다음 시행을 한다.

주머니에서 임의로 한 장의 카드를 꺼내어
카드에 적힌 수를 확인한 후 다시 주머니에 넣는다.
확인한 수가 1이면
상자 A에 있는 흰 공 1개를 상자 B에 넣고,
확인한 수가 2 또는 3이면
상자 A에 있는 흰 공 1개와 검은 공 1개를 상자 B에 넣고,
확인한 수가 4이면
상자 A에 있는 흰 공 2개와 검은 공 1개를 상자 B에 넣는다.

이 시행을 4번 반복한 후 상자 B에 들어 있는 공의 개수가 8일 때, 상자 B에 들어 있는 검은 공의 개수가 2일 확률은? [4점]

① $\frac{3}{70}$ ② $\frac{2}{35}$ ③ $\frac{1}{14}$

④ $\frac{3}{35}$ ⑤ $\frac{1}{10}$

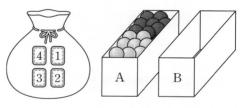

58
▶ 24109-0157
2022학년도 9월 모의평가 26번
상중하

주머니 A에는 흰 공 2개, 검은 공 4개가 들어 있고, 주머니 B
에는 흰 공 3개, 검은 공 3개가 들어 있다.
두 주머니 A, B와 한 개의 주사위를 사용하여 다음 시행을 한다.

> 주사위를 한 번 던져
> 나온 눈의 수가 5 이상이면
> 주머니 A에서 임의로 2개의 공을 동시에 꺼내고,
> 나온 눈의 수가 4 이하이면
> 주머니 B에서 임의로 2개의 공을 동시에 꺼낸다.

이 시행을 한 번 하여 주머니에서 꺼낸 2개의 공이 모두 흰색
일 때, 나온 눈의 수가 5 이상일 확률은? [3점]

① $\dfrac{1}{7}$　　　② $\dfrac{3}{14}$　　　③ $\dfrac{2}{7}$

④ $\dfrac{5}{14}$　　　⑤ $\dfrac{3}{7}$

 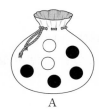 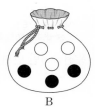

　　　　　　A　　　　　　B

59
▶ 24109-0158
2021학년도 6월 모의평가 나형 20번
상중하

주머니에 숫자 1, 2, 3, 4가 하나씩 적혀 있는 흰 공 4개와 숫
자 3, 4, 5, 6이 하나씩 적혀 있는 검은 공 4개가 들어 있다.
이 주머니에서 임의로 4개의 공을 동시에 꺼내는 시행을 한다.
이 시행에서 꺼낸 공에 적혀 있는 수가 같은 것이 있을 때, 꺼
낸 공 중 검은 공이 2개일 확률은? [4점]

① $\dfrac{13}{29}$　　　② $\dfrac{15}{29}$　　　③ $\dfrac{17}{29}$

④ $\dfrac{19}{29}$　　　⑤ $\dfrac{21}{29}$

60 ▶ 24109-0159
2019학년도 10월 학력평가 나형 28번 상 중 하

식문화 체험의 날에 어느 고등학교 전체 학생을 대상으로 점심과 저녁 식사를 제공하였다. 모든 학생들은 매 식사 때마다 양식과 한식 중 하나를 반드시 선택하였고, 전체 학생의 60 %가 점심에 한식을 선택하였다.

점심에 양식을 선택한 학생의 25 %는 저녁에도 양식을 선택하였고, 점심에 한식을 선택한 학생의 30 %는 저녁에도 한식을 선택하였다.

이 고등학교 학생 중에서 임의로 선택한 한 명이 저녁에 양식을 선택한 학생일 때, 이 학생이 점심에 한식을 선택했을 확률은 $\dfrac{q}{p}$이다. $p+q$의 값을 구하시오.

(단, p와 q는 서로소인 자연수이다.) [4점]

61 ▶ 24109-0160
2021학년도 10월 학력평가 28번 상 중 하

집합 $X=\{x\,|\,x$는 8 이하의 자연수$\}$에 대하여 X에서 X로의 함수 f 중에서 임의로 하나를 선택한다. 선택한 함수 f가 4 이하의 모든 자연수 n에 대하여 $f(2n-1)<f(2n)$일 때, $f(1)=f(5)$일 확률은? [4점]

① $\dfrac{1}{7}$　　　② $\dfrac{5}{28}$　　　③ $\dfrac{3}{14}$

④ $\dfrac{1}{4}$　　　⑤ $\dfrac{2}{7}$

유형 5　독립시행의 확률

1. **독립시행**
   동일한 시행을 반복하는 경우에 각 시행에서 일어나는 사건이 서로 독립일 때, 이것을 독립시행이라 한다.

2. **독립시행의 확률**
   사건 A가 일어날 확률이 p일 때, 이 시행을 n번 반복하는 독립시행에서 사건 A가 r번 일어날 확률은
   $_n\mathrm{C}_r\,p^r(1-p)^{n-r}$ (단, $r=0,\ 1,\ 2,\ \cdots,\ n$)

보기

한 개의 주사위를 4번 던질 때, 6의 약수의 눈이 2번 나올 확률은 6의 약수의 눈이 나올 확률이 $\dfrac{2}{3}$이므로
$$_4\mathrm{C}_2\left(\dfrac{2}{3}\right)^2\left(\dfrac{1}{3}\right)^2=\dfrac{8}{27}$$

62 ▶ 24109-0161
2020학년도 10월 학력평가 나형 9번 상 중 하

한 개의 동전을 6번 던져서 앞면이 2번 이상 나올 확률은?
[3점]

① $\dfrac{51}{64}$　　　② $\dfrac{53}{64}$　　　③ $\dfrac{55}{64}$

④ $\dfrac{57}{64}$　　　⑤ $\dfrac{59}{64}$

63 ▶ 24109-0162
2019학년도 10월 학력평가 가형 10번 상중하

한 개의 주사위와 6개의 동전을 동시에 던질 때, 주사위를 던져서 나온 눈의 수와 6개의 동전 중 앞면이 나온 동전의 개수가 같을 확률은? [3점]

① $\dfrac{9}{64}$ 　　② $\dfrac{19}{128}$ 　　③ $\dfrac{5}{32}$

④ $\dfrac{21}{128}$ 　　⑤ $\dfrac{11}{64}$

64 ▶ 24109-0163
2019학년도 9월 모의평가 가형 15번 상중하

동전 A의 앞면과 뒷면에는 각각 1과 2가 적혀 있고 동전 B의 앞면과 뒷면에는 각각 3과 4가 적혀 있다. 동전 A를 세 번, 동전 B를 네 번 던져 나온 7개의 수의 합이 19 또는 20일 확률은? [4점]

① $\dfrac{7}{16}$ 　　② $\dfrac{15}{32}$ 　　③ $\dfrac{1}{2}$

④ $\dfrac{17}{32}$ 　　⑤ $\dfrac{9}{16}$

65 ▶ 24109-0164
2019학년도 10월 학력평가 나형 15번 상중하

A, B, C 세 사람이 한 개의 주사위를 각각 5번씩 던진 후 다음 규칙에 따라 승자를 정한다.

> (가) 1의 눈이 나온 횟수가 세 사람 모두 다르면, 1의 눈이 가장 많이 나온 사람이 승자가 된다.
> (나) 1의 눈이 나온 횟수가 두 사람만 같다면, 횟수가 다른 나머지 한 사람이 승자가 된다.
> (다) 1의 눈이 나온 횟수가 세 사람 모두 같다면, 모두 승자가 된다.

A와 B가 각각 주사위를 5번씩 던진 후, A는 1의 눈이 2번, B는 1의 눈이 1번 나왔다. C가 주사위를 3번째 던졌을 때 처음으로 1의 눈이 나왔다. A 또는 C가 승자가 될 확률은? [4점]

① $\dfrac{2}{3}$ 　　② $\dfrac{13}{18}$ 　　③ $\dfrac{7}{9}$

④ $\dfrac{5}{6}$ 　　⑤ $\dfrac{8}{9}$

66 ▶ 24109-0165
2024학년도 6월 모의평가 27번 상중하

한 개의 주사위를 두 번 던질 때 나오는 눈의 수를 차례로 a, b라 하자. $a \times b$가 4의 배수일 때, $a + b \le 7$일 확률은? [3점]

① $\dfrac{2}{5}$ 　　② $\dfrac{7}{15}$ 　　③ $\dfrac{8}{15}$

④ $\dfrac{3}{5}$ 　　⑤ $\dfrac{2}{3}$

67 ▶ 24109-0166
2023학년도 6월 모의평가 25번   상중하

수직선의 원점에 점 P가 있다. 한 개의 주사위를 사용하여 다음 시행을 한다.

주사위를 한 번 던져 나온 눈의 수가
6의 약수이면 점 P를 양의 방향으로 1만큼 이동시키고,
6의 약수가 아니면 점 P를 이동시키지 않는다.

이 시행을 4번 반복할 때, 4번째 시행 후 점 P의 좌표가 2 이상일 확률은? [3점]

① $\dfrac{13}{18}$　　　② $\dfrac{7}{9}$　　　③ $\dfrac{5}{6}$

④ $\dfrac{8}{9}$　　　⑤ $\dfrac{17}{18}$

68 ▶ 24109-0167
2020학년도 수능 가형 25번   상중하

한 개의 주사위를 5번 던질 때 홀수의 눈이 나오는 횟수를 a라 하고, 한 개의 동전을 4번 던질 때 앞면이 나오는 횟수를 b라 하자. $a-b$의 값이 3일 확률을 $\dfrac{q}{p}$라 할 때, $p+q$의 값을 구하시오. (단, p와 q는 서로소인 자연수이다.) [3점]

69 ▶ 24109-0168
2020학년도 수능 가형 20번   상중하

한 개의 동전을 7번 던질 때, 다음 조건을 만족시킬 확률은? [4점]

(가) 앞면이 3번 이상 나온다.
(나) 앞면이 연속해서 나오는 경우가 있다.

① $\dfrac{11}{16}$　　　② $\dfrac{23}{32}$　　　③ $\dfrac{3}{4}$

④ $\dfrac{25}{32}$　　　⑤ $\dfrac{13}{16}$

도전 1등급 문제

01 ▶ 24109-0169
2020학년도 6월 모의평가 가형 27번

숫자 1, 1, 2, 2, 3, 3이 하나씩 적혀 있는 6개의 공이 들어 있는 주머니가 있다. 이 주머니에서 한 개의 공을 임의로 꺼내어 공에 적힌 수를 확인한 후 다시 넣지 않는다. 이와 같은 시행을 6번 반복할 때, $k(1 \le k \le 6)$번째 꺼낸 공에 적힌 수를 a_k라 하자. 두 자연수 m, n을

$$m = a_1 \times 100 + a_2 \times 10 + a_3,$$
$$n = a_4 \times 100 + a_5 \times 10 + a_6$$

이라 할 때, $m > n$일 확률은 $\dfrac{q}{p}$이다. $p+q$의 값을 구하시오.

(단, p와 q는 서로소인 자연수이다.) [4점]

02 ▶ 24109-0170
2021학년도 6월 모의평가 가형 27번

주머니에 숫자 1, 2, 3, 4가 하나씩 적혀 있는 흰 공 4개와 숫자 3, 4, 5, 6이 하나씩 적혀 있는 검은 공 4개가 들어 있다. 이 주머니에서 임의로 4개의 공을 동시에 꺼내는 시행을 한다. 이 시행에서 꺼낸 공에 적혀 있는 수가 같은 것이 있을 때, 꺼낸 공 중 검은 공이 2개일 확률은 $\dfrac{q}{p}$이다. $p+q$의 값을 구하시오. (단, p와 q는 서로소인 자연수이다.) [4점]

03 ▶ 24109-0171
2021학년도 6월 모의평가 나형 29번

집합 $A = \{1, 2, 3, 4\}$에 대하여 A에서 A로의 모든 함수 f 중에서 임의로 하나를 선택할 때, 이 함수가 다음 조건을 만족시킬 확률은 p이다. $120p$의 값을 구하시오. [4점]

(가) $f(1) \times f(2) \ge 9$
(나) 함수 f의 치역의 원소의 개수는 3이다.

주머니에 숫자 1, 2, 3, 4가 하나씩 적혀 있는 흰 공 4개와 숫자 4, 5, 6, 7이 하나씩 적혀 있는 검은 공 4개가 들어 있다. 이 주머니를 사용하여 다음 규칙에 따라 점수를 얻는 시행을 한다.

> 주머니에서 임의로 2개의 공을 동시에 꺼내어
> 꺼낸 공이 서로 다른 색이면 12를 점수로 얻고,
> 꺼낸 공이 서로 같은 색이면 꺼낸 두 공에 적힌 수의 곱을 점수로 얻는다.

이 시행을 한 번 하여 얻은 점수가 24 이하의 짝수일 확률이 $\dfrac{q}{p}$일 때, $p+q$의 값을 구하시오.

(단, p와 q는 서로소인 자연수이다.) [4점]

주머니에 숫자 1, 2가 하나씩 적혀 있는 흰 공 2개와 숫자 1, 2, 3이 하나씩 적혀 있는 검은 공 3개가 들어 있다. 이 주머니를 사용하여 다음 시행을 한다.

> 주머니에서 임의로 2개의 공을 동시에 꺼내어
> 꺼낸 공이 서로 같은 색이면 꺼낸 공 중 임의로 1개의 공을 주머니에 다시 넣고,
> 꺼낸 공이 서로 다른 색이면 꺼낸 공을 주머니에 다시 넣지 않는다.

이 시행을 한 번 한 후 주머니에 들어 있는 모든 공에 적힌 수의 합이 3의 배수일 때, 주머니에서 꺼낸 2개의 공이 서로 다른 색일 확률은 $\dfrac{q}{p}$이다. $p+q$의 값을 구하시오.

(단, p와 q는 서로소인 자연수이다.) [4점]

06
▶ 24109-0174
2022학년도 6월 모의평가 30번

숫자 1, 2, 3이 하나씩 적혀 있는 3개의 공이 들어 있는 주머니가 있다. 이 주머니에서 임의로 한 개의 공을 꺼내어 공에 적혀 있는 수를 확인한 후 다시 넣는 시행을 한다. 이 시행을 5번 반복하여 확인한 5개의 수의 곱이 6의 배수일 확률이 $\frac{q}{p}$일 때, $p+q$의 값을 구하시오. (단, p와 q는 서로소인 자연수이다.) [4점]

07
▶ 24109-0175
2024학년도 9월 모의평가 29번

앞면에는 문자 A, 뒷면에는 문자 B가 적힌 한 장의 카드가 있다. 이 카드와 한 개의 동전을 사용하여 다음 시행을 한다.

동전을 두 번 던져
앞면이 나온 횟수가 2이면 카드를 한 번 뒤집고,
앞면이 나온 횟수가 0 또는 1이면 카드를 그대로 둔다.

처음에 문자 A가 보이도록 카드가 놓여 있을 때, 이 시행을 5번 반복한 후 문자 B가 보이도록 카드가 놓일 확률은 p이다. $128 \times p$의 값을 구하시오. [4점]

앞면   뒷면

08
▶ 24109-0176
2021학년도 수능 나형 29번

숫자 3, 3, 4, 4, 4가 하나씩 적힌 5개의 공이 들어 있는 주머니가 있다. 이 주머니와 한 개의 주사위를 사용하여 다음 규칙에 따라 점수를 얻는 시행을 한다.

주머니에서 임의로 한 개의 공을 꺼내어
꺼낸 공에 적힌 수가 3이면 주사위를 3번 던져서 나오는 세 눈의 수의 합을 점수로 하고,
꺼낸 공에 적힌 수가 4이면 주사위를 4번 던져서 나오는 네 눈의 수의 합을 점수로 한다.

이 시행을 한 번 하여 얻은 점수가 10점일 확률은 $\frac{q}{p}$이다. $p+q$의 값을 구하시오. (단, p와 q는 서로소인 자연수이다.)

[4점]

09 ▶ 24109-0177
2022학년도 10월 학력평가 30번

주머니 A에 흰 공 3개, 검은 공 1개가 들어 있고, 주머니 B에도 흰 공 3개, 검은 공 1개가 들어 있다. 한 개의 동전을 사용하여 [실행 1]과 [실행 2]를 순서대로 하려고 한다.

[실행 1] 한 개의 동전을 던져
앞면이 나오면 주머니 A에서 임의로 2개의 공을 꺼내어 주머니 B에 넣고,
뒷면이 나오면 주머니 A에서 임의로 3개의 공을 꺼내어 주머니 B에 넣는다.
[실행 2] 주머니 B에서 임의로 5개의 공을 꺼내어 주머니 A에 넣는다.

[실행 2]가 끝난 후 주머니 B에 흰 공이 남아 있지 않을 때, [실행 1]에서 주머니 B에 넣은 공 중 흰 공이 2개이었을 확률은 $\dfrac{q}{p}$이다. $p+q$의 값을 구하시오.

(단, p와 q는 서로소인 자연수이다.) [4점]

10 ▶ 24109-0178
2023학년도 6월 모의평가 30번

주머니에 1부터 12까지의 자연수가 각각 하나씩 적혀 있는 12개의 공이 들어 있다. 이 주머니에서 임의로 3개의 공을 동시에 꺼내어 공에 적혀 있는 수를 작은 수부터 크기 순서대로 a, b, c라 하자. $b-a \geq 5$일 때, $c-a \geq 10$일 확률은 $\dfrac{q}{p}$이다. $p+q$의 값을 구하시오. (단, p와 q는 서로소인 자연수이다.)

[4점]

11 ▶ 24109-0179
2020학년도 10월 학력평가 나형 29번

A, B 두 사람이 각각 4개씩 공을 가지고 다음 시행을 한다.

A, B 두 사람이 주사위를 한 번씩 던져 나온 눈의 수가 짝수인 사람은 상대방으로부터 공을 한 개 받는다.

각 시행 후 A가 가진 공의 개수를 세었을 때, 4번째 시행 후 센 공의 개수가 처음으로 6이 될 확률은 $\dfrac{q}{p}$이다. $p+q$의 값을 구하시오. (단, p와 q는 서로소인 자연수이다.) [4점]

12 ▸ 24109-0180
2022학년도 수능 30번

흰 공과 검은 공이 각각 10개 이상 들어 있는 바구니와 비어 있는 주머니가 있다. 한 개의 주사위를 사용하여 다음 시행을 한다.

주사위를 한 번 던져
나온 눈의 수가 5 이상이면
바구니에 있는 흰 공 2개를 주머니에 넣고,
나온 눈의 수가 4 이하이면
바구니에 있는 검은 공 1개를 주머니에 넣는다.

위의 시행을 5번 반복할 때, $n(1 \le n \le 5)$번째 시행 후 주머니에 들어 있는 흰 공과 검은 공의 개수를 각각 a_n, b_n이라 하자. $a_5 + b_5 \ge 7$일 때, $a_k = b_k$인 자연수 $k(1 \le k \le 5)$가 존재할 확률은 $\dfrac{q}{p}$이다. $p+q$의 값을 구하시오.

(단, p와 q는 서로소인 자연수이다.) [4점]

13 ▸ 24109-0181
2023학년도 수능 29번

앞면에는 1부터 6까지의 자연수가 하나씩 적혀 있고 뒷면에는 모두 0이 하나씩 적혀 있는 6장의 카드가 있다. 이 6장의 카드가 그림과 같이 6 이하의 자연수 k에 대하여 k번째 자리에 자연수 k가 보이도록 놓여 있다.

이 6장의 카드와 한 개의 주사위를 사용하여 다음 시행을 한다.

주사위를 한 번 던져 나온 눈의 수가 k이면
k번째 자리에 놓여 있는 카드를 한 번 뒤집어 제자리에 놓는다.

위의 시행을 3번 반복한 후 6장의 카드에 보이는 모든 수의 합이 짝수일 때, 주사위의 1의 눈이 한 번만 나왔을 확률은 $\dfrac{q}{p}$이다. $p+q$의 값을 구하시오.

(단, p와 q는 서로소인 자연수이다.) [4점]

통계

- 이산확률변수가 조건에 따라 나누어 주어졌을 때, 평균을 구하는 문제가 출제되었다.
- 정규분포와 표준정규분포의 관계를 이용하여 확률이 최댓값을 갖도록 하는 미지수를 구하는 문제가 출제되었다.
- 조건을 만족시키는 모평균의 신뢰구간을 추정하는 문제가 출제되었다.

2025 수능 예측

① 이산확률변수의 평균, 분산, 표준편차를 구하는 계산 문제의 출제가 예상된다. 쉬운 문제이지만 실수하지 않도록 연습을 충분히 해 두어야 한다.

② 확률밀도함수의 정의를 이용하여 확률을 구하는 문제의 출제가 예상된다. 확률밀도함수의 정의를 그래프에서 정확하게 이용하는 연습을 충분히 해 두어야 한다.

③ 표본평균의 평균, 표준편차 또는 표본평균이 어떤 범위의 값을 가질 확률을 구하는 문제의 출제가 예상된다. 모표준편차와 표본표준편차를 구분하여 구하는 연습을 충분히 해 두어야 한다.

한눈에 보는 출제 빈도

연도	핵심 주제	유형 1 이산확률변수의 확률분포	유형 2 이항분포	유형 3 연속확률변수의 확률분포	유형 4 정규분포	유형 5 표본평균의 분포	유형 6 모평균의 추정
2024 학년도	수능	1			1		1
	9월모평		1		1	1	
	6월모평						
2023 학년도	수능			1			1
	9월모평	1			1	1	
	6월모평						
2022 학년도	수능		1	1			1
	9월모평	1	1			1	
	6월모평						
2021 학년도	수능		1		1	1	
	9월모평	1		1		2	
	6월모평						
2020 학년도	수능		1		2	1	
	9월모평		1		1		1
	6월모평						

수능 유형별 기출 문제

유형 1 이산확률변수의 확률분포

1. 이산확률변수
   확률변수 X가 유한개의 값을 가질 때, X를 이산확률변수라 한다.
2. 확률질량함수
   $P(X=x_i)=p_i\ (i=1,\ 2,\ \cdots,\ n)$를 이산확률변수 X의 확률질량함수라 하고, 이 확률분포는 표 또는 그래프로 나타낼 수 있다.
3. 확률질량함수의 성질
   이산확률변수 X의 확률질량함수가
   $P(X=x_i)=p_i\ (i=1,\ 2,\ 3,\ \cdots,\ n)$일 때
   (1) $0 \le p_i \le 1$
   (2) $\displaystyle\sum_{i=1}^{n} p_i = 1$
   (3) $P(X=x_i \text{ 또는 } X=x_j)=P(X=x_i)+P(X=x_j)$
   $=p_i+p_j$ (단, $i \ne j$)
4. 이산확률변수의 기댓값(평균)과 분산, 표준편차
   (1) 확률변수 X의 기댓값(평균) $E(X)$는
   $$E(X)=x_1p_1+x_2p_2+\cdots+x_np_n=\sum_{i=1}^{n}x_ip_i$$
   (2) 확률변수 X의 분산 $V(X)$는
   $$V(X)=E((X-m)^2)=\sum_{i=1}^{n}(x_i-m)^2 p_i$$
   $$=E(X^2)-\{E(X)\}^2$$
   $$\text{(단, } X\text{의 기댓값 } E(X)=m)$$
   (3) 확률변수 X의 표준편차 $\sigma(X)$는
   $$\sigma(X)=\sqrt{V(X)}$$

보기

X	2	3	4	6	합계
$P(X=x)$	$\dfrac{1}{4}$	$\dfrac{1}{3}$	$\dfrac{1}{4}$	$\dfrac{1}{6}$	1

$E(X)=2\times\dfrac{1}{4}+3\times\dfrac{1}{3}+4\times\dfrac{1}{4}+6\times\dfrac{1}{6}=\dfrac{7}{2}$

$V(X)=2^2\times\dfrac{1}{4}+3^2\times\dfrac{1}{3}+4^2\times\dfrac{1}{4}+6^2\times\dfrac{1}{6}-\left(\dfrac{7}{2}\right)^2=\dfrac{7}{4}$

$\sigma(X)=\sqrt{\dfrac{7}{4}}=\dfrac{\sqrt{7}}{2}$

---

01 ▶ 24109-0182
2022학년도 10월 학력평가 25번 상 중 하

이산확률변수 X의 확률분포를 표로 나타내면 다음과 같다.

X	-3	0	a	합계
$P(X=x)$	$\dfrac{1}{2}$	$\dfrac{1}{4}$	$\dfrac{1}{4}$	1

$E(X)=-1$일 때, $V(aX)$의 값은? (단, a는 상수이다.) [3점]

① 12 ② 15 ③ 18
④ 21 ⑤ 24

02 ▶ 24109-0183
2021학년도 9월 모의평가 가형 26번/나형 27번 상 중 하

두 이산확률변수 X, Y의 확률분포를 표로 나타내면 각각 다음과 같다.

X	1	2	3	4	합계
$P(X=x)$	a	b	c	d	1

Y	11	21	31	41	합계
$P(Y=y)$	a	b	c	d	1

$E(X)=2$, $E(X^2)=5$일 때, $E(Y)+V(Y)$의 값을 구하시오. [4점]

03 ▶ 24109-0184
2023학년도 9월 모의평가 27번 상**중**하

이산확률변수 X의 확률분포를 표로 나타내면 다음과 같다.

X	0	1	a	합계
$P(X=x)$	$\dfrac{1}{10}$	$\dfrac{1}{2}$	$\dfrac{2}{5}$	1

$\sigma(X)=E(X)$일 때, $E(X^2)+E(X)$의 값은? (단, $a>1$)

[3점]

① 29 ② 33 ③ 37

④ 41 ⑤ 45

04 ▶ 24109-0185
2024학년도 수능 26번 상**중**하

4개의 동전을 동시에 던져서 앞면이 나오는 동전의 개수를 확률변수 X라 하고, 이산확률변수 Y를

$$Y=\begin{cases} X & (X\text{가 }0\text{ 또는 }1\text{의 값을 가지는 경우}) \\ 2 & (X\text{가 }2\text{ 이상의 값을 가지는 경우}) \end{cases}$$

라 하자. $E(Y)$의 값은? [3점]

① $\dfrac{25}{16}$ ② $\dfrac{13}{8}$ ③ $\dfrac{27}{16}$

④ $\dfrac{7}{4}$ ⑤ $\dfrac{29}{16}$

05 ▶ 24109-0186
2019학년도 10월 학력평가 나형 18번 상**중**하

1부터 9까지의 자연수가 각각 하나씩 적힌 9개의 공이 들어 있는 주머니에서 임의로 1개의 공을 꺼내어 적힌 수를 더하는 시행을 반복한다. 꺼낸 공은 다시 넣지 않으며, 첫 번째 꺼낸 공에 적힌 수가 짝수이거나 꺼낸 공에 적힌 수를 차례로 더하다가 그 합이 짝수가 되면 이 시행을 멈추기로 한다. 시행을 멈출 때까지 꺼낸 공의 개수를 확률변수 X라 하자. 다음은 $E(X)$를 구하는 과정이다.

(단, 모든 공의 크기와 재질은 서로 같다.)

첫 번째 꺼낸 공에 적힌 수가 홀수일 때, 꺼낸 공에 적힌 모든 수의 합이 짝수가 되려면 그 이후 시행에서 홀수가 적힌 공이 한 번 더 나와야 한다. 이때 짝수가 적힌 공은 4개이므로 확률변수 X가 가질 수 있는 값 중 가장 큰 값을 m이라 하면 $m=$ (가) 이다.

(ⅰ) $X=1$인 경우

첫 번째 꺼낸 공에 적힌 수가 짝수이므로 $P(X=1)=\dfrac{4}{9}$

(ⅱ) $X=2$인 경우

첫 번째와 두 번째 꺼낸 공에 적힌 수가 모두 홀수이므로

$$P(X=2)=\dfrac{_5P_2}{_9P_2}=\dfrac{5}{18}$$

(ⅲ) $X=k \ (3\le k\le m)$인 경우

첫 번째와 k번째 꺼낸 공에 적힌 수가 홀수이고, 두 번째부터 $(k-1)$번째까지 꺼낸 공에 적힌 수가 모두 짝수이므로 $P(X=k)=\dfrac{\text{(나)}}{_9P_k}$

따라서 $E(X)=\displaystyle\sum_{i=1}^{m}\{i\times P(X=i)\}=2$

위의 (가)에 알맞은 수를 a라 하고, (나)에 알맞은 식을 $f(k)$라 할 때, $a+f(4)$의 값은? [4점]

① 246 ② 248 ③ 250

④ 252 ⑤ 254

1. 이항분포
   한 번의 시행에서 사건 A가 일어날 확률이 p로 일정할 때, n번의 독립시행에서 사건 A가 일어나는 횟수를 확률변수 X라 하면, X의 확률분포는
   $P(X=r)={}_nC_r p^r q^{n-r}\ (p+q=1,\ r=0,\ 1,\ 2,\ \cdots,\ n)$을 따르고 이 확률분포를 이항분포라 하고, 기호 $B(n,\ p)$로 나타낸다.

2. 이항분포의 평균, 분산, 표준편차
   확률변수 X가 이항분포 $B(n,\ p)$를 따를 때
   $E(X)=np,\ V(X)=npq,\ \sigma(X)=\sqrt{npq}$
   (단, $q=1-p$)

보기

확률변수 X가 이항분포 $B\left(21,\ \dfrac{1}{7}\right)$을 따를 때

$E(X)=21\times\dfrac{1}{7}=3$

$V(X)=21\times\dfrac{1}{7}\times\dfrac{6}{7}=\dfrac{18}{7}$

$\sigma(X)=\sqrt{\dfrac{18}{7}}=\dfrac{3\sqrt{14}}{7}$

---

06 ▶ 24109-0187
2021학년도 10월 학력평가 23번 상중하

확률변수 X가 이항분포 $B\left(60,\ \dfrac{5}{12}\right)$를 따를 때, $E(X)$의 값은? [2점]

① 10
② 15
③ 20
④ 25
⑤ 30

---

07 ▶ 24109-0188
2022학년도 9월 모의평가 23번 상중하

확률변수 X가 이항분포 $B\left(60,\ \dfrac{1}{4}\right)$을 따를 때, $E(X)$의 값은? [2점]

① 5
② 10
③ 15
④ 20
⑤ 25

---

08 ▶ 24109-0189
2024학년도 9월 모의평가 23번 상중하

확률변수 X가 이항분포 $B\left(30,\ \dfrac{1}{5}\right)$을 따를 때, $E(X)$의 값은? [2점]

① 6
② 7
③ 8
④ 9
⑤ 10

09 ▶ 24109-0190
2023학년도 10월 학력평가 23번
상 중 하

확률변수 X가 이항분포 $B(45, p)$를 따르고 $E(X)=15$일 때, p의 값은? [2점]

① $\dfrac{4}{15}$　　　② $\dfrac{1}{3}$　　　③ $\dfrac{2}{5}$

④ $\dfrac{7}{15}$　　　⑤ $\dfrac{8}{15}$

10 ▶ 24109-0191
2020학년도 9월 모의평가 가형 22번
상 중 하

확률변수 X가 이항분포 $B\left(n, \dfrac{1}{4}\right)$을 따르고 $V(X)=6$일 때, n의 값을 구하시오. [3점]

11 ▶ 24109-0192
2019학년도 10월 학력평가 가형 24번
상 중 하

이항분포 $B\left(n, \dfrac{1}{3}\right)$을 따르는 확률변수 X에 대하여 $V(2X-1)=80$일 때, $E(2X-1)$의 값을 구하시오. [3점]

12 ▶ 24109-0193
2020학년도 수능 가형 23번/나형 24번 상중하

확률변수 X가 이항분포 $B(80, p)$를 따르고 $E(X)=20$일 때, $V(X)$의 값을 구하시오. [3점]

13 ▶ 24109-0194
2020학년도 10월 학력평가 가형 23번 상중하

확률변수 X가 이항분포 $B\left(n, \dfrac{1}{3}\right)$을 따르고 $V(X)=200$일 때, $E(X)$의 값을 구하시오. [3점]

14 ▶ 24109-0195
2022학년도 수능 24번 상중하

확률변수 X가 이항분포 $B\left(n, \dfrac{1}{3}\right)$을 따르고 $V(2X)=40$일 때, n의 값은? [3점]

① 30　　　　② 35　　　　③ 40

④ 45　　　　⑤ 50

15

▶ 24109-0196
2020학년도 10월 학력평가 나형 23번

상 중 하

이항분포 $\mathrm{B}\left(n, \dfrac{1}{2}\right)$을 따르는 확률변수 X에 대하여

$\mathrm{V}(2X+1)=15$일 때, n의 값을 구하시오. [3점]

16

▶ 24109-0197
2021학년도 수능 가형 17번

상 중 하

좌표평면의 원점에 점 P가 있다. 한 개의 주사위를 사용하여 다음 시행을 한다.

> 주사위를 한 번 던져 나온 눈의 수가
> 2 이하이면 점 P를 x축의 양의 방향으로 3만큼,
> 3 이상이면 점 P를 y축의 양의 방향으로 1만큼 이동시킨다.

이 시행을 15번 반복하여 이동된 점 P와 직선 $3x+4y=0$ 사이의 거리를 확률변수 X라 하자. $\mathrm{E}(X)$의 값은? [4점]

① 13   ② 15   ③ 17

④ 19   ⑤ 21

유형 **3**   **연속확률변수의 확률분포**

1. **연속확률변수**

   확률변수 X가 어떤 범위에 속하는 모든 실수의 값을 가질 때, X를 연속확률변수라 한다.

2. **확률밀도함수**

   $\alpha \le x \le \beta$의 모든 실수의 값을 가지는 연속확률변수 X에 대하여 다음 성질을 만족하는 함수 $f(x)$가 존재한다. 이때 함수 $f(x)$를 X의 확률밀도함수라 한다.

   (1) $f(x) \ge 0$

   (2) 함수 $y=f(x)$의 그래프와 x축 및 두 직선 $x=\alpha$, $x=\beta$로 둘러싸인 도형의 넓이는 1이다.

   $$\Rightarrow \int_{\alpha}^{\beta} f(x)dx = 1$$

   (3) $\mathrm{P}(a \le X \le b)$의 값은 함수 $y=f(x)$의 그래프와 x축 및 두 직선 $x=a$, $x=b$로 둘러싸인 도형의 넓이와 같다. (단, $\alpha \le a \le b \le \beta$)

   $$\Rightarrow \mathrm{P}(a \le X \le b) = \int_{a}^{b} f(x)dx$$

보기

연속확률변수 X의 확률밀도함수가 $f(x) = \dfrac{1}{2}x(0 \le x \le 2)$일 때,

$\mathrm{P}(0 \le X \le 1)$의 값은 밑변의 길이가 1, 높이가 $\dfrac{1}{2}$인 삼각형의 넓이와 같으므로

$$\mathrm{P}(0 \le X \le 1) = \frac{1}{2} \times 1 \times \frac{1}{2} = \frac{1}{4}$$

17 ▶ 24109-0198
2021학년도 9월 모의평가 가형 5번
상중**하**

연속확률변수 X가 갖는 값의 범위는 $0 \leq X \leq 8$이고, X의 확률밀도함수 $f(x)$의 그래프는 직선 $x=4$에 대하여 대칭이다.

$$3\text{P}(2 \leq X \leq 4) = 4\text{P}(6 \leq X \leq 8)$$

일 때, $\text{P}(2 \leq X \leq 6)$의 값은? [3점]

① $\dfrac{3}{7}$
② $\dfrac{1}{2}$
③ $\dfrac{4}{7}$

④ $\dfrac{9}{14}$
⑤ $\dfrac{5}{7}$

18 ▶ 24109-0199
2023학년도 수능 28번
상**중**하

연속확률변수 X가 갖는 값의 범위는 $0 \leq X \leq a$이고, X의 확률밀도함수의 그래프가 그림과 같다.

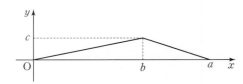

$\text{P}(X \leq b) - \text{P}(X \geq b) = \dfrac{1}{4}$, $\text{P}(X \leq \sqrt{5}) = \dfrac{1}{2}$일 때, $a+b+c$의 값은? (단, a, b, c는 상수이다.) [4점]

① $\dfrac{11}{2}$
② 6
③ $\dfrac{13}{2}$

④ 7
⑤ $\dfrac{15}{2}$

유형 4 정규분포

1. 정규분포
   연속확률변수 X의 확률밀도함수 $f(x)$가
   $$f(x) = \frac{1}{\sqrt{2\pi}\,\sigma} e^{-\frac{(x-m)^2}{2\sigma^2}} \quad (-\infty < x < \infty)$$
   일 때, X의 확률분포를 정규분포라 하고, 기호 $\text{N}(m, \sigma^2)$으로 나타낸다.
   (단, e는 무리수 $2.71828\cdots$이고, m, σ는 각각 확률변수 X의 평균, 표준편차이다.)

2. 정규분포곡선의 성질
   (1) 직선 $x=m$에 대하여 대칭이고 종 모양의 곡선이다.
   (2) 곡선과 x축 사이의 넓이는 1이다.
   (3) x축을 점근선으로 하며, $x=m$일 때 최댓값을 가진다.
   (4) 평균 m의 값이 일정할 때, 표준편차 σ의 값이 커지면 곡선의 높이는 낮아지고 폭이 넓어지며, σ의 값이 작아지면 곡선의 높이는 높아지고 폭은 좁아진다.
   (5) 표준편차 σ의 값이 일정할 때, 평균 m의 값이 변하면 대칭축의 위치는 바뀌지만 곡선의 모양은 같다.

3. 정규분포와 표준정규분포의 관계
   확률변수 X가 정규분포 $\text{N}(m, \sigma^2)$을 따를 때
   (1) 확률변수 $Z = \dfrac{X-m}{\sigma}$은 표준정규분포 $\text{N}(0, 1)$을 따른다.
   (2) $\text{P}(a \leq X \leq b) = \text{P}\left(\dfrac{a-m}{\sigma} \leq Z \leq \dfrac{b-m}{\sigma}\right)$

보기

확률변수 X가 정규분포 $\text{N}(40, 5^2)$을 따를 때
확률변수 $Z = \dfrac{X-40}{5}$은 표준정규분포 $\text{N}(0, 1)$을 따르므로
$$\text{P}(30 \leq X \leq 45) = \text{P}\left(\frac{30-40}{5} \leq Z \leq \frac{45-40}{5}\right)$$
$$= \text{P}(-2 \leq Z \leq 1)$$

19 ▶ 24109-0200
2020학년도 9월 모의평가 가형 12번/나형 13번　(상)(중)(하)

확률변수 X가 평균이 m, 표준편차가 $\dfrac{m}{3}$인 정규분포를 따르고

$$P\left(X \le \frac{9}{2}\right) = 0.9987$$

일 때, 오른쪽 표준정규분포표를 이용하여 m의 값을 구한 것은?

[3점]

z	$P(0 \le Z \le z)$
1.5	0.4332
2.0	0.4772
2.5	0.4938
3.0	0.4987

① $\dfrac{3}{2}$ 　　② $\dfrac{7}{4}$ 　　③ 2

④ $\dfrac{9}{4}$ 　　⑤ $\dfrac{5}{2}$

21 ▶ 24109-0202
2024학년도 9월 모의평가 26번　(상)(중)(하)

어느 고등학교의 수학 시험에 응시한 수험생의 시험 점수는 평균이 68점, 표준편차가 10점인 정규분포를 따른다고 한다. 이 수학 시험에 응시한 수험생 중 임의로 선택한 수험생 한 명의 시험 점수가 55점 이상이고 78점 이하일 확률을 오른쪽 표준정규분포표를 이용하여 구한 것은? [3점]

z	$P(0 \le Z \le z)$
1.0	0.3413
1.1	0.3643
1.2	0.3849
1.3	0.4032

① 0.7262 　　② 0.7445 　　③ 0.7492

④ 0.7675 　　⑤ 0.7881

20 ▶ 24109-0201
2021학년도 수능 가형 12번/나형 19번　(상)(중)(하)

확률변수 X는 평균이 8, 표준편차가 3인 정규분포를 따르고, 확률변수 Y는 평균이 m, 표준편차가 σ인 정규분포를 따른다. 두 확률변수 X, Y가

$$P(4 \le X \le 8) + P(Y \ge 8) = \frac{1}{2}$$

을 만족시킬 때, $P\left(Y \le 8 + \dfrac{2\sigma}{3}\right)$의 값을 오른쪽 표준정규분포표를 이용하여 구한 것은? [3점]

z	$P(0 \le Z \le z)$
1.0	0.3413
1.5	0.4332
2.0	0.4772
2.5	0.4938

① 0.8351 　　② 0.8413 　　③ 0.9332

④ 0.9772 　　⑤ 0.9938

22 ▶ 24109-0203
2020학년도 10월 학력평가 가형 13번

확률변수 X는 평균이 m, 표준편차가 4인 정규분포를 따르고, 확률변수 X의 확률밀도함수 $f(x)$가

$f(8) > f(14)$, $f(2) < f(16)$

을 만족시킨다.

m이 자연수일 때, $\mathrm{P}(X \le 6)$의 값을 오른쪽 표준정규분포표를 이용하여 구한 것은? [3점]

z	$\mathrm{P}(0 \le Z \le z)$
1.0	0.3413
1.5	0.4332
2.0	0.4772
2.5	0.4938

① 0.0062 ② 0.0228 ③ 0.0668

④ 0.1525 ⑤ 0.1587

23 ▶ 24109-0204
2020학년도 수능 나형 13번

어느 농장에서 수확하는 파프리카 1개의 무게는 평균이 180 g, 표준편차가 20 g인 정규분포를 따른다고 한다. 이 농장에서 수확한 파프리카 중에서 임의로 선택한 파프리카 1개의 무게가 190 g 이상이고 210 g 이하일 확률을 오른쪽 표준정규분포표를 이용하여 구한 것은?

[3점]

z	$\mathrm{P}(0 \le Z \le z)$
0.5	0.1915
1.0	0.3413
1.5	0.4332
2.0	0.4772

① 0.0440 ② 0.0919 ③ 0.1359

④ 0.1498 ⑤ 0.2417

24 ▶ 24109-0205
2023학년도 9월 모의평가 25번

어느 인스턴트 커피 제조 회사에서 생산하는 A 제품 1개의 중량은 평균이 9, 표준편차가 0.4인 정규분포를 따르고, B 제품 1개의 중량은 평균이 20, 표준편차가 1인 정규분포를 따른다고 한다. 이 회사에서 생산한 A 제품 중에서 임의로 선택한 1개의 중량이 8.9 이상 9.4 이하일 확률과 B 제품 중에서 임의로 선택한 1개의 중량이 19 이상 k 이하일 확률이 서로 같다. 상수 k의 값은? (단, 중량의 단위는 g이다.) [3점]

① 19.5 ② 19.75 ③ 20

④ 20.25 ⑤ 20.5

25 ▶ 24109-0206
2019학년도 10월 학력평가 나형 11번 상 **중** 하

확률변수 X가 정규분포
$N(5, 2^2)$을 따를 때, 등식
$P(X \le 9-2a)=P(X \ge 3a-3)$
을 만족시키는 상수 a에 대하여
$P(9-2a \le X \le 3a-3)$의 값을
오른쪽 표준정규분포표를 이용하
여 구한 것은? [3점]

z	$P(0 \le Z \le z)$
1.0	0.3413
1.5	0.4332
2.0	0.4772
2.5	0.4938

① 0.7745　　　② 0.8664　　　③ 0.9104

④ 0.9544　　　⑤ 0.9876

26 ▶ 24109-0207
2020학년도 수능 가형 18번 상 **중** 하

확률변수 X는 정규분포 $N(10, 2^2)$, 확률변수 Y는 정규분포
$N(m, 2^2)$을 따르고, 확률변수 X와 Y의 확률밀도함수는 각
각 $f(x)$와 $g(x)$이다.

$$f(12) \le g(20)$$

을 만족시키는 m에 대하여
$P(21 \le Y \le 24)$의 최댓값을 오
른쪽 표준정규분포표를 이용하여
구한 것은? [4점]

z	$P(0 \le Z \le z)$
0.5	0.1915
1.0	0.3413
1.5	0.4332
2.0	0.4772

① 0.5328　　　② 0.6247　　　③ 0.7745

④ 0.8185　　　⑤ 0.9104

27 ▶ 24109-0208
2021학년도 10월 학력평가 27번 상 **중** 하

확률변수 X는 정규분포 $N(8, 2^2)$, 확률변수 Y는 정규분포
$N(12, 2^2)$을 따르고, 확률변수 X와 Y의 확률밀도함수는 각
각 $f(x)$와 $g(x)$이다. 두 함수
$y=f(x)$, $y=g(x)$의 그래프가
만나는 점의 x좌표를 a라 할 때,
$P(8 \le Y \le a)$의 값을 오른쪽 표
준정규분포표를 이용하여 구한
것은? [3점]

z	$P(0 \le Z \le z)$
0.5	0.1915
1.0	0.3413
1.5	0.4332
2.0	0.4772

① 0.1359　　　② 0.1587　　　③ 0.2417

④ 0.2857　　　⑤ 0.3085

정규분포를 따르는 두 확률변수 X, Y의 확률밀도함수를 각각 $f(x)$, $g(x)$라 할 때, 모든 실수 x에 대하여

$$g(x) = f(x+6)$$

이다. 두 확률변수 X, Y와 상수 k가 다음 조건을 만족시킨다.

(가) $\mathrm{P}(X \leq 11) = \mathrm{P}(Y \geq 23)$
(나) $\mathrm{P}(X \leq k) + \mathrm{P}(Y \leq k) = 1$

z	$\mathrm{P}(0 \leq Z \leq z)$
0.5	0.1915
1.0	0.3413
1.5	0.4332
2.0	0.4772

오른쪽 표준정규분포표를 이용하여 구한 $\mathrm{P}(X \leq k) + \mathrm{P}(Y \geq k)$의 값이 0.1336일 때, $\mathrm{E}(X) + \sigma(Y)$의 값은? [4점]

① $\dfrac{41}{2}$ ② 21 ③ $\dfrac{43}{2}$

④ 22 ⑤ $\dfrac{45}{2}$

유형 5 표본평균의 분포

1. **표본평균, 표본분산, 표본표준편차**
   모집단에서 크기가 n인 표본 X_1, X_2, $\cdots$, X_n을 임의추출하였을 때, 이들의 평균, 분산, 표준편차를 각각 표본평균, 표본분산, 표본표준편차라 하고, 기호로 $\overline{X}$, S^2, S와 같이 나타낸다.

   $$\overline{X} = \frac{1}{n}\sum_{i=1}^{n}X_i, \quad S^2 = \frac{1}{n-1}\sum_{i=1}^{n}(X_i - \overline{X})^2, \quad S = \sqrt{S^2}$$

2. **표본평균의 분포**
   모평균이 m, 모분산이 σ^2인 모집단에서 크기가 n인 표본을 임의추출할 때, 표본평균 $\overline{X}$에 대하여

   $$\mathrm{E}(\overline{X}) = m, \quad \mathrm{V}(\overline{X}) = \frac{\sigma^2}{n}, \quad \sigma(\overline{X}) = \frac{\sigma}{\sqrt{n}}$$

보기

어느 모집단의 확률변수 X의 확률분포가 다음과 같다.

X	-2	0	1	합계
$\mathrm{P}(X=x)$	$\dfrac{1}{4}$	$\dfrac{1}{4}$	$\dfrac{1}{2}$	1

$\mathrm{E}(X) = (-2) \times \dfrac{1}{4} + 0 \times \dfrac{1}{4} + 1 \times \dfrac{1}{2} = 0$,

$\mathrm{V}(X) = (-2)^2 \times \dfrac{1}{4} + 0^2 \times \dfrac{1}{4} + 1^2 \times \dfrac{1}{2} - 0 = \dfrac{3}{2}$,

$\sigma(X) = \sqrt{\dfrac{3}{2}} = \dfrac{\sqrt{6}}{2}$이므로 이 모집단에서 크기가 16인 표본을 임의추출할 때, 표본평균 $\overline{X}$에 대하여

$\mathrm{E}(\overline{X}) = 0$, $\mathrm{V}(\overline{X}) = \dfrac{\frac{3}{2}}{16} = \dfrac{3}{32}$, $\sigma(\overline{X}) = \dfrac{\frac{\sqrt{6}}{2}}{\sqrt{16}} = \dfrac{\sqrt{6}}{8}$

29 ▶ 24109-0210
2021학년도 수능 가형 6번/나형 11번
(상)(중)(하)

정규분포 $N(20, 5^2)$을 따르는 모집단에서 크기가 16인 표본을 임의추출하여 구한 표본평균을 $\overline{X}$라 할 때, $E(\overline{X})+\sigma(\overline{X})$의 값은? [3점]

① $\dfrac{83}{4}$ 　　② $\dfrac{85}{4}$ 　　③ $\dfrac{87}{4}$

④ $\dfrac{89}{4}$ 　　⑤ $\dfrac{91}{4}$

30 ▶ 24109-0211
2019학년도 10월 학력평가 가형 13번
(상)(중)(하)

어느 도시의 시민 한 명이 1년 동안 병원을 이용한 횟수는 평균이 14, 표준편차가 3.2인 정규분포를 따른다고 한다. 이 도시의 시민 중에서 임의추출한 256명의 1년 동안 병원을 이용한 횟수의 표본평균이 13.7 이상이고 14.2 이하일 확률을 오른쪽 표준정규분포표를 이용하여 구한 것은? [3점]

z	$P(0 \leq Z \leq z)$
1.0	0.3413
1.5	0.4332
2.0	0.4772
2.5	0.4938

① 0.6826 　　② 0.7745 　　③ 0.8185

④ 0.9104 　　⑤ 0.9710

31 ▶ 24109-0212
2022학년도 10월 학력평가 23번
(상)(중)(하)

표준편차가 12인 정규분포를 따르는 모집단에서 크기가 36인 표본을 임의추출하여 구한 표본평균을 $\overline{X}$라 할 때, $\sigma(\overline{X})$의 값은? [2점]

① 1 　　② 2 　　③ 3

④ 4 　　⑤ 5

어느 지역 신생아의 출생 시 몸무게 X가 정규분포를 따르고

$$P(X \geq 3.4) = \frac{1}{2},\ P(X \leq 3.9) + P(Z \leq -1) = 1$$

이다. 이 지역 신생아 중에서 임의추출한 25명의 출생 시 몸무게의 표본평균을 $\overline{X}$라 할 때, $P(\overline{X} \geq 3.55)$의 값을 오른쪽 표준정규분포표를 이용하여 구한 것은? (단, 몸무게의 단위는 kg이고, Z는 표준정규분포표를 따르는 확률변수이다.) [4점]

z	$P(0 \leq Z \leq z)$
1.0	0.3413
1.5	0.4332
2.0	0.4772
2.5	0.4938

① 0.0062 ② 0.0228 ③ 0.0668

④ 0.1587 ⑤ 0.3413

숫자 1이 적혀 있는 공 10개, 숫자 2가 적혀 있는 공 20개, 숫자 3이 적혀 있는 공 30개가 들어 있는 주머니가 있다. 이 주머니에서 임의로 한 개의 공을 꺼내어 공에 적혀 있는 수를 확인한 후 다시 넣는다. 이와 같은 시행을 10번 반복하여 확인한 10개의 수의 합을 확률변수 Y라 하자. 다음은 확률변수 Y의 평균 $E(Y)$와 분산 $V(Y)$를 구하는 과정이다.

주머니에 들어 있는 60개의 공을 모집단으로 하자. 이 모집단에서 임의로 한 개의 공을 꺼낼 때, 이 공에 적혀 있는 수를 확률변수 X라 하면 X의 확률분포, 즉 모집단의 확률분포는 다음 표와 같다.

X	1	2	3	합계
$P(X=x)$	$\frac{1}{6}$	$\frac{1}{3}$	$\frac{1}{2}$	1

따라서 모평균 m과 모분산 σ^2은

$$m = E(X) = \frac{7}{3},\ \sigma^2 = V(X) = \boxed{\text{(가)}}$$

이다.

모집단에서 크기가 10인 표본을 임의추출하여 구한 표본평균을 $\overline{X}$라 하면

$$E(\overline{X}) = \frac{7}{3},\ V(\overline{X}) = \boxed{\text{(나)}}$$

이다.

주머니에서 n번째 꺼낸 공에 적혀 있는 수를 X_n이라 하면

$$Y = \sum_{n=1}^{10} X_n = 10\overline{X}$$

이므로

$$E(Y) = \frac{70}{3},\ V(Y) = \boxed{\text{(다)}}$$

이다.

위의 (가), (나), (다)에 알맞은 수를 각각 p, q, r라 할 때, $p + q + r$의 값은? [4점]

① $\frac{31}{6}$ ② $\frac{11}{2}$ ③ $\frac{35}{6}$

④ $\frac{37}{6}$ ⑤ $\frac{13}{2}$

34

▶ 24109-0215
2020학년도 10월 학력평가 나형 12번
(상)(중)(하)

어느 제과 공장에서 생산하는 과자 1상자의 무게는 평균이 104 g, 표준편차가 4 g인 정규분포를 따른다고 한다. 이 공장에서 생산한 과자 중 임의추출한 4상자의 무게의 표본평균이 a g 이상이고 106 g 이하일 확률을 오른쪽 표준정규분포표를 이용하여 구하면 0.5328이다. 상수 a의 값은? [3점]

z	$P(0 \le Z \le z)$
0.5	0.1915
1.0	0.3413
1.5	0.4332
2.0	0.4772

① 99   ② 100   ③ 101
④ 102   ⑤ 103

35

▶ 24109-0216
2021학년도 9월 모의평가 나형 12번
(상)(중)(하)

어느 회사에서 일하는 플랫폼 근로자의 일주일 근무 시간은 평균이 m시간, 표준편차가 5시간인 정규분포를 따른다고 한다. 이 회사에서 일하는 플랫폼 근로자 중에서 임의추출한 36명의 일주일 근무 시간의 표본평균이 38시간 이상일 확률을 오른쪽 표준정규분포표를 이용하여 구한 값이 0.9332일 때, m의 값은? [3점]

z	$P(0 \le Z \le z)$
0.5	0.1915
1.0	0.3413
1.5	0.4332
2.0	0.4772

① 38.25   ② 38.75   ③ 39.25
④ 39.75   ⑤ 40.25

▶ 24109-0217
2022학년도 9월 모의평가 27번 [상중하]

지역 A에 살고 있는 성인들의 1인 하루 물 사용량을 확률변수 X, 지역 B에 살고 있는 성인들의 1인 하루 물 사용량을 확률변수 Y라 하자. 두 확률변수 X, Y는 정규분포를 따르고 다음 조건을 만족시킨다.

(가) 두 확률변수 X, Y의 평균은 각각 220과 240이다.
(나) 확률변수 Y의 표준편차는 확률변수 X의 표준편차의 1.5배이다.

지역 A에 살고 있는 성인 중 임의추출한 n명의 1인 하루 물 사용량의 표본평균을 $\overline{X}$, 지역 B에 살고 있는 성인 중 임의추출한 $9n$명의 1인 하루 물 사용량의 표본평균을 $\overline{Y}$라 하자. $\mathrm{P}(\overline{X} \leq 215) = 0.1587$일 때, $\mathrm{P}(\overline{Y} \geq 235)$의 값을 오른쪽 표준정규분포표를 이용하여 구한 것은? (단, 물 사용량의 단위는 L이다.) [3점]

z	$\mathrm{P}(0 \leq Z \leq z)$
0.5	0.1915
1.0	0.3413
1.5	0.4332
2.0	0.4772

① 0.6915   ② 0.7745   ③ 0.8185
④ 0.8413   ⑤ 0.9772

유형 6   모평균의 추정

정규분포 $\mathrm{N}(m, \sigma^2)$을 따르는 모집단에서 크기가 n인 표본을 임의추출하여 구한 표본평균 $\overline{X}$의 값이 $\overline{x}$일 때, 모평균 m의 신뢰구간은 다음과 같다.

1. 신뢰도 95 %의 신뢰구간

$$\overline{x} - 1.96 \frac{\sigma}{\sqrt{n}} \leq m \leq \overline{x} + 1.96 \frac{\sigma}{\sqrt{n}}$$

2. 신뢰도 99 %의 신뢰구간

$$\overline{x} - 2.58 \frac{\sigma}{\sqrt{n}} \leq m \leq \overline{x} + 2.58 \frac{\sigma}{\sqrt{n}}$$

보기

정규분포 $\mathrm{N}(20, 5^2)$을 따르는 모집단에서 크기가 100인 표본을 임의추출하여 모평균 m을
① 신뢰도 95 %로 추정한 신뢰구간은

$$20 - 1.96 \times \frac{5}{\sqrt{100}} \leq m \leq 20 + 1.96 \times \frac{5}{\sqrt{100}}$$

즉, $19.02 \leq m \leq 20.98$
② 신뢰도 99 %로 추정한 신뢰구간은

$$20 - 2.58 \times \frac{5}{\sqrt{100}} \leq m \leq 20 + 2.58 \times \frac{5}{\sqrt{100}}$$

즉, $18.71 \leq m \leq 21.29$

37

▶ 24109-0218
2020학년도 10월 학력평가 가형 25번

상 **중** 하

어느 회사가 생산하는 약품 한 병의 무게는 평균이 m g, 표준편차가 1 g인 정규분포를 따른다고 한다. 이 회사가 생산한 약품 중 n병을 임의추출하여 얻은 표본평균을 이용하여, 모평균 m에 대한 신뢰도 95 %의 신뢰구간을 구하면 $a \leq m \leq b$이다. $100(b-a)=49$일 때, 자연수 n의 값을 구하시오. (단, Z가 표준정규분포를 따르는 확률변수일 때, $\mathrm{P}(|Z| \leq 1.96)=0.95$로 계산한다.) [3점]

38

▶ 24109-0219
2023학년도 10월 학력평가 26번

상 **중** 하

어느 지역에서 수확하는 양파의 무게는 평균이 m, 표준편차가 16인 정규분포를 따른다고 한다. 이 지역에서 수확한 양파 64개를 임의추출하여 얻은 양파의 무게의 표본평균이 $\overline{x}$일 때, 모평균 m에 대한 신뢰도 95 %의 신뢰구간이 $240.12 \leq m \leq a$이다. $\overline{x}+a$의 값은? (단, 무게의 단위는 g이고, Z가 표준정규분포를 따르는 확률변수일 때, $\mathrm{P}(|Z| \leq 1.96)=0.95$로 계산한다.) [3점]

① 486 ② 489 ③ 492
④ 495 ⑤ 498

39 ▶ 24109-0220
상중**하**

정규분포 $N(m, 5^2)$을 따르는 모집단에서 크기가 49인 표본을 임의추출하여 얻은 표본평균이 $\bar{x}$일 때, 모평균 m에 대한 신뢰도 95 %의 신뢰구간이 $a \le m \le \dfrac{6}{5}a$이다. $\bar{x}$의 값은?

(단, Z가 표준정규분포를 따르는 확률변수일 때, $P(|Z| \le 1.96) = 0.95$로 계산한다.) [3점]

① 15.2 ② 15.4 ③ 15.6
④ 15.8 ⑤ 16.0

40 ▶ 24109-0221
상**중**하

어느 회사에서 생산하는 샴푸 1개의 용량은 정규분포 $N(m, \sigma^2)$을 따른다고 한다. 이 회사에서 생산하는 샴푸 중에서 16개를 임의추출하여 얻은 표본평균을 이용하여 구한 m에 대한 신뢰도 95 %의 신뢰구간이 $746.1 \le m \le 755.9$이다. 이 회사에서 생산하는 샴푸 중에서 n개를 임의추출하여 얻은 표본평균을 이용하여 구하는 m에 대한 신뢰도 99 %의 신뢰구간이 $a \le m \le b$일 때, $b-a$의 값이 6 이하가 되기 위한 자연수 n의 최솟값은?

(단, 용량의 단위는 mL이고, Z가 표준정규분포를 따르는 확률변수일 때, $P(|Z| \le 1.96) = 0.95$, $P(|Z| \le 2.58) = 0.99$로 계산한다.) [3점]

① 70 ② 74 ③ 78
④ 82 ⑤ 86

41
▶ 24109-0222
2022학년도 수능 27번
상 중 하

어느 자동차 회사에서 생산하는 전기 자동차의 1회 충전 주행 거리는 평균이 m이고 표준편차가 σ인 정규분포를 따른다고 한다.

이 자동차 회사에서 생산한 전기 자동차 100대를 임의추출하여 얻은 1회 충전 주행 거리의 표본평균이 $\overline{x_1}$일 때, 모평균 m에 대한 신뢰도 95 %의 신뢰구간이 $a \leq m \leq b$이다.

이 자동차 회사에서 생산한 전기 자동차 400대를 임의추출하여 얻은 1회 충전 주행 거리의 표본평균이 $\overline{x_2}$일 때, 모평균 m에 대한 신뢰도 99 %의 신뢰구간이 $c \leq m \leq d$이다.

$\overline{x_1} - \overline{x_2} = 1.34$이고 $a = c$일 때, $b - a$의 값은? (단, 주행 거리의 단위는 km이고, Z가 표준정규분포를 따르는 확률변수일 때, $P(|Z| \leq 1.96) = 0.95$, $P(|Z| \leq 2.58) = 0.99$로 계산한다.) [3점]

① 5.88
② 7.84
③ 9.80
④ 11.76
⑤ 13.72

42
▶ 24109-0223
2020학년도 9월 모의평가 나형 25번
상 중 하

어느 음식점을 방문한 고객의 주문 대기 시간은 평균이 m분, 표준편차가 σ분인 정규분포를 따른다고 한다. 이 음식점을 방문한 고객 중 64명을 임의추출하여 얻은 표본평균을 이용하여, 이 음식점을 방문한 고객의 주문 대기 시간의 평균 m에 대한 신뢰도 95 %의 신뢰구간을 구하면 $a \leq m \leq b$이다.

$b - a = 4.9$일 때, σ의 값을 구하시오. (단, Z가 표준정규분포를 따르는 확률변수일 때, $P(|Z| \leq 1.96) = 0.95$로 계산한다.) [3점]

01
▶ 24109-0224
2024학년도 9월 모의평가 28번

주머니 A에는 숫자 1, 2, 3이 하나씩 적힌 3개의 공이 들어 있고, 주머니 B에는 숫자 1, 2, 3, 4가 하나씩 적힌 4개의 공이 들어 있다. 두 주머니 A, B와 한 개의 주사위를 사용하여 다음 시행을 한다.

> 주사위를 한 번 던져
> 나온 눈의 수가 3의 배수이면
> 주머니 A에서 임의로 2개의 공을 동시에 꺼내고,
> 나온 눈의 수가 3의 배수가 아니면
> 주머니 B에서 임의로 2개의 공을 동시에 꺼낸다.
> 꺼낸 2개의 공에 적혀 있는 수의 차를 기록한 후,
> 공을 꺼낸 주머니에 이 2개의 공을 다시 넣는다.

이 시행을 2번 반복하여 기록한 두 개의 수의 평균을 $\overline{X}$라 할 때, $P(\overline{X}=2)$의 값은? [4점]

① $\dfrac{11}{81}$ ② $\dfrac{13}{81}$ ③ $\dfrac{5}{27}$

④ $\dfrac{17}{81}$ ⑤ $\dfrac{19}{81}$

 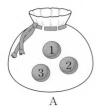 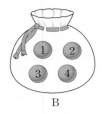

A   B

02
▶ 24109-0225
2023학년도 10월 학력평가 28번

정규분포를 따르는 두 확률변수 X, Y의 확률밀도함수는 각각 $f(x)$, $g(x)$이다. $V(X)=V(Y)$이고, 양수 a에 대하여
$$f(a)=f(3a)=g(2a),$$
$$P(Y\le 2a)=0.6915$$
일 때, $P(0\le X\le 3a)$의 값을 오른쪽 표준정규분포표를 이용하여 구한 것은? [4점]

z	$P(0\le Z\le z)$
0.5	0.1915
1.0	0.3413
1.5	0.4332
2.0	0.4772

① 0.5328   ② 0.6247   ③ 0.6687

④ 0.7745   ⑤ 0.8185

03 ▶ 24109-0226
2022학년도 9월 모의평가 29번

두 이산확률변수 X, Y의 확률분포를 표로 나타내면 각각 다음과 같다.

X	1	3	5	7	9	합계
$P(X=x)$	a	b	c	b	a	1

Y	1	3	5	7	9	합계
$P(Y=y)$	$a+\dfrac{1}{20}$	b	$c-\dfrac{1}{10}$	b	$a+\dfrac{1}{20}$	1

$V(X)=\dfrac{31}{5}$ 일 때, $10 \times V(Y)$의 값을 구하시오. [4점]

04 ▶ 24109-0227
2024학년도 수능 30번

양수 t에 대하여 확률변수 X가 정규분포 $N(1,\ t^2)$을 따른다.

$$P(X \le 5t) \ge \frac{1}{2}$$

이 되도록 하는 모든 양수 t에 대하여 $P(t^2-t+1 \le X \le t^2+t+1)$의 최댓값을 오른쪽 표준정규분포표를 이용하여 구한 값을 k라 하자. $1000 \times k$의 값을 구하시오. [4점]

z	$P(0 \le Z \le z)$
0.6	0.226
0.8	0.288
1.0	0.341
1.2	0.385
1.4	0.419

05 ▶ 24109-0228
2023학년도 9월 모의평가 29번

1부터 6까지의 자연수가 하나씩 적힌 6장의 카드가 들어 있는 주머니가 있다. 이 주머니에서 임의로 한 장의 카드를 꺼내어 카드에 적힌 수를 확인한 후 다시 넣는 시행을 한다. 이 시행을 4번 반복하여 확인한 네 개의 수의 평균을 $\overline{X}$라 할 때, $P\left(\overline{X}=\dfrac{11}{4}\right)=\dfrac{q}{p}$이다. $p+q$의 값을 구하시오.

(단, p와 q는 서로소인 자연수이다.) [4점]

06 ▶ 24109-0229
2022학년도 수능 29번

두 연속확률변수 X와 Y가 갖는 값의 범위는 $0 \le X \le 6$, $0 \le Y \le 6$이고, X와 Y의 확률밀도함수는 각각 $f(x)$, $g(x)$이다. 확률변수 X의 확률밀도함수 $f(x)$의 그래프는 그림과 같다.

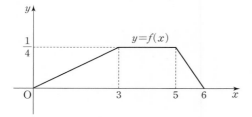

$0 \le x \le 6$인 모든 x에 대하여
$$f(x)+g(x)=k \ (k는 \ 상수)$$
를 만족시킬 때, $P(6k \le Y \le 15k)=\dfrac{q}{p}$이다. $p+q$의 값을 구하시오. (단, p와 q는 서로소인 자연수이다.) [4점]

07 ▶ 24109-0230
2021학년도 10월 학력평가 30번

주머니에 12개의 공이 들어 있다. 이 공들 각각에는 숫자 1, 2, 3, 4 중 하나씩이 적혀 있다. 이 주머니에서 임의로 한 개의 공을 꺼내어 공에 적혀 있는 수를 확인한 후 다시 넣는 시행을 한다. 이 시행을 4번 반복하여 확인한 4개의 수의 합을 확률변수 X라 할 때, 확률변수 X는 다음 조건을 만족시킨다.

(가) $P(X=4)=16 \times P(X=16)=\dfrac{1}{81}$

(나) $E(X)=9$

$V(X)=\dfrac{q}{p}$일 때, $p+q$의 값을 구하시오.

(단, p와 q는 서로소인 자연수이다.) [4점]

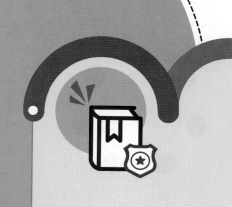

수능 기출의 미래

수학영역 확률과 통계

경찰대학, 사관학교
기출 문제

I 경우의 수

01 　2023학년도 사관학교 26번

세 학생 A, B, C를 포함한 6명의 학생이 있다. 이 6명의 학생이 일정한 간격을 두고 원 모양의 탁자에 모두 둘러앉을 때, A와 C는 이웃하지 않고, B와 C도 이웃하지 않도록 앉는 경우의 수는? (단, 회전하여 일치하는 것은 같은 것으로 본다.) [3점]

① 24 　　　　② 30 　　　　③ 36

④ 42 　　　　⑤ 48

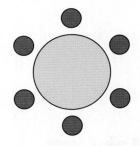

02 　2022학년도 사관학교 24번

숫자 1, 2, 3, 4, 5, 6이 하나씩 적혀 있는 6개의 공이 있다. 이 6개의 공을 일정한 간격을 두고 원형으로 배열할 때, 3의 배수가 적혀 있는 두 공이 서로 이웃하도록 배열하는 경우의 수는?
　　　　(단, 회전하여 일치하는 것은 같은 것으로 본다.) [3점]

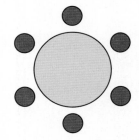

① 48 　　　　② 54 　　　　③ 60

④ 66 　　　　⑤ 72

03 　2021학년도 사관학교 가형 6번/나형 8번

그림과 같이 원형 탁자에 7개의 의자가 일정한 간격으로 놓여 있다. A, B, C를 포함한 7명의 학생이 모두 이 7개의 의자에 앉으려고 할 때, A, B, C 세 명 중 어느 두 명도 서로 이웃하지 않도록 앉는 경우의 수는?
　　　　(단, 회전하여 일치하는 것은 같은 것으로 본다.) [3점]

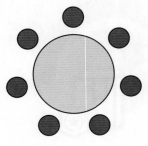

① 108 　　　　② 120 　　　　③ 132

④ 144 　　　　⑤ 156

04 2021학년도 경찰대학 8번

모든 자리의 수의 합이 10인 다섯 자리 자연수 중 숫자 1, 2, 3 을 각각 한 번 이상 사용하는 자연수의 개수는? [4점]

① 120   ② 132   ③ 146

④ 158   ⑤ 170

05 2024학년도 사관학교 26번

육군사관학교 모자 3개, 해군사관학교 모자 2개, 공군사관학교 모자 3개가 있다. 이 8개의 모자를 모두 일렬로 나열할 때, 양 끝에는 서로 다른 사관학교의 모자가 놓이도록 나열하는 경우 의 수는? (단, 같은 사관학교의 모자끼리는 서로 구별하지 않는 다.) [3점]

① 360   ② 380   ③ 400

④ 420   ⑤ 440

06 2021학년도 사관학교 가형 17번/나형 18번

다음은 모든 자연수 n에 대하여 부등식

$$\sum_{k=1}^{n} \frac{{}_{2k}\mathrm{P}_k}{2^k} \leq \frac{(2n)!}{2^n} \quad \cdots\cdots (\,*\,)$$

이 성립함을 수학적 귀납법으로 증명한 것이다.

(i) $n=1$일 때,

(좌변)$=\dfrac{{}_2\mathrm{P}_1}{2^1}=1$이고, (우변)$=\boxed{\text{(가)}}$이므로 $(\,*\,)$이 성립한다.

(ii) $n=m$일 때, $(\,*\,)$이 성립한다고 가정하면

$$\sum_{k=1}^{m} \frac{{}_{2k}\mathrm{P}_k}{2^k} \leq \frac{(2m)!}{2^m}$$

이다. $n=m+1$일 때,

$$\sum_{k=1}^{m+1} \frac{{}_{2k}\mathrm{P}_k}{2^k} = \sum_{k=1}^{m} \frac{{}_{2k}\mathrm{P}_k}{2^k} + \frac{{}_{2m+2}\mathrm{P}_{m+1}}{2^{m+1}}$$

$$= \sum_{k=1}^{m} \frac{{}_{2k}\mathrm{P}_k}{2^k} + \frac{\boxed{\text{(나)}}}{2^{m+1}\times(m+1)!}$$

$$\leq \frac{(2m)!}{2^m} + \frac{\boxed{\text{(나)}}}{2^{m+1}\times(m+1)!}$$

$$= \frac{\boxed{\text{(나)}}}{2^{m+1}} \times \left\{ \frac{1}{\boxed{\text{(다)}}} + \frac{1}{(m+1)!} \right\}$$

$$< \frac{(2m+2)!}{2^{m+1}}$$

이다. 따라서 $n=m+1$일 때도 $(\,*\,)$이 성립한다.

(i), (ii)에 의하여 모든 자연수 n에 대하여

$$\sum_{k=1}^{n} \frac{{}_{2k}\mathrm{P}_k}{2^k} \leq \frac{(2n)!}{2^n}$$

이다.

위의 (가)에 알맞은 수를 p, (나), (다)에 알맞은 식을 각각 $f(m)$, $g(m)$이라 할 때, $p+\dfrac{f(2)}{g(4)}$의 값은? [4점]

① 16   ② 17   ③ 18

④ 19   ⑤ 20

07

한 번 누를 때마다 좌표평면 위의 점 P를 다음과 같이 이동시키는 두 버튼 ㉠, ㉡이 있다.

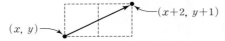

[버튼 ㉠] 그림과 같이 길이가 $\sqrt{2}$인 선분을 따라 점 (x, y)에 있는 점 P를 점 $(x+1, y+1)$로 이동시킨다.

(x, y) → $(x+1, y+1)$

[버튼 ㉡] 그림과 같이 길이가 $\sqrt{5}$인 선분을 따라 점 (x, y)에 있는 점 P를 점 $(x+2, y+1)$로 이동시킨다.

(x, y) → $(x+2, y+1)$

예를 들어, 버튼을 ㉠, ㉠, ㉡ 순으로 누르면 원점 $(0, 0)$에 있는 점 P는 아래 그림과 같이 세 선분을 따라 점 $(4, 3)$으로 이동한다. 또한 원점 $(0, 0)$에 있는 점 P를 점 $(4, 3)$으로 이동시키도록 버튼을 누르는 경우는 ㉠㉠㉡, ㉠㉡㉠, ㉡㉠㉠으로 3가지이다.

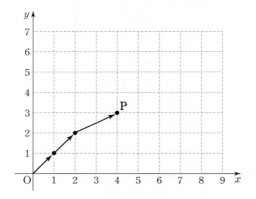

원점 $(0, 0)$에 있는 점 P를 두 점 A$(5, 5)$, B$(6, 4)$ 중 어느 점도 지나지 않고 점 C$(9, 7)$로 이동시키도록 두 버튼 ㉠, ㉡을 누르는 경우의 수를 구하시오. [4점]

08

[그림 1]과 같이 5개의 스티커 A, B, C, D, E는 각각 흰색 또는 회색으로 칠해진 9개의 정사각형으로 이루어져 있다. 이 5개의 스티커를 모두 사용하여 [그림 2]의 45개의 정사각형으로 이루어진 ✜ 모양의 판에 빈틈없이 붙여 문양을 만들려고 한다. [그림 3]은 스티커 B를 ✜ 모양의 판의 중앙에 붙여 만든 문양의 한 예이다.

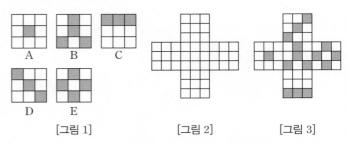

A B C

D E

[그림 1]   [그림 2]   [그림 3]

다음은 5개의 스티커를 모두 사용하여 만들 수 있는 서로 다른 문양의 개수를 구하는 과정의 일부이다. (단, ✜ 모양의 판을 회전하여 일치하는 것은 같은 것으로 본다.)

✜ 모양의 판의 중앙에 붙이는 스티커에 따라 다음과 같이 3가지 경우로 나눌 수 있다.

(i) A 또는 E를 붙이는 경우
   나머지 4개의 스티커를 붙일 위치를 정하는 경우의 수는 $3!$
   이 각각에 대하여 4개의 스티커를 붙이는 경우의 수는
   $1 \times 2 \times 4 \times 4$
   그러므로 이 경우의 수는 $2 \times 3! \times 32$

(ii) B 또는 C를 붙이는 경우
   나머지 4개의 스티커를 붙일 위치를 정하는 경우의 수는
   (가)
   이 각각에 대하여 4개의 스티커를 붙이는 경우의 수는
   $1 \times 1 \times 2 \times 4$
   그러므로 이 경우의 수는 $2 \times$ (가) $\times 8$

(iii) D를 붙이는 경우
   나머지 4개의 스티커를 붙일 위치를 정하는 경우의 수는
   (나)
   이 각각에 대하여 4개의 스티커를 붙이는 경우의 수는
   (다)
   그러므로 이 경우의 수는 (나) $\times$ (다)

위의 (가), (나), (다)에 알맞은 수를 각각 a, b, c라 할 때, $a+b+c$의 값은? [4점]

① 52   ② 54   ③ 56

④ 58   ⑤ 60

09 2018학년도 경찰대학 13번

1, 2, 3, 4, 5의 숫자가 각각 적힌 5개의 공을 모두 3개의 상자 A, B, C에 넣으려고 한다. 각 상자에 넣어진 공에 적힌 수의 합이 11 이하가 되도록 공을 상자에 넣는 방법의 수는? (단, 빈 상자의 경우에는 넣어진 공에 적힌 수의 합을 0으로 생각한다.) [4점]

① 190   ② 195   ③ 200
④ 205   ⑤ 210

유형 2   중복조합

10 2021학년도 사관학교 가형 9번

다섯 개의 자연수 1, 2, 3, 4, 5 중에서 중복을 허락하여 3개의 수를 택할 때, 택한 세 수의 곱이 6 이상인 경우의 수는? [3점]

① 23   ② 25   ③ 27
④ 29   ⑤ 31

11 2023학년도 사관학교 28번

두 집합 $X=\{1, 2, 3, 4\}$, $Y=\{0, 1, 2, 3, 4, 5, 6\}$에 대하여 X에서 Y로의 함수 f 중에서

$$f(1)+f(2)+f(3)+f(4)=8$$

을 만족시키는 함수 f의 개수는? [4점]

① 137   ② 141   ③ 145
④ 149   ⑤ 153

12 2021학년도 경찰대학 24번

다음 조건을 만족시키는 자연수 a, b, c, d, e의 모든 순서쌍 (a, b, c, d, e)의 개수를 구하시오. [4점]

> (가) $ab(c+d+e)=12$
>
> (나) a, b, c, d, e 중에서 적어도 2개는 짝수이다.

13 2021학년도 사관학교 나형 27번

다음 조건을 만족시키는 자연수 a, b, c, d, e의 모든 순서쌍 (a, b, c, d, e)의 개수를 구하시오. [4점]

> (가) $a+b+c+d+e=10$
>
> (나) ab는 홀수이다.

14 2022학년도 사관학교 28번

두 집합 $X=\{1, 2, 3, 4, 5, 6, 7, 8\}$, $Y=\{1, 2, 3\}$에 대하여 다음 조건을 만족시키는 모든 함수 $f : X \to Y$의 개수는? [4점]

> (가) 집합 X의 임의의 두 원소 x_1, x_2에 대하여 $x_1 < x_2$이면 $f(x_1) \leq f(x_2)$이다.
>
> (나) 집합 X의 모든 원소 x에 대하여 $(f \circ f \circ f)(x)=1$이다.

① 24   ② 27   ③ 30
④ 33   ⑤ 36

15

2024학년도 사관학교 30번

네 명의 학생 A, B, C, D에게 같은 종류의 연필 5자루와 같은 종류의 공책 5권을 다음 규칙에 따라 남김없이 나누어 주는 경우의 수를 구하시오. (단, 연필을 받지 못하는 학생이 있을 수 있고, 공책을 받지 못하는 학생이 있을 수 있다.) [4점]

(가) 학생 A가 받는 연필의 개수는 4 이상이다.

(나) 공책보다 연필을 더 많이 받는 학생은 1명뿐이다.

16

2019학년도 사관학교 나형 18번

흰색 탁구공 3개와 주황색 탁구공 4개를 서로 다른 3개의 비어 있는 상자 A, B, C에 남김없이 넣으려고 할 때, 다음 조건을 만족시키도록 넣는 경우의 수는?

(단, 탁구공을 하나도 넣지 않은 상자가 있을 수 있다.) [4점]

(가) 상자 A에는 흰색 탁구공을 1개 이상 넣는다.

(나) 흰색 탁구공만 들어 있는 상자는 없도록 넣는다.

① 35   ② 37   ③ 39

④ 41   ⑤ 43

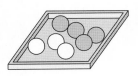
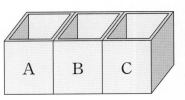

경찰대학 · 사관학교 기출 문제

17
2023학년도 사관학교 23번

$(x+2)^6$의 전개식에서 x^4의 계수는? [2점]

① 58   ② 60   ③ 62

④ 64   ⑤ 66

18
2022학년도 사관학교 23번

다항식 $(2x+1)^6$의 전개식에서 x^2의 계수는? [2점]

① 40   ② 60   ③ 80

④ 100   ⑤ 120

19
2021학년도 사관학교 가형 4번

$\left(x^3+\dfrac{1}{x}\right)^5$의 전개식에서 x^3의 계수는? [3점]

① 5   ② 10   ③ 15

④ 20   ⑤ 25

20
2021학년도 사관학교 나형 6번

$\left(2x^2+\dfrac{1}{x}\right)^5$의 전개식에서 x^4의 계수는? [3점]

① 80   ② 85   ③ 90

④ 95   ⑤ 100

21 2019학년도 사관학교 가형 22번/나형 23번

$\left(3x^2+\dfrac{1}{x}\right)^6$의 전개식에서 상수항을 구하시오. [3점]

23 2024학년도 사관학교 25번

다항식 $(ax+1)^7$의 전개식에서 x^5의 계수와 x^3의 계수가 서로 같을 때, x^2의 계수는? (단, a는 0이 아닌 상수이다.) [3점]

① 28   ② 35   ③ 42
④ 49   ⑤ 56

24 2021학년도 경찰대학 14번

$(x-y+1)^{n+2}$의 전개식에서 $x^n y^2$의 계수를 $f(n)$이라 할 때,

$$\frac{1}{f(1)}+\frac{1}{f(2)}+\frac{1}{f(3)}+\cdots+\frac{1}{f(2020)}=\frac{a}{b}$$

이다. $a+b$의 값은? (단, a, b는 서로소인 자연수이다.) [4점]

① 2019   ② 2020   ③ 2021
④ 2022   ⑤ 2023

22 2018학년도 사관학교 가형 22번

$(2x+1)^5$의 전개식에서 x^3의 계수를 구하시오. [3점]

경찰대학·사관학교 기출 문제

Ⅱ 확률

유형 1 확률의 연산(덧셈정리와 배반사건)

01 2020학년도 사관학교 가형 4번/나형 6번

두 사건 A, B에 대하여

$$\mathrm{P}(A \cap B) = \frac{1}{6}, \ \mathrm{P}(A^c \cup B) = \frac{2}{3}$$

일 때, $\mathrm{P}(A)$의 값은? (단, A^c은 A의 여사건이다.) [3점]

① $\frac{1}{6}$　　　　② $\frac{1}{3}$　　　　③ $\frac{1}{2}$

④ $\frac{2}{3}$　　　　⑤ $\frac{5}{6}$

유형 2 확률의 연산(조건부확률, 곱셈정리, 사건의 독립)

02 2021학년도 사관학교 나형 2번

두 사건 A, B가 서로 독립이고

$$\mathrm{P}(A) = \frac{2}{3}, \ \mathrm{P}(A \cap B) = \frac{1}{4}$$

일 때, $\mathrm{P}(B)$의 값은? [2점]

① $\frac{1}{4}$　　　　② $\frac{3}{8}$　　　　③ $\frac{1}{2}$

④ $\frac{5}{8}$　　　　⑤ $\frac{3}{4}$

03 2019학년도 사관학교 가형 4번/나형 6번

두 사건 A, B에 대하여

$$\mathrm{P}(A) = \frac{1}{2}, \ \mathrm{P}(B) = \frac{2}{5}, \ \mathrm{P}(A \cup B) = \frac{4}{5}$$

일 때, $\mathrm{P}(B \,|\, A)$의 값은? [3점]

① $\frac{1}{10}$　　　　② $\frac{1}{5}$　　　　③ $\frac{3}{10}$

④ $\frac{2}{5}$　　　　⑤ $\frac{1}{2}$

유형 **3**   여러 가지 사건의 확률의 계산

04 2024학년도 사관학교 27번

7개의 문자 a, b, c, d, e, f, g를 모두 한 번씩 사용하여 왼쪽에서 오른쪽으로 임의로 일렬로 나열할 때, 다음 조건을 만족시킬 확률은? [3점]

(가) a와 b는 이웃하고, a와 c는 이웃하지 않는다.
(나) c는 a보다 왼쪽에 있다.

① $\dfrac{1}{42}$ ② $\dfrac{1}{21}$ ③ $\dfrac{1}{14}$

④ $\dfrac{2}{21}$ ⑤ $\dfrac{5}{42}$

05 2022학년도 사관학교 26번

1부터 10까지의 자연수가 하나씩 적혀 있는 10장의 카드가 있다. 이 10장의 카드 중에서 임의로 선택한 서로 다른 3장의 카드에 적혀 있는 세 수의 곱이 4의 배수일 확률은? [3점]

① $\dfrac{1}{6}$ ② $\dfrac{1}{3}$ ③ $\dfrac{1}{2}$

④ $\dfrac{2}{3}$ ⑤ $\dfrac{5}{6}$

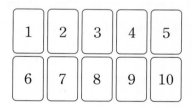

06 2021학년도 사관학교 나형 25번

한 개의 주사위를 두 번 던져서 나오는 눈의 수를 차례로 a, b라 하자. ab가 6의 배수일 때, a 또는 b가 홀수일 확률은 $\dfrac{q}{p}$이다. $p+q$의 값을 구하시오.

(단, p와 q는 서로소인 자연수이다.) [3점]

07 2021학년도 사관학교 가형 25번

흰 구슬 3개와 검은 구슬 4개가 들어 있는 상자가 있다. 한 개의 주사위를 던져서 나오는 눈의 수가 3의 배수이면 이 상자에서 임의로 2개의 구슬을 동시에 꺼내고, 나오는 눈의 수가 3의 배수가 아니면 이 상자에서 임의로 3개의 구슬을 동시에 꺼낼 때, 꺼낸 구슬 중 검은 구슬의 개수가 2일 확률은 $\dfrac{q}{p}$이다. $p+q$의 값을 구하시오. (단, p와 q는 서로소인 자연수이다.) [3점]

08 2023학년도 사관학교 27번

한 개의 주사위를 두 번 던져서 나온 눈의 수를 차례로 a, b라 하자. 이차부등식 $ax^2+2bx+a-3\leq0$의 해가 존재할 확률은? [3점]

① $\dfrac{7}{9}$ ② $\dfrac{29}{36}$ ③ $\dfrac{5}{6}$

④ $\dfrac{31}{36}$ ⑤ $\dfrac{8}{9}$

09

2021학년도 경찰대학 6번

어느 대학은 방문자가 있을 때 코로나19 발열 검사를 실시하고 그 결과가 정상이면 그날 지정된 색의 종이 밴드를 손목에 채워 들여보낸다. 종이 밴드는 빨간색 밴드, 주황색 밴드, 노란색 밴드, 초록색 밴드, 파란색 밴드가 있고, 그날 사용할 밴드는 전날 사용한 밴드의 색과 다른 한 색을 임의로 선택하여 그 색의 밴드를 사용한다. 첫날 파란색 밴드를 사용하였을 때, 다섯째 날 파란색 밴드를 사용할 확률은?

(단, 각각의 밴드의 개수는 충분히 많다.) [4점]

① $\dfrac{13}{64}$ ② $\dfrac{17}{64}$ ③ $\dfrac{21}{64}$

④ $\dfrac{25}{64}$ ⑤ $\dfrac{29}{64}$

10

2021학년도 사관학교 가형 29번

그림은 여섯 개의 숫자 1, 2, 3, 4, 5, 6이 하나씩 적혀 있는 여섯 장의 카드를 모두 한 번씩 사용하여 일렬로 나열할 때, 이웃한 두 장의 카드 중 왼쪽 카드에 적힌 수가 오른쪽 카드에 적힌 수보다 큰 경우가 한 번만 나타난 예이다.

$$\boxed{1}\ \boxed{2}\ \boxed{4}\ \boxed{3}\ \boxed{5}\ \boxed{6}$$

이 여섯 장의 카드를 모두 한 번씩 사용하여 임의로 일렬로 나열할 때, 이웃한 두 장의 카드 중 왼쪽 카드에 적힌 수가 오른쪽 카드에 적힌 수보다 큰 경우가 한 번만 나타날 확률은 $\dfrac{q}{p}$이다. $p+q$의 값을 구하시오.

(단, p와 q는 서로소인 자연수이다.) [4점]

11

2020학년도 사관학교 가형 18번/나형 19번

다음은 자연수 n에 대하여 방정식 $a+b+c=3n$을 만족시키는 자연수 a, b, c의 모든 순서쌍 (a, b, c) 중에서 임의로 한 개를 선택할 때, 선택한 순서쌍 (a, b, c)가

$a>b$ 또는 $a>c$

를 만족시킬 확률을 구하는 과정이다.

방정식

$a+b+c=3n$ ……(*)

을 만족시키는 자연수 a, b, c의 모든 순서쌍 (a, b, c)의 개수는 (가) 이다.

방정식 (*)을 만족시키는 자연수 a, b, c의 순서쌍 (a, b, c)가 $a>b$ 또는 $a>c$를 만족시키는 사건을 A라 하면 사건 A의 여사건 A^c은 방정식 (*)을 만족시키는 자연수 a, b, c의 순서쌍 (a, b, c)가 $a\le b$와 $a\le c$를 만족시키는 사건이다.

이제 $n(A^c)$의 값을 구하자.

자연수 $k(1\le k\le n)$에 대하여 $a=k$인 경우, $b\ge k$, $c\ge k$이고 방정식 (*)을 만족시키는 자연수 a, b, c의 순서쌍 (a, b, c)의 개수는 (나) 이므로

$$n(A^c)=\sum_{k=1}^{n}\boxed{\text{(나)}}$$

이다.

따라서 구하는 확률은

$$P(A)=\boxed{\text{(다)}}$$

이다.

위의 (가)에 알맞은 식에 $n=2$를 대입한 값을 p, (나)에 알맞은 식에 $n=7$, $k=2$를 대입한 값을 q, (다)에 알맞은 식에 $n=4$를 대입한 값을 r라 할 때, $p\times q\times r$의 값은? [4점]

① 88 ② 92 ③ 96

④ 100 ⑤ 104

12

2019학년도 사관학교 가형 28번

1부터 11까지의 자연수가 하나씩 적혀 있는 11장의 카드 중에서 임의로 두 장의 카드를 동시에 택할 때, 택한 카드에 적혀 있는 숫자를 각각 m, $n(m<n)$이라 하자. 좌표평면 위의 세 점 $A(1, 0)$, $B\left(\cos \dfrac{m\pi}{6}, \sin \dfrac{m\pi}{6}\right)$, $C\left(\cos \dfrac{n\pi}{6}, \sin \dfrac{n\pi}{6}\right)$에 대하여 삼각형 ABC가 이등변삼각형일 확률이 $\dfrac{q}{p}$일 때, $p+q$의 값을 구하시오. (단, p와 q는 서로소인 자연수이다.)

[4점]

13

2019학년도 사관학교 나형 29번

그림과 같이 1열, 2열, 3열에 각각 2개씩 모두 6개의 좌석이 있는 놀이기구가 있다. 이 놀이기구의 6개의 좌석에 6명의 학생 A, B, C, D, E, F가 각각 한 명씩 임의로 앉을 때, 다음 조건을 만족시키도록 앉을 확률은 $\dfrac{q}{p}$이다. $p+q$의 값을 구하시오. (단, p와 q는 서로소인 자연수이다.) [4점]

(가) 두 학생 A, B는 같은 열에 앉는다.
(나) 두 학생 C, D는 서로 다른 열에 앉는다.
(다) 학생 E는 1열에 앉지 않는다.

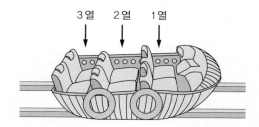

3열   2열   1열

14

2018학년도 사관학교 가형 14번

집합 $S=\{a, b, c, d\}$의 공집합이 아닌 모든 부분집합 중에서 임의로 한 개씩 두 개의 부분집합을 차례로 택한다. 첫 번째로 택한 집합을 A, 두 번째로 택한 집합을 B라 할 때, $n(A) \times n(B) = 2 \times n(A \cap B)$가 성립할 확률은?

(단, 한 번 택한 집합은 다시 택하지 않는다.) [4점]

① $\dfrac{2}{35}$ ② $\dfrac{3}{35}$ ③ $\dfrac{4}{35}$

④ $\dfrac{1}{7}$ ⑤ $\dfrac{6}{35}$

15
2018학년도 사관학교 가형 21번

자연수 n에 대하여 한 개의 주사위를 반복하여 던져서 나오는 눈의 수에 따라 다음과 같은 규칙으로 a_n을 정한다.

> (가) $a_1=0$이고, $a_n(n \geq 2)$는 세 수 -1, 0, 1 중 하나이다.
> (나) 주사위를 n번째 던져서 나온 눈의 수가 짝수이면 a_{n+1}은 a_n이 아닌 두 수 중에서 작은 수이고, 홀수이면 a_{n+1}은 a_n이 아닌 두 수 중에서 큰 수이다.

〈보기〉에서 옳은 것만을 있는 대로 고른 것은? [4점]

─── • 보기 •───

ㄱ. $a_2=1$일 확률은 $\dfrac{1}{2}$이다.

ㄴ. $a_3=1$일 확률과 $a_4=0$일 확률은 서로 같다.

ㄷ. $a_9=0$일 확률이 p이면 $a_{11}=0$일 확률은 $\dfrac{1-p}{4}$이다.

① ㄱ   ② ㄷ   ③ ㄱ, ㄴ

④ ㄴ, ㄷ   ⑤ ㄱ, ㄴ, ㄷ

유형 4   조건부확률의 활용

16
2022학년도 사관학교 25번

어느 학교의 컴퓨터 동아리는 남학생 21명, 여학생 18명으로 이루어져 있고, 모든 학생은 데스크톱 컴퓨터와 노트북 컴퓨터 중 한 가지만 사용한다고 한다. 이 동아리의 남학생 중에서 데스크톱 컴퓨터를 사용하는 학생은 15명이고, 여학생 중에서 노트북 컴퓨터를 사용하는 학생은 10명이다. 이 동아리 학생 중에서 임의로 선택한 1명이 데스크톱 컴퓨터를 사용하는 학생일 때, 이 학생이 남학생일 확률은? [3점]

① $\dfrac{8}{21}$ ② $\dfrac{10}{21}$ ③ $\dfrac{15}{23}$

④ $\dfrac{5}{7}$ ⑤ $\dfrac{18}{23}$

17
2020학년도 사관학교 가형 8번

주머니 A에는 1부터 5까지의 자연수가 각각 하나씩 적힌 5장의 카드가 들어 있고, 주머니 B에는 6부터 8까지의 자연수가 각각 하나씩 적힌 3장의 카드가 들어 있다. 주머니 A에서 임의로 한 장의 카드를 꺼내고, 주머니 B에서 임의로 한 장의 카드를 꺼낸다. 꺼낸 2장의 카드에 적힌 두 수의 합이 홀수일 때, 주머니 A에서 꺼낸 카드에 적힌 수가 홀수일 확률은? [3점]

① $\dfrac{1}{4}$ ② $\dfrac{3}{8}$ ③ $\dfrac{1}{2}$

④ $\dfrac{5}{8}$ ⑤ $\dfrac{3}{4}$

주머니 A   주머니 B

18 2024학년도 사관학교 28번

숫자 1, 2, 3, 4, 5, 6, 7, 8이 하나씩 적혀 있는 8장의 카드
가 있다. 이 8장의 카드를 일정한 간격을 두고 원형으로 배열
할 때, 한 장의 카드와 이 카드로부터 시계 방향으로 네 번째
위치에 놓여 있는 카드는 서로 마주 보는 위치에 있다고 하자.
서로 마주 보는 위치에 있는 카드는 4쌍이 있다. 예를 들어,
그림에서 숫자 1, 5가 적혀 있는 두 장의 카드는 서로 마주 보
는 위치에 있고, 숫자 1, 4가 적혀 있는 두 장의 카드는 서로
마주 보는 위치에 있지 않다.

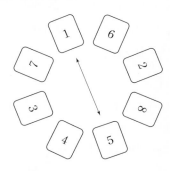

이 8장의 카드를 일정한 간격을 두고 원형으로 임의로 배열하
는 시행을 한다. 이 시행에서 서로 마주 보는 위치에 있는 두
장의 카드에 적혀 있는 두 수의 차가 모두 같을 때, 숫자 1이
적혀 있는 카드와 숫자 2가 적혀 있는 카드가 서로 이웃할 확
률은? (단, 회전하여 일치하는 것은 같은 것으로 본다.) [4점]

① $\dfrac{1}{18}$ ② $\dfrac{1}{9}$ ③ $\dfrac{1}{6}$

④ $\dfrac{2}{9}$ ⑤ $\dfrac{5}{18}$

19 2023학년도 사관학교 30번

그림과 같이 두 주머니 A와 B에 흰 공 1개, 검은 공 1개가 각
각 들어 있다. 주머니 A에 들어 있는 공의 개수 또는 주머니
B에 들어 있는 공의 개수가 0이 될 때까지 다음의 시행을 반
복한다.

> 두 주머니 A, B에서 각각 임의로 하나씩 꺼낸 두 개의 공이
> 서로 같은 색이면 꺼낸 공을 모두 주머니 A에 넣고,
> 서로 다른 색이면 꺼낸 공을 모두 주머니 B에 넣는다.

4번째 시행의 결과 주머니 A에 들어 있는 공의 개수가 0일
때, 2번째 시행의 결과 주머니 A에 들어 있는 흰 공의 개수가
1 이상일 확률은 p이다. $36p$의 값을 구하시오. [4점]

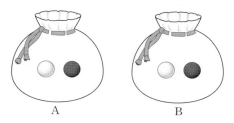

20 2022학년도 사관학교 30번

검은 공 4개, 흰 공 2개가 들어 있는 주머니에 대하여 다음 시
행을 2회 반복한다.

> 주머니에서 임의로 3개의 공을 동시에 꺼낸 후, 꺼낸 공 중에서
> 흰 공은 다시 주머니에 넣고 검은 공은 다시 넣지 않는다.

두 번째 시행의 결과 주머니에 흰 공만 2개 들어 있을 때, 첫
번째 시행의 결과 주머니에 들어 있는 검은 공의 개수가 2일
확률은 $\dfrac{q}{p}$이다. $p+q$의 값을 구하시오.

(단, p와 q는 서로소인 자연수이다.) [4점]

21 2024학년도 사관학교 24번

한 개의 주사위와 한 개의 동전이 있다. 이 주사위를 한 번 던져 나온 눈의 수만큼 반복하여 이 동전을 던질 때, 동전의 앞면이 나오는 횟수가 5일 확률은? [3점]

① $\dfrac{1}{48}$ ② $\dfrac{1}{24}$ ③ $\dfrac{1}{16}$

④ $\dfrac{1}{12}$ ⑤ $\dfrac{5}{48}$

22 2019학년도 사관학교 가형 9번

흰 공 4개와 검은 공 2개가 들어 있는 주머니에서 임의로 한 개의 공을 꺼내어 공의 색을 확인한 후 다시 넣는 시행을 5회 반복한다. 각 시행에서 꺼낸 공이 흰 공이면 1점을 얻고, 검은 공이면 2점을 얻을 때, 얻은 점수의 합이 7일 확률은? [3점]

① $\dfrac{80}{243}$ ② $\dfrac{1}{3}$ ③ $\dfrac{82}{243}$

④ $\dfrac{83}{243}$ ⑤ $\dfrac{28}{81}$

23 2017학년도 사관학교 나형 17번

주머니에 1, 2, 3, 4, 5의 숫자가 하나씩 적혀 있는 다섯 개의 구슬이 들어 있다. 주머니에서 임의로 한 개의 구슬을 꺼내어 구슬에 적혀 있는 숫자를 확인한 후 다시 넣는다.

이와 같은 시행을 4회 반복하여 얻은 4개의 수 중에서 3개의 수의 합의 최댓값을 N이라 하자. 다음은 $N \geq 14$일 확률을 구하는 과정이다.

(i) $N = 15$인 경우

5가 적힌 구슬이 4회 나올 확률은 $\dfrac{1}{625}$이고,

5가 적힌 구슬이 3회, 4 이하의 수가 적힌 구슬 중 한 개가 1회 나올 확률은 $\dfrac{\boxed{(\text{가})}}{625}$이다.

(ii) $N = 14$인 경우

5가 적힌 구슬이 2회, 4가 적힌 구슬이 2회 나올 확률은 $\dfrac{6}{625}$이고,

5가 적힌 구슬이 2회, 4가 적힌 구슬이 1회, 3 이하의 수가 적힌 구슬 중 한 개가 1회 나올 확률은 $\dfrac{\boxed{(\text{나})}}{625}$이다.

(i), (ii)에서 구하는 확률은 $\dfrac{\boxed{(\text{다})}}{625}$이다.

위의 (가), (나), (다)에 알맞은 수를 각각 p, q, r라 할 때, $p + q + r$의 값은? [4점]

① 96 ② 101 ③ 106

④ 111 ⑤ 116

III 통계

유형 1 이산확률변수의 확률분포

01 2024학년도 사관학교 23번

이산확률변수 X의 확률분포를 표로 나타내면 다음과 같다.

X	2	4	6	합계
$P(X=x)$	a	a	b	1

$E(X)=5$일 때, $b-a$의 값은? [2점]

① $\dfrac{1}{3}$　　　　② $\dfrac{5}{12}$　　　　③ $\dfrac{1}{2}$

④ $\dfrac{7}{12}$　　　　⑤ $\dfrac{2}{3}$

02 2023학년도 사관학교 24번

이산확률변수 X의 확률분포를 표로 나타내면 다음과 같다.

X	1	2	3	합계
$P(X=x)$	a	$\dfrac{a}{2}$	$\dfrac{a}{3}$	1

$E(11X+2)$의 값은? [3점]

① 18　　　　② 19　　　　③ 20

④ 21　　　　⑤ 22

03 2021학년도 사관학교 가형 13번

주머니에 1, 1, 1, 2, 2, 3의 숫자가 하나씩 적혀 있는 6개의 공이 들어 있다. 이 주머니에서 임의로 2개의 공을 동시에 꺼낼 때, 꺼낸 공에 적힌 두 수의 차를 확률변수 X라 하자. $E(X)$의 값은? [3점]

① $\dfrac{14}{15}$　　　　② 1　　　　③ $\dfrac{16}{15}$

④ $\dfrac{17}{15}$　　　　⑤ $\dfrac{6}{5}$

04 2020학년도 사관학교 가형 7번

이산확률변수 X가 가지는 값이 0, 2, 4, 6이고 X의 확률질량함수가

$$P(X=x)=\begin{cases} a & (x=0) \\ \dfrac{1}{x} & (x=2,\ 4,\ 6) \end{cases}$$

일 때, $E(aX)$의 값은? [3점]

① $\dfrac{1}{8}$　　　　② $\dfrac{1}{4}$　　　　③ $\dfrac{1}{2}$

④ 1　　　　⑤ 2

경찰대학·사관학교 기출문제

05

2019학년도 사관학교 가형 6번

이산확률변수 X의 확률분포를 표로 나타내면 다음과 같다.

X	0	1	2	3	합계
$P(X=x)$	a	$\dfrac{1}{3}$	$\dfrac{1}{4}$	b	1

$E(X)=\dfrac{11}{6}$일 때, $\dfrac{b}{a}$의 값은? (단, a, b는 상수이다.) [3점]

① 1   ② 2   ③ 3

④ 4   ⑤ 5

06

2018학년도 사관학교 가형 17번/나형 19번

1부터 $(2n-1)$까지의 자연수가 하나씩 적혀 있는 $(2n-1)$장의 카드가 있다. 이 카드 중에서 임의로 서로 다른 3장의 카드를 택할 때, 택한 3장의 카드 중 짝수가 적힌 카드의 개수를 확률변수 X라 하자. 다음은 $E(X)$를 구하는 과정이다.

(단, n은 4 이상의 자연수이다.)

정수 $k(0 \le k \le 3)$에 대하여 확률변수 X의 값이 k일 확률은 짝수가 적혀 있는 카드 중에서 k장의 카드를 택하고, 홀수가 적혀 있는 카드 중에서 ((가) $-k$)장의 카드를 택하는 경우의 수를 전체 경우의 수로 나눈 값이므로

$$P(X=0)=\frac{n(n-2)}{2(2n-1)(2n-3)}$$

$$P(X=1)=\frac{3n(n-1)}{2(2n-1)(2n-3)}$$

$$P(X=2)=\boxed{\text{(나)}}$$

$$P(X=3)=\frac{(n-2)(n-3)}{2(2n-1)(2n-3)}$$

이다. 그러므로

$$E(X)=\sum_{k=0}^{3}\{k \times P(X=k)\}$$

$$=\frac{\boxed{\text{(다)}}}{2n-1}$$

이다.

위의 (가)에 알맞은 수를 a라 하고, (나), (다)에 알맞은 식을 각각 $f(n)$, $g(n)$이라 할 때, $a \times f(5) \times g(8)$의 값은? [4점]

① 22   ② $\dfrac{45}{2}$ ③ 23

④ $\dfrac{47}{2}$ ⑤ 24

07

2018학년도 사관학교 가형 26번/나형 27번

한 변의 길이가 1인 정육각형의 6개의 꼭짓점 중에서 임의로 서로 다른 3개의 점을 택하여 이 3개의 점을 꼭짓점으로 하는 삼각형을 만들 때, 이 삼각형의 넓이를 확률변수 X라 하자. $P\left(X \ge \dfrac{\sqrt{3}}{2}\right)=\dfrac{q}{p}$일 때, $p+q$의 값을 구하시오.

(단, p와 q는 서로소인 자연수이다.) [4점]

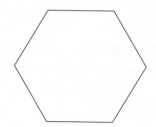

유형 2 이항분포

08 2018학년도 사관학교 가형 2번

확률변수 X가 이항분포 $\mathrm{B}\left(50, \dfrac{1}{4}\right)$을 따를 때, $\mathrm{V}(4X)$의 값은? [2점]

① 50

② 75

③ 100

④ 125

⑤ 150

09 2021학년도 사관학교 나형 11번

어느 사관생도가 1회의 사격을 하여 표적에 명중시킬 확률이 $\dfrac{4}{5}$이다. 이 사관생도가 20회의 사격을 할 때, 표적에 명중시키는 횟수를 확률변수 X라 하자. $\mathrm{V}\left(\dfrac{1}{4}X+1\right)$의 값은? (단, 이 사관생도가 매회 사격을 하는 시행은 독립시행이다.) [3점]

① $\dfrac{1}{5}$

② $\dfrac{2}{5}$

③ $\dfrac{3}{5}$

④ $\dfrac{4}{5}$

⑤ 1

10 2020학년도 사관학교 나형 10번

확률변수 X가 이항분포 $\mathrm{B}(5,\ p)$를 따르고,
$$\mathrm{P}(X=3)=\mathrm{P}(X=4)$$
일 때, $\mathrm{E}(6X)$의 값은? (단, $0<p<1$) [3점]

① 5

② 10

③ 15

④ 20

⑤ 25

11
2021학년도 경찰대학 10번

n쌍의 부부로 구성된 어느 모임의 모든 사람에게 1, 2, 3 중의 한 숫자가 적힌 카드를 한 장씩 임의로 나누어준 후, 카드를 받은 사람들이 1, 2, 3 중의 한 숫자를 임의로 적도록 한다. 남편이 적은 수가 아내가 받은 카드에 적힌 수와 일치하고, 아내가 적은 수가 남편이 받은 카드에 적힌 수와 일치하는 부부에게만 상품을 주기로 한다. 상품을 받는 부부가 2쌍 이하일 확률이 $\dfrac{57}{32}\left(\dfrac{8}{9}\right)^{n}$일 때, 자연수 n의 값은? [4점]

① 4   ② 5   ③ 6

④ 7   ⑤ 8

12
2019학년도 사관학교 나형 26번

확률변수 X가 가지는 값이 0부터 25까지의 정수이고, $0<p<\dfrac{1}{2}$인 실수 p에 대하여 X의 확률질량함수는

$$\mathrm{P}(X=x)={}_{25}\mathrm{C}_{x}p^{x}(1-p)^{25-x}\ (x=0,\ 1,\ 2,\ \cdots,\ 25)$$

이다. $\mathrm{V}(X)=4$일 때, $\mathrm{E}(X^{2})$의 값을 구하시오. [4점]

13
2022학년도 사관학교 29번

그림과 같이 8개의 칸에 숫자 0, 1, 2, 3, 4, 5, 6, 7이 하나씩 적혀 있는 말판이 있고, 숫자 0이 적혀 있는 칸에 말이 놓여 있다. 한 개의 주사위를 사용하여 다음 시행을 한다.

> 주사위를 한 번 던져
> 나오는 눈의 수가 3 이상이면 말을 화살표 방향으로 한 칸 이동시키고,
> 나오는 눈의 수가 3보다 작으면 말을 화살표 반대 방향으로 한 칸 이동시킨다.

위의 시행을 4회 반복한 후 말이 도착한 칸에 적혀 있는 수를 확률변수 X라 하자. $\mathrm{E}(36X)$의 값을 구하시오. [4점]

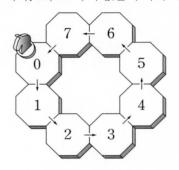

유형 3 **연속확률변수의 확률분포**

14
2020학년도 사관학교 나형 7번

연속확률변수 X가 가지는 값의 범위는 $0 \leq X \leq 2$이고 X의 확률밀도함수의 그래프는 그림과 같이 두 점 $\left(0, \dfrac{3}{4a}\right)$, $\left(a, \dfrac{3}{4a}\right)$ 을 이은 선분과 두 점 $\left(a, \dfrac{3}{4a}\right)$, $(2, 0)$을 이은 선분으로 이루어져 있다. $P\left(\dfrac{1}{2} \leq X \leq 2\right)$의 값은? (단, a는 양수이다.) [3점]

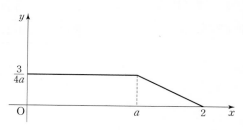

① $\dfrac{2}{3}$ ② $\dfrac{11}{16}$ ③ $\dfrac{17}{24}$

④ $\dfrac{35}{48}$ ⑤ $\dfrac{3}{4}$

15
2019학년도 사관학교 가형 11번

연속확률변수 X가 갖는 값의 범위가 $0 \leq X \leq 4$이고, X의 확률밀도함수의 그래프는 그림과 같다. $1 < k < 2$일 때, $P(k \leq X \leq 2k)$가 최대가 되도록 하는 k의 값은? [3점]

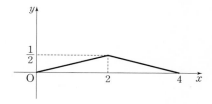

① $\dfrac{7}{5}$ ② $\dfrac{3}{2}$ ③ $\dfrac{8}{5}$

④ $\dfrac{17}{10}$ ⑤ $\dfrac{9}{5}$

16
2019학년도 사관학교 나형 8번

연속확률변수 X가 갖는 값의 범위가 $0 \leq X \leq 4$이고, X의 확률밀도함수의 그래프가 그림과 같을 때, $P\left(\dfrac{1}{2} \leq X \leq 3\right)$의 값은? [3점]

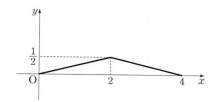

① $\dfrac{25}{32}$ ② $\dfrac{13}{16}$ ③ $\dfrac{27}{32}$

④ $\dfrac{7}{8}$ ⑤ $\dfrac{29}{32}$

경찰대학·사관학교 기출 문제

17 2021학년도 경찰대학 3번

어느 대학에서 신입생 50명을 모집하는데 5000명이 지원하였다. 지원자 5000명의 입학 시험점수는 평균이 63.7점이고 표준편차가 10점인 정규분포를 따르며, 94.6점 이상인 학생들을 대상으로 장학금을 지급한다고 한다. 아래 표준정규분포표를 이용하여 구한 이 대학에 입학하기 위한 최저 점수를 a라 하고, 장학금을 받는 학생 수를 b라 할 때, $a+b$의 값은? [3점]

z	$P(0 \leq Z \leq z)$
1.96	0.475
2.33	0.490
2.75	0.497
3.09	0.499

① 92 ② 94 ③ 96
④ 98 ⑤ 100

18 2020학년도 사관학교 가형 24번

확률변수 X는 정규분포 $N(m, \sigma^2)$을 따르고, 다음 조건을 만족시킨다.

(가) $P(X \geq 128) = P(X \leq 140)$
(나) $P(m \leq X \leq m+10) = P(-1 \leq Z \leq 0)$

$P(X \geq k) = 0.0668$을 만족시키는 상수 k의 값을 오른쪽 표준정규분포표를 이용하여 구하시오. (단, Z는 표준정규분포를 따르는 확률변수이다.) [3점]

z	$P(0 \leq Z \leq z)$
0.5	0.1915
1.0	0.3413
1.5	0.4332
2.0	0.4772

19 2018학년도 사관학교 가형 11번/나형 13번

다음 표는 어느 고등학교의 수학 점수에 대한 성취도의 기준을 나타낸 것이다.

성취도	A	B	C	D	E
수학 점수	89점 이상	79점 이상 ~89점 미만	67점 이상 ~79점 미만	54점 이상 ~67점 미만	54점 미만

예를 들어, 어떤 학생의 수학 점수가 89점 이상이면 성취도는 A이고, 79점 이상이고 89점 미만이면 성취도는 B이다. 이 학교 학생들의 수학 점수는 평균이 67점, 표준편차가 12점인 정규분포를 따른다고 할 때, 이 학교의 학생 중에서 수학 점수에 대한 성취도가 A 또는 B인 학생의 비율을 오른쪽 표준정규분포표를 이용하여 구한 것은? [3점]

z	$P(0 \leq Z \leq z)$
0.5	0.1915
1.0	0.3413
1.5	0.4332
2.0	0.4772

① 0.0228   ② 0.0668   ③ 0.1587
④ 0.1915   ⑤ 0.3085

20 2023학년도 사관학교 29번

서로 다른 두 자연수 a, b에 대하여 두 확률변수 X, Y가 각각 정규분포 $N(a, \sigma^2)$, $N(2b-a, \sigma^2)$을 따른다. 확률변수 X의 확률밀도함수 $f(x)$와 확률변수 Y의 확률밀도함수 $g(x)$가 다음 조건을 만족시킬 때, $a+b$의 값을 구하시오. [4점]

(가) $P(X \leq 11) = P(Y \geq 11)$
(나) $f(17) < g(10) < f(15)$

21 2021학년도 사관학교 가형 16번

확률변수 X는 정규분포 $N(m, 4^2)$을 따르고, 확률변수 Y는 정규분포 $N(20, \sigma^2)$을 따른다. 확률변수 X의 확률밀도함수가 $f(x)$일 때, $f(x)$와 두 확률변수 X, Y가 다음 조건을 만족시킨다.

(가) 모든 실수 x에 대하여 $f(x+10) = f(20-x)$이다.
(나) $P(X \geq 17) = P(Y \leq 17)$

$P(X \leq m+\sigma)$의 값을 오른쪽 표준정규분포표를 이용하여 구한 것은? (단, $\sigma > 0$) [4점]

z	$P(0 \leq Z \leq z)$
0.5	0.1915
1.0	0.3413
1.5	0.4332
2.0	0.4772

① 0.6915   ② 0.7745   ③ 0.9104
④ 0.9332   ⑤ 0.9772

22

확률변수 X는 정규분포 $N(10, 5^2)$을 따르고, 확률변수 Y는 정규분포 $N(m, 5^2)$을 따른다. 두 확률변수 X, Y의 확률밀도 함수를 각각 $f(x)$, $g(x)$라 할 때, 두 곡선 $y=f(x)$와 $y=g(x)$가 만나는 점의 x좌표를 k라 하자. $P(Y \le 2k)$의 값을 오른쪽 표준정규분포표를 이용하여 구한 것은? (단, $m \ne 10$) [4점]

z	$P(0 \le Z \le z)$
0.5	0.1915
1.0	0.3413
1.5	0.4332
2.0	0.4772

① 0.6915 ② 0.8413 ③ 0.9104

④ 0.9332 ⑤ 0.9772

유형 5 표본평균의 분포

23

모평균이 15이고 모표준편차가 8인 모집단에서 크기가 4인 표본을 임의추출하여 구한 표본평균을 $\overline{X}$라 할 때, $E(\overline{X}) + \sigma(\overline{X})$의 값을 구하시오. [3점]

24

어느 회사에서 근무하는 직원들의 일주일 근무 시간은 평균이 42시간, 표준편차가 4시간인 정규분포를 따른다고 한다. 이 회사에서 근무하는 직원 중에서 임의추출한 4명의 일주일 근무 시간의 표본평균이 43시간 이상일 확률을 오른쪽 표준정규분포표를 이용하여 구한 것은? [3점]

z	$P(0 \le Z \le z)$
0.5	0.1915
1.0	0.3413
1.5	0.4332
2.0	0.4772

① 0.0228 ② 0.0668 ③ 0.1587

④ 0.3085 ⑤ 0.3413

25

평균이 100, 표준편차가 σ인 정규분포를 따르는 모집단에서 크기가 25인 표본을 임의추출하여 구한 표본평균을 $\overline{X}$라 하자. $P(98 \leq \overline{X} \leq 102) = 0.9876$일 때, σ의 값을 오른쪽 표준정규분포표를 이용하여 구한 것은? [3점]

z	$P(0 \leq Z \leq z)$
1.5	0.4332
2.0	0.4772
2.5	0.4938
3.0	0.4987

① 2
② $\dfrac{5}{2}$
③ 3
④ $\dfrac{7}{2}$
⑤ 4

26

모평균이 85, 모표준편차가 6인 정규분포를 따르는 모집단에서 크기가 16인 표본을 임의추출하여 구한 표본평균을 $\overline{X}$라 할 때,

$$P(\overline{X} \geq k) = 0.0228$$

을 만족시키는 상수 k의 값을 오른쪽 표준정규분포표를 이용하여 구하시오. [3점]

z	$P(0 \leq Z \leq z)$
0.5	0.1915
1.0	0.3413
1.5	0.4332
2.0	0.4772

27

어느 공장에서 생산하는 과자 1개의 무게는 평균이 150 g, 표준편차가 9 g인 정규분포를 따른다고 한다. 이 공장에서 생산하는 과자 중에서 임의로 n개를 택해 하나의 세트 상품을 만들 때, 세트 상품 1개에 속한 n개의 과자의 무게의 평균이 145 g 이하인 경우 그 세트 상품은 불량품으로 처리한다. 이 공장에서 생산하는 세트 상품 중에서 임의로 택한 세트 상품 1개가 불량품일 확률이 0.07 이하가 되도록 하는 자연수 n의 최솟값을 구하시오. (단, Z가 표준정규분포를 따르는 확률변수일 때, $P(0 \leq Z \leq 1.5) = 0.43$으로 계산한다.) [4점]

유형 6 모평균의 추정

28 2020학년도 사관학교 나형 13번

어느 도시의 직장인들이 하루 동안 도보로 이동한 거리는 평균이 m km, 표준편차가 1.5 km인 정규분포를 따른다고 한다. 이 도시의 직장인들 중에서 36명을 임의추출하여 조사한 결과 36명이 하루 동안 도보로 이동한 거리의 평균은 $\bar{x}$ km이었다. 이 결과를 이용하여, 이 도시의 직장인들이 하루 동안 도보로 이동한 거리의 평균 m에 대한 신뢰도 95 %의 신뢰구간을 구하면 $a \leq m \leq 6.49$이다. a의 값은? (단, Z가 표준정규분포를 따르는 확률변수일 때, $P(|Z| \leq 1.96)=0.95$로 계산한다.) [3점]

① 5.46   ② 5.51   ③ 5.56
④ 5.61   ⑤ 5.66

29 2021학년도 사관학교 나형 14번

어느 방위산업체에서 생산하는 방독면 1개의 무게는 평균이 m, 표준편차가 50인 정규분포를 따른다고 한다. 이 방위산업체에서 생산하는 방독면 중에서 n개를 임의추출하여 얻은 방독면 무게의 표본평균이 1740이었다. 이 결과를 이용하여 이 방위산업체에서 생산하는 방독면 1개의 무게의 평균 m에 대한 신뢰도 95 %의 신뢰구간을 구하면 $1720.4 \leq m \leq a$이다. $n+a$의 값은? (단, 무게의 단위는 g이고, Z가 표준정규분포를 따르는 확률변수일 때, $P(0 \leq Z \leq 1.96)=0.475$로 계산한다.) [4점]

① 1772.6   ② 1776.6   ③ 1780.6
④ 1784.6   ⑤ 1788.6

30 2020학년도 사관학교 가형 14번

어느 도시의 직장인들이 하루 동안 도보로 이동한 거리는 평균이 m km, 표준편차가 σ km인 정규분포를 따른다고 한다. 이 도시의 직장인들 중에서 36명을 임의추출하여 조사한 결과 36명이 하루 동안 도보로 이동한 거리의 총합은 216 km이었다. 이 결과를 이용하여, 이 도시의 직장인들이 하루 동안 도보로 이동한 거리의 평균 m에 대한 신뢰도 95 %의 신뢰구간을 구하면 $a \leq m \leq a+0.98$이다. $a+\sigma$의 값은? (단, Z가 표준정규분포를 따르는 확률변수일 때, $P(|Z| \leq 1.96)=0.95$로 계산한다.) [4점]

① 6.96   ② 7.01   ③ 7.06
④ 7.11   ⑤ 7.16

2025학년도 수능 대비

수능
기출의 미래

All New

정답과 풀이

수학영역 | 확률과 통계

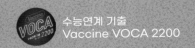

수능연계 기출
Vaccine VOCA 2200

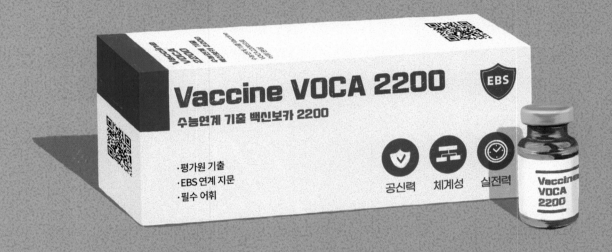

Vaccine VOCA 2200

수능연계 기출 백신보카 2200

EBS

·평가원 기출
·EBS 연계 지문
·필수 어휘

공신력 체계성 실전력

Vaccine
VOCA
2200

○ 수능 영단어장의 끝판왕!
　　10개년 수능 빈출 어휘 + 7개년 연계교재 핵심 어휘

○ 수능 적중 어휘 자동암기 3종 세트 제공
　　휴대용 포켓 단어장 / 표제어 & 예문 MP3 파일 / 수능형 어휘 문항 실전 테스트

휴대용 **포켓 단어장** 제공

2025학년도 수능 대비

수능 기출의 미래

수학영역 | 확률과 통계

All New

정답과 풀이

정답과 풀이

I 경우의 수

수능 유형별 기출 문제

01 ①	02 ④	03 ③	04 ③	05 ②
06 ③	07 ③	08 ④	09 ①	10 ④
11 ④	12 ①	13 ①	14 ①	15 ④
16 ③	17 ①	18 ②	19 ⑤	20 ②
21 ⑤	22 ②	23 36	24 ⑤	25 ④
26 840	27 ⑤	28 ③	29 ⑤	30 120
31 ⑤	32 ①	33 ④	34 ⑤	35 ③
36 ④	37 ①	38 ⑤	39 40	40 450
41 84	42 ③	43 ③	44 ⑤	45 ③
46 ③	47 ②	48 ③	49 ①	50 ⑤
51 ①	52 ①	53 37	54 49	55 ③
56 64	57 ①	58 74	59 ①	60 24
61 ②	62 ⑤	63 15	64 ④	65 ⑤
66 24	67 ④	68 24	69 ③	70 ①
71 ④	72 60	73 ②	74 ②	75 ①
76 ①	77 ②			

유형 1 │ 여러 가지 순열

01

$_3\mathrm{P}_2 + _3\Pi_2 = 3 \times 2 + 3^2 = 15$

답 ①

02

$_3\Pi_4 = 3^4 = 81$

답 ④

03

x, x, y, y, z를 모두 일렬로 나열하는 경우의 수이므로

$\dfrac{5!}{2!2!} = 30$

답 ③

04

a, a, b, c, d를 모두 일렬로 나열하는 경우의 수는

$\dfrac{5!}{2!} = 60$

답 ③

05

a, a, a, b, c를 모두 일렬로 나열하는 경우의 수는

$\dfrac{5!}{3!} = 20$

답 ②

06

a, a, a, b, b, c를 모두 일렬로 나열하는 경우의 수는

$\dfrac{6!}{3!2!} = \dfrac{6 \times 5 \times 4}{2 \times 1} = 60$

답 ③

07

5명의 학생이 원 모양의 탁자에 둘러앉는 경우의 수는

$(5-1)! = 4! = 24$

답 ③

08

8명의 학생 중에서 A, B를 제외한 6명 중 3명을 선택하는 경우의 수는

$_6\mathrm{C}_3 = \dfrac{6 \times 5 \times 4}{3 \times 2 \times 1} = 20$

이 각각에 대하여 A와 B가 이웃하도록 5명의 학생을 원 모양의 탁자에 둘러앉히는 경우의 수는

$(4-1)! \times 2! = 12$

따라서 구하는 경우의 수는

$20 \times 12 = 240$

답 ④

09

1학년 학생 2명을 한 묶음으로, 2학년 학생 2명을 한 묶음으로 생각하고 3학년 학생 3명과 함께 원 모양의 탁자에 둘러앉히는 경우의 수는 회전하여 일치하는 것을 고려하면

$(5-1)! = 4! = 24$

이때 1학년 학생끼리 서로 자리를 바꾸는 경우의 수는 $2!$, 2학년 학생끼리 서로 자리를 바꾸는 경우의 수는 $2!$

따라서 구하는 경우의 수는

$24 \times 2! \times 2! = 96$

답 ①

10

양 끝 모두에 B가 적힌 카드를 놓고 그 사이에 A, A, A, B, C, C가 하나씩 적혀 있는 나머지 6장의 카드를 일렬로 나열하는 경우의 수는

$\dfrac{6!}{3!2!} = 60$

답 ④

11

나열하는 카드에 적힌 문자의 종류에 따라 경우를 나누면 다음과 같다.

(ⅰ) B와 C인 경우

C가 적힌 카드 1장을 왼쪽에서 두 번째에 나열하고 C가 적힌 남은 카드 2장과 B가 적힌 카드 2장을 일렬로 나열하는 경우의 수는

$\dfrac{4!}{2!2!} = 6$

(ⅱ) A와 B와 C인 경우

C가 적힌 카드가 2장일 때, C가 적힌 카드 1장을 왼쪽에서 두 번째에 나열하고 C가 적힌 남은 카드 1장과 B가 적힌 카드 2장 및 A가 적힌 카드 1장을 일렬로 나열하는 경우의 수는

$\dfrac{4!}{2!} = 12$

C가 적힌 카드가 3장일 때, C가 적힌 카드 1장을 왼쪽에서 두 번째에 나열하고 C가 적힌 남은 카드 2장과 B가 적힌 카드 1장 및 A가 적힌 카드 1장을 일렬로 나열하는 경우의 수는

$\dfrac{4!}{2!} = 12$

따라서 이 경우의 수는 $12 + 12 = 24$

(ⅰ), (ⅱ)에서 구하는 경우의 수는

$6 + 24 = 30$

답 ④

12

구하는 경우의 수는

$\dfrac{5!}{3!2!} = 10$

답 ①

13

1학년 학생 2명이 서로 이웃하도록 앉아야 하므로 1학년 학생 2명을 한 묶음으로 생각하면 나머지 학생 3명과 함께 의자에 앉는 경우의 수는

$(4-1)! = 3! = 6$

이때 1학년 학생 2명이 서로 자리를 바꾸는 경우의 수가 $2! = 2$이므로 구하는 경우의 수는

$6 \times 2 = 12$

답 ①

14

천의 자리의 수가 1인 네 자리 자연수의 개수는

$_4\Pi_3 = 4^3 = 64$

천의 자리의 수가 2이고 백의 자리의 수가 0인 네 자리 자연수의 개수는

$_4\Pi_2 = 4^2 = 16$

따라서 구하는 경우의 수는

$64 + 16 = 80$

답 ①

15

오른쪽으로 한 칸 가는 것을 a, 위쪽으로 한 칸 가는 것을 b라 하자.

A지점에서 P지점까지 최단거리로 가는 경우의 수는 2개의 a와 1개의 b를 일렬로 나열하는 경우의 수와 같으므로

$\dfrac{3!}{2!1!} = 3$

P지점에서 B지점까지 최단거리로 가는 경우의 수는 2개의 a와 2개의 b를 일렬로 나열하는 경우의 수와 같으므로

$\dfrac{4!}{2!2!} = 6$

따라서 구하는 경우의 수는

$3 \times 6 = 18$

답 ④

16

A지점에서 P지점까지 최단 거리로 가는 경우의 수는

$\dfrac{4!}{3!1!} = 4$

P지점에서 B지점까지 최단 거리로 가는 경우의 수는

$\dfrac{2!}{1!1!} = 2$

따라서 구하는 경우의 수는

$4 \times 2 = 8$

답 ③

17

A지점에서 P지점까지 최단 거리로 가는 경우의 수는

$\dfrac{5!}{2!3!} = 10$

P지점에서 B지점까지 최단 거리로 가는 경우의 수는

$\dfrac{6!}{3!3!} = 20$

따라서 A지점을 출발하여 P지점을 지나 B지점까지 최단 거리로 가는 경우의 수는

$10 \times 20 = 200$

답 ①

18

같은 학급의 대표 2명을 한 사람으로 보고 4명을 원 모양의 탁자에 둘러앉히는 경우의 수는

$(4-1)! = 3! = 6$

각 학급 대표 2명의 자리를 정하는 경우의 수는

$2^4 = 16$

따라서 구하는 경우의 수는

$6 \times 16 = 96$

답 ②

19

흰 공 2개, 빨간 공 2개, 검은 공 4개를 일렬로 나열하는 경우의 수는

$\dfrac{8!}{2!2!4!} = 420$

흰 공 2개를 하나로 보고 7개의 공을 일렬로 나열하는 경우의 수는

$\dfrac{7!}{2!4!} = 105$

따라서 구하는 경우의 수는

$420 - 105 = 315$

답 ⑤

20

(i) 일의 자리의 수가 1인 경우

1, 2, 2, 2, 3을 일렬로 나열하는 경우의 수는

$\dfrac{5!}{3!} = 20$

(ii) 일의 자리의 수가 3인 경우

1, 1, 2, 2, 2를 일렬로 나열하는 경우의 수는

$\dfrac{5!}{2!3!} = 10$

따라서 구하는 홀수의 개수는

$20 + 10 = 30$

답 ②

21

숫자 0, 1, 2 중에서 중복을 허락하여 4개를 택해 일렬로 나열할 때, 천의 자리에는 0이 올 수 없으므로 만들 수 있는 네 자리의 자연수의 개수는

$2 \times {}_3\Pi_3 = 2 \times 3^3 = 54$

이때 각 자리의 수의 합이 7보다 큰 자연수는 2222뿐이므로 구하는 자연수의 개수는

$54 - 1 = 53$

답 ⑤

22

네 자리의 자연수가 4000 이상인 홀수이려면

천의 자리의 수는 4, 5 중의 하나이고,

일의 자리의 수는 1, 3, 5 중의 하나이며,

십의 자리와 백의 자리의 수는 각각 1, 2, 3, 4, 5 중의 하나이어야 한다.

따라서 구하는 자연수의 개수는

${}_2\Pi_1 \times {}_3\Pi_1 \times {}_5\Pi_2 = 2 \times 3 \times 5^2$

$= 150$

답 ②

23

A, B, C가 아닌 3명을 a, b, c라 하자.

A와 B가 이웃하므로 A와 B를 한 묶음으로 생각하고 a, b, c와 함께 원 모양의 탁자에 둘러앉는 경우의 수는

$(4-1)! = 3!$

이때 A와 B가 서로 자리를 바꾸는 경우의 수는

$2!$

B와 C가 이웃하지 않도록 앉는 경우의 수는

3

따라서 구하는 경우의 수는

$3! \times 2! \times 3 = 36$

답 36

24

A 학교 학생 5명이 원 모양의 탁자에 둘러앉는 경우의 수는

$(5-1)!=4!=24$

A 학교 학생 5명 사이에 B 학교 학생 2명의 자리를 정하는 경우의 수는 $_5\mathrm{P}_2=20$

따라서 구하는 경우의 수는

$24 \times 20 = 480$

답 ⑤

25

조건 (가)를 만족시키는 네 자연수는

1, 1, 1, 8 또는 1, 1, 2, 4 또는 1, 2, 2, 2

이때 조건 (나)를 만족시키는 경우는

1, 1, 2, 4 또는 1, 2, 2, 2

(i) 네 자연수 1, 1, 2, 4를 일렬로 나열하는 경우의 수는

$\dfrac{4!}{2!}=12$

(ii) 네 자연수 1, 2, 2, 2를 일렬로 나열하는 경우의 수는

$\dfrac{4!}{3!}=4$

(i), (ii)에서 구하는 모든 순서쌍 (a, b, c, d)의 개수는

$12+4=16$

답 ④

26

가운데 원에 색칠하는 경우의 수는 7

가운데 원에 칠한 색을 제외한 6개의 색을 모두 사용하여 가운데 원을 제외한 나머지 6개의 원을 색칠하는 경우의 수는

$(6-1)!=5!$

따라서 구하는 경우의 수는

$7 \times 5! = 840$

답 840

27

주머니 A에 넣을 3개의 공을 선택하는 경우의 수는

$_6\mathrm{C}_3 = \dfrac{6 \times 5 \times 4}{3 \times 2 \times 1} = 20$

남은 3개의 공을 두 주머니 B, C에 나누어 넣는 경우의 수는

$_2\Pi_3 = 2^3 = 8$

따라서 구하는 경우의 수는

$20 \times 8 = 160$

답 ⑤

28

조건 (가)에서 양 끝에 나열되는 문자는 X, Y 중에서 중복을 허락하여 정하면 되므로 양 끝에 나열되는 문자를 정하는 경우의 수는

$_2\Pi_2 = 2^2 = 4$

조건 (나)에서 문자 a의 위치를 정하는 경우의 수는

4

나머지 3곳에 나열되는 문자는 b, X, Y 중에서 중복을 허락하여 정하면 되므로 나머지 3곳에 나열되는 문자를 정하는 경우의 수는

$_3\Pi_3 = 3^3 = 27$

따라서 구하는 경우의 수는

$4 \times 4 \times 27 = 432$

답 ③

29

숫자 3, 3, 4, 4, 4가 적힌 5장의 카드를 일렬로 나열하는 경우의 수는 $\dfrac{5!}{2!3!} = 10$

□에 숫자 3, 4를 나열하고 ∨ 중 두 곳에 숫자 1, 2를 각각 나열할 수 있다고 하자.

∨□∨□∨□∨□∨□∨

이 각각의 경우에 대하여 1이 적힌 카드와 2가 적힌 두 카드 사이에 두 장 이상의 카드가 있도록 나열하려면 ∨ 6곳 중 서로 다른 두 곳에 숫자 1, 2가 적힌 2장의 카드를 배열하는 경우의 수에서 연속인 ∨ 두 곳에 숫자 1, 2가 적힌 2장의 카드를 배열하는 경우의 수를 빼면 되므로 이 경우의 수는

$_6\mathrm{P}_2 - 5 \times 2 = 30 - 10 = 20$

따라서 구하는 경우의 수는

$10 \times 20 = 200$

답 ⑤

30

조건 (가)를 만족시키도록 선택한 여섯 개의 숫자를 각각

1, 2, 3, a, b, c (a, b, c는 3 이하의 자연수)

라 하자.

$3 \le a+b+c \le 9$에서

$9 \le 1+2+3+a+b+c \le 15$

이므로 조건 (나)를 만족시키려면

$1+2+3+a+b+c=12$

$a+b+c=6$

(i) 1, 2, 3을 제외한 세 개의 숫자가 1, 2, 3인 경우

여섯 개의 숫자 1, 1, 2, 2, 3, 3을 일렬로 나열하는 경우의 수는

$\dfrac{6!}{2!2!2!} = 90$

(ii) 1, 2, 3을 제외한 세 개의 숫자가 2, 2, 2인 경우

여섯 개의 숫자 1, 2, 2, 2, 2, 3을 일렬로 나열하는 경우의 수는

$$\frac{6!}{4!}=30$$

(i), (ii)에서 구하는 경우의 수는

$$90+30=120$$

目 120

31

조건 (가)를 만족시키려면 한 접시에는 빵을 2개 담고, 나머지 세 접시에는 빵을 1개씩 담아야 한다.

한 접시에 담을 2개의 빵을 선택하는 경우의 수는

$${}_5C_2=\frac{5\times4}{2\times1}=10$$

2개의 빵이 담긴 접시를 A, 1개의 빵이 담긴 세 접시를 각각 B, C, D라 하자.

(i) 접시 A에 사탕을 담지 않는 경우

접시 B, C, D 중 2개에 사탕을 2개씩 담고 나머지 접시에 사탕 1개를 담는 경우의 수는

$${}_3C_2={}_3C_1=3$$

(ii) 접시 A에 사탕 1개를 담는 경우

접시 B, C, D 중 2개에 사탕을 2개씩 담는 경우의 수는

$${}_3C_2={}_3C_1=3$$

접시 B, C, D 중 2개에 사탕을 1개씩 담고 나머지 접시에 사탕 2개를 담는 경우의 수는

$${}_3C_2={}_3C_1=3$$

(i), (ii)에서 접시 A, B, C, D에 사탕을 담는 경우의 수는

$$3+3+3=9$$

접시 A, B, C, D를 원 모양의 식탁에 놓는 경우의 수는

$$(4-1)!=3!=6$$

따라서 구하는 경우의 수는

$$10\times9\times6=540$$

目 ⑤

32

서로 이웃한 2개의 의자에 적힌 두 수가 서로소가 되려면 짝수가 적힌 의자끼리는 서로 이웃하면 안 되고 3과 6이 적힌 의자도 서로 이웃하면 안 된다.

홀수가 적힌 의자를 일정한 간격을 두고 원형으로 배열하는 경우의 수는

$$(4-1)!=3!=6$$

홀수가 적힌 의자들의 사이사이에 있는 4개의 자리 중 3이 적힌 의자와 이웃하지 않는 자리에 6이 적힌 의자를 배열하고, 남은 3

개의 자리에 나머지 3개의 의자를 배열하는 경우의 수는

$${}_2C_1\times3!=2\times6=12$$

따라서 구하는 경우의 수는

$$6\times12=72$$

目 ①

33

(i) 학생 B가 2개의 사탕을 받는 경우

학생 B가 받는 사탕을 정하는 경우의 수는 $_5C_2=\dfrac{5\times4}{2\times1}=10$

남은 3개의 사탕을 두 명의 학생 A, C에게 나누어 주는 경우의 수는 서로 다른 2개에서 중복을 허락하여 3개를 택하는 중복순열의 수와 같으므로

$${}_2\Pi_3=2^3=8$$

이때 학생 A가 사탕을 받지 못하는 경우를 제외해야 하므로 이 경우의 수는

$$10\times(8-1)=70$$

(ii) 학생 B가 1개의 사탕을 받는 경우

학생 B가 받는 사탕을 정하는 경우의 수는 $_5C_1=5$

남은 4개의 사탕을 두 명의 학생 A, C에게 나누어 주는 경우의 수는 서로 다른 2개에서 중복을 허락하여 4개를 택하는 중복순열의 수와 같으므로

$${}_2\Pi_4=2^4=16$$

이때 학생 A가 사탕을 받지 못하는 경우를 제외해야 하므로 이 경우의 수는

$$5\times(16-1)=75$$

(iii) 학생 B가 사탕을 받지 못하는 경우

5개의 사탕을 두 명의 학생 A, C에게 나누어 주는 경우의 수는 서로 다른 2개에서 중복을 허락하여 5개를 택하는 중복순열의 수와 같으므로

$${}_2\Pi_5=2^5=32$$

이때 학생 A가 사탕을 받지 못하는 경우를 제외해야 하므로 이 경우의 수는 $32-1=31$

(i)~(iii)에서 구하는 경우의 수는

$$70+75+31=176$$

目 ④

34

조건 (가)에서 $f(1)$, $f(3)$, $f(5)$의 값은 모두 홀수이다.

(i) 함수 f의 치역에 홀수가 1개 포함된 경우

홀수를 정하는 경우의 수는

$${}_3C_1=3$$

이때 $f(2)=2$, $f(4)=4$이므로 함수 f의 개수는

3

(ii) 함수 f의 치역에 홀수가 2개 포함된 경우

홀수를 정하는 경우의 수는

$_3C_2=_3C_1=3$

① 집합 $\{f(1), f(3), f(5)\}$의 원소의 개수가 1이면

$f(1)$, $f(3)$, $f(5)$의 값을 정하는 경우의 수는

2

$f(2)$, $f(4)$의 값을 정하는 경우의 수는

2

② 집합 $\{f(1), f(3), f(5)\}$의 원소의 개수가 2이면

$f(1)$, $f(3)$, $f(5)$의 값을 정하는 경우의 수는

$_2\Pi_3-2=2^3-2=6$

$f(2)$, $f(4)$의 값을 정하는 경우의 수는

$2\times2=4$

그러므로 함수 f의 개수는

$3\times(2\times2+6\times4)=84$

(iii) 함수 f의 치역에 홀수가 3개 포함된 경우

홀수를 정하는 경우의 수는

$_3C_3=1$

① 집합 $\{f(1), f(3), f(5)\}$의 원소의 개수가 1이면

$f(1)$, $f(3)$, $f(5)$의 값을 정하는 경우의 수는

3

$f(2)$, $f(4)$의 값을 정하는 경우의 수는

1

② 집합 $\{f(1), f(3), f(5)\}$의 원소의 개수가 2이면

$f(1)$, $f(3)$, $f(5)$의 값을 정하는 경우의 수는

$_3C_2\times(_2\Pi_3-2)=3\times(2^3-2)=18$

$f(2)$, $f(4)$의 값을 정하는 경우의 수는

2

③ 집합 $\{f(1), f(3), f(5)\}$의 원소의 개수가 3이면

$f(1)$, $f(3)$, $f(5)$의 값을 정하는 경우의 수는

$3!=6$

$f(2)$, $f(4)$의 값을 정하는 경우의 수는

$_3C_2=_3C_1=3$

그러므로 함수 f의 개수는

$1\times(3\times1+18\times2+6\times3)=57$

(i)~(iii)에서 구하는 함수 f의 개수는

$3+84+57=144$

답 ⑤

35

(i) $f(3)=4$ 또는 $f(3)=10$인 경우

$f(3)=4$이면 $f(2)=f(5)=2$이고,

$f(1)$과 $f(4)$의 값을 정하는 경우의 수는 6, 8, 10, 12 중에서 중복을 허락하여 2개를 택하는 중복순열의 수와 같다.

$f(3)=10$이면 $f(1)=f(4)=12$이고,

$f(2)$와 $f(5)$의 값을 정하는 경우의 수는 2, 4, 6, 8 중에서 중복을 허락하여 2개를 택하는 중복순열의 수와 같다.

그러므로 함수 f의 개수는

$2\times_4\Pi_2=2\times4^2=32$

(ii) $f(3)=6$ 또는 $f(3)=8$인 경우

$f(3)=6$이면 $f(2)$와 $f(5)$의 값을 정하는 경우의 수는 2, 4 중에서 중복을 허락하여 2개를 택하는 중복순열의 수와 같고, $f(1)$과 $f(4)$의 값을 정하는 경우의 수는 8, 10, 12 중에서 중복을 허락하여 2개를 택하는 중복순열의 수와 같다.

$f(3)=8$이면 $f(1)$과 $f(4)$의 값을 정하는 경우의 수는 10, 12 중에서 중복을 허락하여 2개를 택하는 중복순열의 수와 같고, $f(2)$와 $f(5)$의 값을 정하는 경우의 수는 2, 4, 6 중에서 중복을 허락하여 2개를 택하는 중복순열의 수와 같다.

그러므로 함수 f의 개수는

$2\times_2\Pi_2\times_3\Pi_2=2\times2^2\times3^2=72$

(i), (ii)에서 구하는 함수 f의 개수는

$32+72=104$

답 ③

36

조건 (나)와 조건 (다)에서 $f(3)\neq1$, $f(4)\neq6$

조건 (가)에서 $f(3)+f(4)$가 5의 배수인 $f(3)$, $f(4)$의 순서쌍 $(f(3), f(4))$는 $(4, 1)$, $(2, 3)$, $(3, 2)$, $(6, 4)$, $(5, 5)$

(i) $f(3)=4$, $f(4)=1$인 경우

$f(1)$, $f(2)$의 값을 정하는 경우의 수는

$_3\Pi_2=3^2=9$

$f(5)$, $f(6)$의 값을 정하는 경우의 수는

$_5\Pi_2=5^2=25$

함수 f의 개수는 $9\times25=225$

(ii) $f(3)=2$, $f(4)=3$인 경우

$f(1)$, $f(2)$의 값을 정하는 경우의 수는

1

$f(5)$, $f(6)$의 값을 정하는 경우의 수는

$_3\Pi_2=3^2=9$

함수 f의 개수는 $1\times9=9$

(iii) $f(3)=3$, $f(4)=2$인 경우

$f(1)$, $f(2)$의 값을 정하는 경우의 수는

$_2\Pi_2=2^2=4$

$f(5)$, $f(6)$의 값을 정하는 경우의 수는

$_4\Pi_2=4^2=16$

함수 f의 개수는 $4 \times 16 = 64$

(iv) $f(3) = 6$, $f(4) = 4$인 경우

$f(1)$, $f(2)$의 값을 정하는 경우의 수는

$_5\Pi_2 = 5^2 = 25$

$f(5)$, $f(6)$의 값을 정하는 경우의 수는

$_2\Pi_2 = 2^2 = 4$

함수 f의 개수는 $25 \times 4 = 100$

(v) $f(3) = 5$, $f(4) = 5$인 경우

$f(1)$, $f(2)$의 값을 정하는 경우의 수는

$_4\Pi_2 = 4^2 = 16$

$f(5)$, $f(6)$의 값을 정하는 경우의 수는

1

함수 f의 개수는 $16 \times 1 = 16$

(i)~(v)에서 구하는 함수 f의 개수는

$225 + 9 + 64 + 100 + 16 = 414$

답 ④

37

일곱 자리의 자연수를 만들 때, 짝수 번째 자리는 세 군데이므로 숫자 2는 많아야 세 번 사용할 수 있다.

(i) 숫자 2를 한 번 사용한 경우

2를 십의 자리에 오도록 놓으면 조건을 만족시키도록 만들 수 있는 자연수는 나머지 자리에 1, 1, 1, 1, 1, 3 또는 1, 1, 1, 1, 3, 3 또는 1, 1, 1, 3, 3, 3 또는 1, 1, 3, 3, 3, 3 또는 1, 3, 3, 3, 3, 3을 나열한 것이므로 그 경우의 수는

$\dfrac{6!}{5!1!} + \dfrac{6!}{4!2!} + \dfrac{6!}{3!3!} + \dfrac{6!}{2!4!} + \dfrac{6!}{1!5!} = \boxed{62}$ 이다.

2를 짝수 번째 자리에 한 번 오도록 놓는 경우의 수는 세 군데 중 한 군데를 선택하는 경우의 수와 같으므로 $_3C_1 = 3$이다.

그러므로 숫자 2를 한 번 사용했을 때 일곱 자리의 자연수를 만들 수 있는 경우의 수는 $3 \times 62 = \boxed{186}$ 이다.

(iii) 숫자 2를 세 번 사용한 경우

2를 모든 짝수 번째 자리에 오도록 놓으면 조건을 만족시키도록 만들 수 있는 자연수는 홀수 번째 자리에 1, 3을 모두 한 번 이상씩 사용하여 만든 것이므로 나머지 자리에 1, 1, 1, 3 또는 1, 1, 3, 3 또는 1, 3, 3, 3을 나열하여 만든 것이다.

그러므로 그 경우의 수는

$\dfrac{4!}{3!1!} + \dfrac{4!}{2!2!} + \dfrac{4!}{1!3!} = \boxed{14}$ 이다.

따라서 $p = 62$, $q = 186$, $r = 14$이므로

$p + q + r = 62 + 186 + 14 = 262$

답 ①

다른 풀이

(iii) 숫자 2를 세 번 사용한 경우

2를 모든 짝수 번째 자리에 오도록 놓으면 조건을 만족시키도록 만들 수 있는 자연수는 홀수 번째 자리에 1, 3을 모두 한 번 이상씩 사용하여 만든 것이다.

즉, 구하는 경우의 수는 1, 3을 중복을 허락하여 네 개를 선택한 후 일렬로 나열하는 경우의 수에서 1을 네 개, 3을 네 개 선택한 경우의 수 2를 뺀 것이므로 $_2\Pi_4 - 2 = 2^4 - 2 = \boxed{14}$ 이다.

38

이 주사위를 네 번 던질 때 나온 눈의 수가 4 이상인 경우의 수에 따라 다음과 같이 나누어 생각할 수 있다.

(i) 나온 눈의 수가 4 이상인 경우의 수가 0인 경우

1의 눈만 네 번 나와야 하므로 이 경우의 수는

1

(ii) 나온 눈의 수가 4 이상인 경우의 수가 1인 경우

1의 눈이 두 번, 2의 눈이 한 번 나와야 하므로 점수 0, 1, 1, 2를 일렬로 나열하는 경우의 수는

$\dfrac{4!}{2!} = 12$

이 각각에 대하여 4 이상의 눈이 한 번 나오는 경우의 수는 3이므로 이 경우의 수는

$12 \times 3 = 36$

(iii) 나온 눈의 수가 4 이상인 경우의 수가 2인 경우

㉠ 1의 눈이 한 번, 3의 눈이 한 번 나올 때, 점수 0, 0, 1, 3을 일렬로 나열하는 경우의 수는

$\dfrac{4!}{2!} = 12$

㉡ 2의 눈이 두 번 나올 때, 점수 0, 0, 2, 2를 일렬로 나열하는 경우의 수는

$\dfrac{4!}{2!2!} = 6$

㉠, ㉡ 각각에 대하여 4 이상의 눈이 두 번 나오는 경우의 수는 $3 \times 3 = 9$이므로 이 경우의 수는

$(12 + 6) \times 9 = 162$

(i)~(iii)에서 구하는 경우의 수는

$1 + 36 + 162 = 199$

답 ⑤

39

(i) $a = 0$인 경우

$\dfrac{bc}{a}$가 정의되지 않으므로 정수가 되는 경우는 존재하지 않는다.

(ii) $a = 1$인 경우

$\dfrac{bc}{a}$는 항상 정수이므로 b, c를 정하는 경우의 수는 0, 1, 2, 3

에서 2개를 택하는 중복순열의 수와 같으므로

$_4\Pi_2 = 4^2 = 16$

(iii) $a=2$인 경우

$bc=2k(k$는 정수)일 때 $\dfrac{bc}{a}$가 정수이다.

$a=2$일 때 b와 c를 택하는 전체 경우의 수 16에서 b와 c가 모두 홀수인 경우의 수 $_2\Pi_2 = 2^2 = 4$를 빼면 되므로

$16-4=12$

(iv) $a=3$인 경우

$bc=3k(k$는 정수)일 때 $\dfrac{bc}{a}$가 정수이다.

$a=3$일 때 b와 c를 택하는 전체 경우의 수 16에서 $bc \neq 3k$인 경우의 수를 빼면 된다.

$bc \neq 3k$인 경우의 수는 1, 2에서 중복을 허락하여 2개를 택하는 경우의 수 $_2\Pi_2 = 2^2 = 4$이므로

$16-4=12$

(i)~(iv)에서 $\dfrac{bc}{a}$가 정수가 되도록 하는 모든 순서쌍 $(a,\ b,\ c)$의 개수는 $16+12+12=40$

답 40

40

조건 (가)에서 각각의 홀수는 선택하지 않거나 한 번만 선택해야 하고 조건 (나)에서 각각의 짝수는 선택하지 않거나 두 번만 선택해야 하므로 홀수는 1개 또는 3개 선택해야 한다.

(i) 홀수 3개 중 1개를 선택하는 경우

홀수 3개 중 1개를 선택하고 짝수 3개 중 2개를 각각 2번씩 선택해야 하므로 경우의 수는

$_3C_1 \times _3C_2 = 3 \times 3 = 9$

이 각각에 대하여 이 수를 나열하는 경우의 수는

$\dfrac{5!}{2!2!1!} = 30$

그러므로 경우의 수는

$9 \times 30 = 270$

(ii) 홀수 3개 중 3개를 선택하는 경우

짝수 3개 중 1개를 2번 선택해야 하므로 경우의 수는

$_3C_3 \times _3C_1 = 3$

이 각각에 대하여 이 수를 나열하는 경우의 수는

$\dfrac{5!}{2!1!1!1!} = 60$

그러므로 경우의 수는

$3 \times 60 = 180$

(i), (ii)에서 구하는 자연수의 개수는

$270+180=450$

답 450

유형 **2** 중복조합

41

$_7H_3 = {}_{7+3-1}C_3 = {}_9C_3$

$= \dfrac{9 \times 8 \times 7}{3 \times 2 \times 1} = 84$

답 84

42

$_3H_6 = {}_{3+6-1}C_6 = {}_8C_6 = {}_8C_2$

$= \dfrac{8 \times 7}{2 \times 1} = 28$

답 ③

43

$_4\Pi_2 = 4^2 = 16$, $_4H_2 = {}_{4+2-1}C_2 = {}_5C_2 = \dfrac{5 \times 4}{2 \times 1} = 10$이므로

$_4\Pi_2 + {}_4H_2 = 16 + 10 = 26$

답 ③

44

각 상자에 공이 1개 이상씩 들어가도록 나누어 넣어야 하므로 3개의 상자에 공을 1개씩 미리 나누어 넣고 남은 공 3개를 3개의 상자에 나누어 넣는다.

따라서 구하는 경우의 수는

$_3H_3 = {}_{3+3-1}C_3 = {}_5C_3 = {}_5C_2$

$= \dfrac{5 \times 4}{2 \times 1} = 10$

답 ⑤

45

A와 B에게 각각 공책을 2권씩 먼저 나누어 준 후 남은 6권의 공책을 4명의 학생에게 남김없이 나누어 주는 경우의 수는 서로 다른 4개에서 6개를 택하는 중복조합의 수와 같으므로

$_4H_6 = {}_{4+6-1}C_6 = {}_9C_6 = {}_9C_3$

$= \dfrac{9 \times 8 \times 7}{3 \times 2 \times 1} = 84$

답 ③

46

8권의 책을 3개의 칸에 남김없이 나누어 꽂는 경우의 수는 서로 다른 3개에서 중복을 허락하여 8개를 택하는 중복조합의 수와 같

으므로

$$_3H_8 = {}_{3+8-1}C_8 = {}_{10}C_8 = {}_{10}C_2$$
$$= \frac{10 \times 9}{2 \times 1} = 45$$

첫 번째 칸에 6권 이상의 책을 꽂는 경우의 수는 먼저 첫 번째 칸에 6권의 책을 꽂고 남은 2권의 책을 3개의 칸에 남김없이 나누어 꽂는 경우의 수와 같으므로

$$_3H_2 = {}_{3+2-1}C_2 = {}_4C_2$$
$$= \frac{4 \times 3}{2 \times 1} = 6$$

마찬가지로 두 번째 칸에 6권 이상의 책을 꽂는 경우의 수도 6이다.

따라서 구하는 경우의 수는

$$45 - 6 - 6 = 33$$

답 ③

47

$a+b+c+3d=10$에서

$a=a'+1,\ b=b'+1,\ c=c'+1,\ d=d'+1$

이라 하면 $a'+b'+c'+3d'=4$

(i) $d'=0$인 경우

$a'+b'+c'=4$를 만족시키는 음이 아닌 정수 $a',\ b',\ c'$의 모든 순서쌍의 개수는

$$_3H_4 = {}_{3+4-1}C_4 = {}_6C_4 = {}_6C_2 = \frac{6 \times 5}{2 \times 1} = 15$$

(ii) $d'=1$인 경우

$a'+b'+c'=1$을 만족시키는 음이 아닌 정수 $a',\ b',\ c'$의 모든 순서쌍의 개수는

$$_3H_1 = {}_{3+1-1}C_1 = {}_3C_1 = 3$$

(i), (ii)에서 구하는 모든 순서쌍 $(a,\ b,\ c,\ d)$의 개수는

$$15 + 3 = 18$$

답 ②

48

$a+b+c-d=9$에서

$a+b+c=9+d$

이때 $d \le 4$이므로 다음 각 경우로 나눌 수 있다.

(i) $d=0$일 때

$a+b+c=9$

$c \ge d$에서 $c \ge 0$이므로 구하는 순서쌍의 개수는

$$_3H_9 = {}_{3+9-1}C_9 = {}_{11}C_9 = {}_{11}C_2$$
$$= \frac{11 \times 10}{2 \times 1} = 55$$

(ii) $d=1$일 때

$a+b+c=10$

$c \ge d$에서 $c \ge 1$이므로 $c=c'+1\ (c' \ge 0)$으로 놓으면

$a+b+c'=9$

그러므로 구하는 순서쌍의 개수는

$$_3H_9 = {}_{3+9-1}C_9 = {}_{11}C_9 = {}_{11}C_2$$
$$= \frac{11 \times 10}{2 \times 1} = 55$$

(iii) $d=2$일 때

$a+b+c=11$

$c \ge d$에서 $c \ge 2$이므로 $c=c'+2\ (c' \ge 0)$으로 놓으면

$a+b+c'=9$

그러므로 구하는 순서쌍의 개수는

$$_3H_9 = {}_{3+9-1}C_9 = {}_{11}C_9 = {}_{11}C_2$$
$$= \frac{11 \times 10}{2 \times 1} = 55$$

(iv) $d=3$일 때

$a+b+c=12$

$c \ge d$에서 $c \ge 3$이므로 $c=c'+3\ (c' \ge 0)$으로 놓으면

$a+b+c'=9$

그러므로 구하는 순서쌍의 개수는

$$_3H_9 = {}_{3+9-1}C_9 = {}_{11}C_9 = {}_{11}C_2$$
$$= \frac{11 \times 10}{2 \times 1} = 55$$

(v) $d=4$일 때

$a+b+c=13$

$c \ge d$에서 $c \ge 4$이므로 $c=c'+4\ (c' \ge 0)$으로 놓으면

$a+b+c'=9$

그러므로 구하는 순서쌍의 개수는

$$_3H_9 = {}_{3+9-1}C_9 = {}_{11}C_9 = {}_{11}C_2$$
$$= \frac{11 \times 10}{2 \times 1} = 55$$

(i)~(v)에서 구하는 모든 순서쌍 $(a,\ b,\ c,\ d)$의 개수는

$$55 \times 5 = 275$$

답 ③

49

세 명의 학생에게 연필을 하나씩 나누어 주고 남은 3자루의 연필을 세 명의 학생에게 남김없이 나누어 주는 경우의 수는 서로 다른 3개에서 중복을 허락하여 3개를 택하는 중복조합의 수와 같으므로

$$_3H_3 = {}_{3+3-1}C_3 = {}_5C_3 = {}_5C_2$$
$$= \frac{5 \times 4}{2 \times 1} = 10$$

5개의 지우개를 세 명의 학생에게 남김없이 나누어 주는 경우의 수는 서로 다른 3개에서 중복을 허락하여 5개를 택하는 중복조합의 수와 같으므로

$$_3\mathrm{H}_5 =_{3+5-1}\mathrm{C}_5 =_7\mathrm{C}_5 =_7\mathrm{C}_2$$
$$=\frac{7\times6}{2\times1}=21$$

따라서 구하는 경우의 수는
$$10\times21=210$$

답 ①

50

$f(1)$의 값은 1, 2, 3, 4 중 어느 것이 되어도 되므로 $f(1)$의 값을 정하는 경우의 수는 4이다.

$f(2)\leq f(3)\leq f(4)$를 만족시키도록 $f(2)$, $f(3)$, $f(4)$의 값을 정하는 경우의 수는 1, 2, 3, 4 중에서 중복을 허락하여 3개를 택한 다음 크지 않은 수부터 순서대로 $f(2)$, $f(3)$, $f(4)$의 값으로 정하는 경우의 수와 같으므로
$$_4\mathrm{H}_3 =_{4+3-1}\mathrm{C}_3 =_6\mathrm{C}_3$$
$$=\frac{6\times5\times4}{3\times2\times1}=20$$

따라서 구하는 함수 f의 개수는
$$4\times20=80$$

답 ⑤

51

$x_{n+1}-x_n=a_n(n=1,2,3)$이라 하면 조건 (가)에서 $a_n\geq2$이고
$(x_4-x_3)+(x_3-x_2)+(x_2-x_1)=x_4-x_1$이므로
$$a_1+a_2+a_3=x_4-x_1$$
이때 $x_1+a_1+a_2+a_3=x_4\leq12$이므로
$12-x_4=a_4$라 하면 $a_4\geq0$이고
$$x_1+a_1+a_2+a_3+a_4=12$$
$a_n'=a_n-2(n=1,2,3)$이라 하면
$$x_1+(a_1'+2)+(a_2'+2)+(a_3'+2)+a_4=12$$
$$x_1+a_1'+a_2'+a_3'+a_4=6 \qquad \cdots\cdots \text{㉠}$$
따라서 $x_1\geq0$, $a_1'\geq0$, $a_2'\geq0$, $a_3'\geq0$, $a_4\geq0$이므로 ㉠을 만족시키는 모든 순서쌍 (x_1,a_1',a_2',a_3',a_4)의 개수는
$$_5\mathrm{H}_6 =_{5+6-1}\mathrm{C}_6 =_{10}\mathrm{C}_6 =_{10}\mathrm{C}_4$$
$$=\frac{10\times9\times8\times7}{4\times3\times2\times1}=210$$

답 ①

52

네 상자 A, B, C, D에 n개의 공을 남김없이 나누어 넣는 경우의 수는 공이 5개씩 모두 20개가 들어 있는 네 상자 A, B, C, D에서 총 $20-n$개의 공을 꺼내는 경우의 수와 같다.

(i) $n=15$인 경우

공이 5개씩 모두 20개가 들어 있는 네 상자 A, B, C, D에서 총 5개의 공을 꺼내는 경우의 수는 서로 다른 네 상자에서 5개를 택하는 중복조합의 수 $_4\mathrm{H}_5$와 같으므로
$$f(15)=_4\mathrm{H}_5 =_{4+5-1}\mathrm{C}_5 =_8\mathrm{C}_5 =_8\mathrm{C}_3$$
$$=\frac{8\times7\times6}{3\times2\times1}$$
$$=\boxed{56}$$

(ii) $n=14$인 경우

공이 5개씩 모두 20개가 들어 있는 네 상자 A, B, C, D에서 총 6개의 공을 꺼내는 경우의 수는 서로 다른 네 상자에서 6개를 택하는 중복조합의 수 $_4\mathrm{H}_6$에서 서로 다른 네 상자 중 한 상자만 6번 택하는 경우의 수 4를 뺀 수와 같으므로
$$f(14)=_4\mathrm{H}_6-\boxed{4}$$
$$=_9\mathrm{C}_3-4$$
$$=\frac{9\times8\times7}{3\times2\times1}-4$$
$$=84-4=80$$

(iii) $n=13$인 경우

공이 5개씩 모두 20개가 들어 있는 네 상자 A, B, C, D에서 총 7개의 공을 꺼내는 경우의 수는 서로 다른 네 상자에서 7개를 택하는 중복조합의 수 $_4\mathrm{H}_7$에서 서로 다른 네 상자 중 한 상자만 7번 택하는 경우의 수 4와 서로 다른 네 상자 중 서로 다른 두 상자를 각각 1번, 6번 택하는 경우의 수 $_4\mathrm{P}_2$를 뺀 수와 같으므로
$$f(13)=_4\mathrm{H}_7-4-_4\mathrm{P}_2$$
$$=_{10}\mathrm{C}_3-4-12$$
$$=\frac{10\times9\times8}{3\times2\times1}-4-12$$
$$=120-16$$
$$=\boxed{104}$$

(i), (ii), (iii)에 의하여
$$f(15)+f(14)+f(13)$$
$$=\boxed{56}+(_4\mathrm{H}_6-\boxed{4})+\boxed{104}$$
$$=240$$
따라서 $p=56$, $q=4$, $r=104$이므로
$$p+q+r=56+4+104=164$$

답 ①

53

A가 반드시 빵을 1개 이상 받는 경우의 수는 A에게 빵 1개와 우유 1개를 먼저 주고, 남은 빵 2개와 우유 3개를 A, B, C에게 나누어 주는 경우의 수와 같다.

(i) A에게 남은 빵 2개를 주는 경우

남은 우유 3개를 A, B, C에게 나누어 주는 경우의 수는

$$_3H_3 = {}_{3+3-1}C_3 = {}_5C_3 = {}_5C_2$$

$$= \frac{5 \times 4}{2 \times 1} = 10$$

(ii) A에게 남은 빵 2개 중 1개를 주는 경우

남은 빵 1개를 B 또는 C에게 나누어 주는 경우의 수는 2이고, 빵을 나누어 준 학생에게 우유를 1개 주고 남은 우유 2개를 A, B, C에게 나누어 주는 경우의 수가

$$_3H_2 = {}_{3+2-1}C_2 = {}_4C_2 = \frac{4 \times 3}{2 \times 1} = 6$$이므로 이 경우의 수는

$$2 \times 6 = 12$$

(iii) A에게 남은 빵을 주지 않는 경우

남은 빵 2개를 B 또는 C 중 한 명에게 모두 주는 경우의 수는 2이고, 빵을 준 학생에게 우유를 1개 주고 남은 우유 2개를 A, B, C에게 나누어 주는 경우의 수가

$$_3H_2 = {}_{3+2-1}C_2 = {}_4C_2 = \frac{4 \times 3}{2 \times 1} = 6$$이므로 이 경우의 수는

$$2 \times 6 = 12$$

또, 남은 빵 2개를 B와 C에게 각각 1개씩 나누어 주는 경우의 수는 1이고, 빵을 준 학생에게 우유를 1개씩 주고 남은 우유 1개를 A, B, C에게 나누어 주는 경우의 수가 3이므로 이 경우의 수는 $1 \times 3 = 3$

따라서 A에게 남은 빵을 주지 않는 경우의 수는 $12 + 3 = 15$

(i)~(iii)에서 구하는 경우의 수는

$$10 + 12 + 15 = 37$$

📋 37

54

(i) 여학생 3명은 연필을 각각 1자루씩, 남학생 2명은 볼펜을 각각 1자루씩 받은 경우

남학생 2명이 받는 연필의 개수를 x, y, 여학생 3명이 받는 볼펜의 개수를 x', y', z'이라 하면

$x + y = 4$ (x, y는 음이 아닌 정수),

$x' + y' + z' = 2$ (x', y', z'은 음이 아닌 정수)이므로 경우의 수는

$$_2H_4 \times {}_3H_2 = {}_{2+4-1}C_4 \times {}_{3+2-1}C_2$$

$$= {}_5C_4 \times {}_4C_2$$

$$= 5 \times \frac{4 \times 3}{2 \times 1} = 30$$

(ii) 여학생 3명은 연필을 각각 2자루씩, 남학생 2명은 볼펜을 각각 1자루씩 받은 경우

남학생 2명이 받는 연필의 개수를 x, y, 여학생 3명이 받는 볼펜의 개수를 x', y', z'이라 하면

$x + y = 1$ (x, y는 음이 아닌 정수),

$x' + y' + z' = 2$ (x', y', z'은 음이 아닌 정수)이므로 경우의 수는

$$_2H_1 \times {}_3H_2 = {}_{2+1-1}C_1 \times {}_{3+2-1}C_2$$

$$= {}_2C_1 \times {}_4C_2$$

$$= 2 \times \frac{4 \times 3}{2 \times 1} = 12$$

(iii) 여학생 3명은 연필을 각각 2자루씩, 남학생 2명은 볼펜을 각각 2자루씩 받은 경우

남학생 2명이 받는 연필의 개수를 x, y라 하면

$x + y = 1$ (x, y는 음이 아닌 정수)이므로 경우의 수는

$$_2H_1 = {}_{2+1-1}C_1 = {}_2C_1$$

$$= 2$$

(iv) 여학생 3명이 연필을 각각 1자루씩, 남학생 2명은 볼펜을 각각 2자루씩 받은 경우

남학생 2명이 받는 연필의 개수를 x, y라 하면

$x + y = 4$ (x, y는 음이 아닌 정수)이므로 경우의 수는

$$_2H_4 = {}_{2+4-1}C_4 = {}_5C_4 = {}_5C_1$$

$$= 5$$

(i)~(iv)에서 구하는 경우의 수는

$$30 + 12 + 2 + 5 = 49$$

📋 49

55

3가지 색의 카드를 각각 한 장 이상 받는 학생에게는 노란색 카드 1장을 반드시 주어야 한다.

노란색 카드 1장을 받을 학생을 선택하는 경우의 수는

$$_3C_1 = 3$$

이 각각에 대하여 이 학생에게 파란색 카드 1장을 먼저 준 후 나머지 파란색 카드 1장을 줄 학생을 선택하는 경우의 수는

$$_3C_1 = 3$$

이 각각에 대하여 노란색 카드 1장을 받은 학생에게 빨간색 카드 1장도 먼저 준 후 나머지 빨간색 카드 3장을 나누어 줄 학생을 선택하는 경우의 수는

$$_3H_3 = {}_{3+3-1}C_3 = {}_5C_3 = {}_5C_2$$

$$= \frac{5 \times 4}{2} = 10$$

따라서 구하는 경우의 수는

$$3 \times 3 \times 10 = 90$$

📋 ③

56

조건 (가)를 만족시키는 자연수 a, b, c의 순서쌍 (a, b, c)의 개수는

$$_8H_3 = {}_{8+3-1}C_3 = {}_{10}C_3$$

$$= \frac{10 \times 9 \times 8}{3 \times 2 \times 1} = 120$$

이때 조건 (나)를 만족시키지 않는 경우는

$(a-b)(b-c) \neq 0$

즉, $a < b < c \leq 8$ ...... ㉠

㉠을 만족시키는 자연수 a, b, c의 순서쌍 (a, b, c)의 개수는

$$_8C_3 = \frac{8 \times 7 \times 6}{3 \times 2 \times 1} = 56$$

따라서 구하는 모든 순서쌍 (a, b, c)의 개수는

$120 - 56 = 64$

답 64

57

조건 (나)에서

$a^2 - b^2 = -5$ 또는 $a^2 - b^2 = 5$

즉,

$(b-a)(b+a) = 5$ 또는 $(a-b)(a+b) = 5$

이고 a, b는 자연수이므로

$b-a = 1$, $b+a = 5$

또는

$a-b = 1$, $a+b = 5$

따라서 $a = 2$, $b = 3$ 또는 $a = 3$, $b = 2$

조건 (가)에서

$a+b+c+d+e = 12$

이므로 $c+d+e = 7$이고 c, d, e는 자연수이므로

$c = c'+1$, $d = d'+1$, $e = e'+1$이라 하면

$(c'+1)+(d'+1)+(e'+1) = 7$

$c'+d'+e' = 4$ (단, c', d', e'은 음이 아닌 정수)

즉, $c'+d'+e' = 4$를 만족시키는 음이 아닌 정수 c', d', e'의 순서쌍 (c', d', e')의 개수는

$$_3H_4 = _{3+4-1}C_4 = _6C_4 = _6C_2$$
$$= \frac{6 \times 5}{2 \times 1} = 15$$

따라서 구하는 모든 순서쌍 (a, b, c, d, e)의 개수는

$2 \times 15 = 30$

답 ①

58

조건 (가)를 만족시키는 순서쌍 (a, b, c, d)의 개수는

$$_4H_6 = _{4+6-1}C_6 = _9C_6 = _9C_3$$
$$= \frac{9 \times 8 \times 7}{3 \times 2 \times 1} = 84$$

이 중에서 조건 (나)를 만족시키지 않는 순서쌍 (a, b, c, d)의 개수는 방정식 $a+b+c+d = 6$을 만족시키는 자연수 a, b, c, d의 모든 순서쌍 (a, b, c, d)의 개수와 같다.

이 개수는

$a = a'+1$, $b = b'+1$, $c = c'+1$, $d = d'+1$

이라 하면 $(a'+1)+(b'+1)+(c'+1)+(d'+1) = 6$, 즉 $a'+b'+c'+d' = 2$를 만족시키는 음이 아닌 정수 a', b', c', d'의 모든 순서쌍 (a', b', c', d')의 개수와 같으므로

$$_4H_2 = _{4+2-1}C_2 = _5C_2$$
$$= \frac{5 \times 4}{2 \times 1} = 10$$

따라서 구하는 모든 순서쌍 (a, b, c, d)의 개수는

$84 - 10 = 74$

답 74

유형 3 이항정리

59

$\left(2x + \dfrac{a}{x}\right)^7$의 전개식의 일반항은

$$_7C_r(2x)^{7-r}\left(\frac{a}{x}\right)^r = _7C_r 2^{7-r}a^r x^{7-2r} \ (r = 0, 1, 2, \cdots, 7)$$

x^3항은 $7-2r = 3$에서 $r = 2$일 때이다.

이때 x^3의 계수는 $_7C_2 \times 2^5 \times a^2 = 21 \times 32 \times a^2 = 42$

따라서 $a^2 = \dfrac{1}{16}$이고 $a > 0$이므로 $a = \dfrac{1}{4}$

답 ①

60

$\left(x + \dfrac{4}{x^2}\right)^6$의 전개식의 일반항은

$$_6C_r x^{6-r}\left(\frac{4}{x^2}\right)^r = _6C_r 4^r x^{6-3r} \ (r = 0, 1, 2, \cdots, 6)$$

x^3항은 $6-3r = 3$에서 $r = 1$일 때이다.

따라서 x^3의 계수는

$_6C_1 \times 4 = 6 \times 4 = 24$

답 24

61

$(2+x)^4(1+3x)^3$의 전개식에서 x항은 다음 두 가지로 나눌 수 있다.

(i) $(2+x)^4$의 전개식에서 상수항과 $(1+3x)^3$의 전개식에서 x항을 곱한 경우

$(2+x)^4$의 전개식에서 상수항은

$_4C_0 x^0 \times 2^4 = 16$

$(1+3x)^3$의 전개식에서 x항은

$_3C_1(3x)^1 \times 1^2 = 9x$

x의 계수는

$16 \times 9 = 144$

(ii) $(2+x)^4$의 전개식에서 x항과 $(1+3x)^3$의 전개식에서 상수항을 곱한 경우

$(2+x)^4$의 전개식에서 x항은

$_4C_1 x^1 \times 2^3 = 32x$

$(1+3x)^3$의 전개식에서 상수항은

$_3C_0 (3x)^0 \times 1^3 = 1$

x의 계수는

$32 \times 1 = 32$

(i), (ii)에서 구하는 x의 계수는

$144 + 32 = 176$

답 ②

62

$_4C_0 + {}_4C_1 \times 3 + {}_4C_2 \times 3^2 + {}_4C_3 \times 3^3 + {}_4C_4 \times 3^4$

$= (1+3)^4 = 4^4 = 256$

답 ⑤

63

$\left(x + \dfrac{3}{x^2}\right)^5$의 전개식의 일반항은

$_5C_r x^{5-r} \left(\dfrac{3}{x^2}\right)^r = {}_5C_r 3^r x^{5-3r} \ (r=0,\ 1,\ 2,\ \cdots,\ 5)$

x^2항은 $5-3r=2$에서 $r=1$일 때이다.

따라서 x^2의 계수는

$_5C_1 \times 3 = 5 \times 3 = 15$

답 15

64

$(1+2x)^4$의 전개식의 일반항은

$_4C_r (2x)^r = {}_4C_r 2^r x^r \ (r=0,\ 1,\ 2,\ 3,\ 4)$

x^2항은 $r=2$일 때이다.

따라서 x^2의 계수는

$_4C_2 \times 2^2 = \dfrac{4 \times 3}{2 \times 1} \times 4 = 24$

답 ④

65

$\left(2x + \dfrac{1}{x^2}\right)^4$의 전개식의 일반항은

$_4C_r (2x)^{4-r} \left(\dfrac{1}{x^2}\right)^r = {}_4C_r 2^{4-r} x^{4-3r} \ (r=0,\ 1,\ 2,\ 3,\ 4)$

x항은 $4-3r=1$에서 $r=1$일 때이다.

따라서 x의 계수는

$_4C_1 \times 2^3 = 4 \times 8 = 32$

답 ⑤

66

$(3x+1)^8$의 전개식의 일반항은

$_8C_r (3x)^r = {}_8C_r 3^r x^r \ (r=0,\ 1,\ 2,\ \cdots,\ 8)$

x항은 $r=1$일 때이다.

따라서 x의 계수는

$_8C_1 \times 3 = 8 \times 3 = 24$

답 24

67

$(x+2)^7$의 전개식의 일반항은

$_7C_r x^{7-r} 2^r \ (r=0,\ 1,\ 2,\ \cdots,\ 7)$

x^5항은 $7-r=5$에서 $r=2$이다.

따라서 x^5의 계수는

$_7C_2 \times 2^2 = \dfrac{7 \times 6}{2 \times 1} \times 4 = 84$

답 ④

68

$(x+3)^8$의 전개식의 일반항은

$_8C_r x^{8-r} 3^r \ (r=0,\ 1,\ 2,\ \cdots,\ 8)$

x^7항은 $8-r=7$에서 $r=1$일 때이다.

따라서 x^7의 계수는

$_8C_1 \times 3 = 8 \times 3 = 24$

답 24

69

$(x^3+3)^5$의 전개식의 일반항은

$_5C_r (x^3)^{5-r} 3^r = {}_5C_r 3^r x^{15-3r} \ (r=0,\ 1,\ 2,\ \cdots,\ 5)$

x^9항은 $15-3r=9$에서 $r=2$일 때이다.

따라서 x^9의 계수는

$_5C_2 \times 3^2 = \dfrac{5 \times 4}{2 \times 1} \times 9 = 90$

답 ③

70

$(x^2+2)^6$의 전개식의 일반항은

$_6C_r (x^2)^{6-r} 2^r = {}_6C_r 2^r x^{12-2r} \ (r=0,\ 1,\ 2,\ \cdots,\ 6)$

x^4항은 $12-2r=4$에서 $r=4$일 때이다.

따라서 x^4의 계수는
$${}_6C_4 \times 2^4 = {}_6C_2 \times 2^4$$
$$= \frac{6 \times 5}{2 \times 1} \times 16 = 240$$

답 ①

71

$(2x+1)^5$의 전개식의 일반항은
$${}_5C_r(2x)^r = {}_5C_r 2^r x^r \ (r=0, 1, 2, \cdots, 5)$$
x^3항은 $r=3$일 때이다.
따라서 x^3의 계수는
$${}_5C_3 \times 2^3 = {}_5C_2 \times 2^3$$
$$= \frac{5 \times 4}{2 \times 1} \times 8 = 80$$

답 ④

72

$\left(2x+\dfrac{1}{2}\right)^6$의 전개식의 일반항은
$${}_6C_r(2x)^{6-r}\left(\frac{1}{2}\right)^r = {}_6C_r 2^{6-2r} x^{6-r} \ (r=0, 1, 2, \cdots, 6)$$
x^4항은 $6-r=4$에서 $r=2$일 때이다.
따라서 x^4의 계수는
$${}_6C_2 \times 2^2 = \frac{6 \times 5}{2 \times 1} \times 4 = 60$$

답 60

73

$\left(x^2-\dfrac{1}{x}\right)\left(x+\dfrac{a}{x^2}\right)^4$의 전개식에서 x^3의 계수는 $\left(x^2-\dfrac{1}{x}\right)$에서 x^2의 계수 1과 $\left(x+\dfrac{a}{x^2}\right)^4$의 전개식에서 x의 계수를 곱한 것과 $\left(x^2-\dfrac{1}{x}\right)$에서 $\dfrac{1}{x}$의 계수 -1과 $\left(x+\dfrac{a}{x^2}\right)^4$의 전개식에서 x^4의 계수를 곱한 것의 합과 같다.

$\left(x+\dfrac{a}{x^2}\right)^4$의 전개식의 일반항은
$${}_4C_r x^{4-r}\left(\frac{a}{x^2}\right)^r = {}_4C_r a^r x^{4-r-2r} = {}_4C_r a^r x^{4-3r} \ (r=0, 1, 2, 3, 4)$$
x항은 $4-3r=1$, 즉 $r=1$일 때이므로
x의 계수는 ${}_4C_1 a^1 = 4a$
x^4항은 $4-3r=4$, 즉 $r=0$일 때이므로
x^4의 계수는 ${}_4C_0 a^0 = 1$
$\left(x^2-\dfrac{1}{x}\right)\left(x+\dfrac{a}{x^2}\right)^4$의 전개식에서 x^3의 계수는
$$1 \times 4a + (-1) \times 1 = 4a-1$$

따라서 $4a-1=7$이므로
$$a=2$$

답 ②

74

$\left(x^2+\dfrac{a}{x}\right)^5$의 전개식의 일반항은
$${}_5C_r(x^2)^{5-r}\left(\frac{a}{x}\right)^r = {}_5C_r a^r x^{10-3r} \ (r=0, 1, 2, \cdots, 5)$$
$\dfrac{1}{x^2}$항은 $10-3r=-2$, 즉 $r=4$일 때이므로
$\dfrac{1}{x^2}$의 계수는 ${}_5C_4 a^4 = 5a^4$
x항은 $10-3r=1$, 즉 $r=3$일 때이므로
x의 계수는 ${}_5C_3 a^3 = {}_5C_2 a^3 = \dfrac{5 \times 4}{2 \times 1} \times a^3 = 10a^3$
따라서 $a>0$이므로 $5a^4=10a^3$에서 $a=2$

답 ②

75

$(x-1)^6(2x+1)^7$의 전개식에서 x^2의 계수는 $(x-1)^6$의 전개식에서 x^2의 계수와 $(2x+1)^7$의 전개식에서 상수항을 곱한 것, $(x-1)^6$의 전개식에서 x의 계수와 $(2x+1)^7$의 전개식에서 x의 계수를 곱한 것, $(x-1)^6$의 전개식에서 상수항과 $(2x+1)^7$의 전개식에서 x^2의 계수를 곱한 것의 합과 같다.

$(x-1)^6$의 전개식의 일반항은
$${}_6C_r x^{6-r}(-1)^r \ (r=0, 1, 2, \cdots, 6)$$
x^2항은 $r=4$일 때이므로 x^2의 계수는
$${}_6C_4 \times (-1)^4 = {}_6C_2 \times 1$$
$$= \frac{6 \times 5}{2 \times 1} \times 1 = 15$$
x항은 $r=5$일 때이므로 x의 계수는
$${}_6C_5 \times (-1)^5 = {}_6C_1 \times (-1)$$
$$= 6 \times (-1) = -6$$
상수항은 $r=6$일 때이므로 상수항은
$${}_6C_6 \times (-1)^6 = 1$$
$(2x+1)^7$의 전개식의 일반항은
$${}_7C_r(2x)^{7-s} = {}_7C_r 2^{7-s} x^{7-s} \ (s=0, 1, 2, \cdots, 7)$$
x^2항은 $s=5$일 때이므로 x^2의 계수는
$${}_7C_5 \times 2^2 = {}_7C_2 \times 2^2$$
$$= \frac{7 \times 6}{2 \times 1} \times 4 = 84$$
x항은 $s=6$일 때이므로 x의 계수는
$${}_7C_6 \times 2 = {}_7C_1 \times 2$$
$$= 7 \times 2 = 14$$

상수항은 $s=7$일 때이므로 상수항은

$_7\mathrm{C}_7 \times 2^0 = 1$

따라서 $(x-1)^6(2x+1)^7$의 전개식에서 x^2의 계수는

$15 \times 1 + (-6) \times 14 + 1 \times 84 = 15$

답 ①

76

$(x^2+1)(x-2)^5$의 전개식에서 x^6의 계수는 (x^2+1)에서 x^2의 계수 1과 $(x-2)^5$의 전개식에서 x^4의 계수를 곱한 것과 같다.

$(x-2)^5$의 전개식의 일반항은

$_5\mathrm{C}_r x^{5-r}(-2)^r \ (r=0, 1, 2, \cdots, 5)$

x^4항은 $5-r=4$, 즉 $r=1$일 때이므로

x^4의 계수는 $_5\mathrm{C}_1 \times (-2) = 5 \times (-2) = -10$

따라서 $(x^2+1)(x-2)^5$의 전개식에서 x^6의 계수는

$1 \times (-10) = -10$

답 ①

77

$(x^2+1)^4 = \{(x^2+1)^2\}^2 = (x^4+2x^2+1)^2$
$\qquad = x^8 + 4x^6 + 6x^4 + 4x^2 + 1$

$(x^3+1)^n$의 전개식의 일반항은

$_n\mathrm{C}_r (x^3)^r = _n\mathrm{C}_r x^{3r} \ (r=0, 1, 2, \cdots, n)$

x^5의 계수는 $(x^2+1)^4$의 전개식에서 x^2의 계수 4와 $(x^3+1)^n$의 전개식에서 x^3의 계수를 곱한 것과 같으므로 $r=1$일 때

$4 \times {}_n\mathrm{C}_1 = 4 \times n = 12$에서 $n=3$

이때 x^6의 계수는 $(x^2+1)^4$의 전개식에서 x^6의 계수 4와 $(x^3+1)^n$의 전개식에서 상수항을 곱한 것과 $(x^2+1)^4$의 전개식에서 상수항 1과 $(x^3+1)^n$의 전개식에서 x^6의 계수를 곱한 것의 합과 같으므로

$r=0$일 때 $4 \times {}_3\mathrm{C}_0 = 4 \times 1 = 4$,

$r=2$일 때 $1 \times {}_3\mathrm{C}_2 = 1 \times {}_3\mathrm{C}_1 = 1 \times 3 = 3$

에서 구하는 x^6의 계수는

$4+3 = 7$

답 ②

01

정답률 **26.9%**

정답 공식 **개념만 확실히 알자!**

원순열
회전하여 일치하는 경우는 모두 같은 것으로 보므로 서로 다른 n개를 원형으로 배열하는 원순열의 수는 $(n-1)!$

풀이 전략 원순열을 이용한다.

문제 풀이

[STEP 1] 빨간색을 칠할 정사각형을 택한다. → 원순열을 이용해.

회전하여 일치하는 것을 같은 것으로 보므로 빨간색을 칠할 정사각형은 그림과 같이 A, B, C 중에서 택할 수 있다.

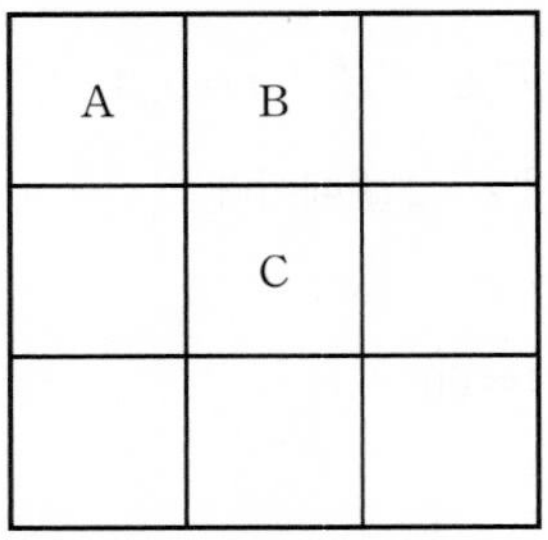

A	B	
	C	

[STEP 2] 택한 정사각형을 기준으로 경우의 수를 구한다.

(i) A에 빨간색을 칠하는 경우

파란색을 칠할 수 있는 경우의 수는 5이다. → 조건 (다)

나머지 7개의 정사각형에 남은 7가지의 색을 칠하는 경우의 수는 $7!$이다.

(ii) B에 빨간색을 칠하는 경우

파란색을 칠할 수 있는 경우의 수는 3이다. → 조건 (다)

나머지 7개의 정사각형에 남은 7가지의 색을 칠하는 경우의 수는 $7!$이다.

(iii) C에 빨간색을 칠하는 경우

파란색을 어떤 정사각형에 칠해도 빨간색이 칠해진 정사각형과 꼭짓점을 공유하므로 조건을 만족시킬 수 없다.

(i)~(iii)에서 구하는 경우의 수는

$(5+3) \times 7! = 8 \times 7!$

함정 구하는 값이 7! 앞에 곱해진 수이므로 더 이상 계산하지 말자.

따라서 $k=8$

답 8

구하는 경우의 수는

$$_5C_1 \times 1 = 5$$

(i)~(iv)에서 구하는 경우의 수는

$$20 + 18 + 12 + 5 = 55$$

답 55

02

정답률 24.0%

1. **중복조합**
   서로 다른 n개에서 중복을 허락하여 r개를 택하는 조합을 중복조합이라 한다.
2. **중복조합의 수**
   서로 다른 n개에서 r개를 택하는 중복조합의 수는 $_nH_r = {}_{n+r-1}C_r$

풀이 전략 중복조합을 이용한다.

문제 풀이

[STEP 1] $b=1, 2, 3, 4$로 나누어 경우의 수를 구한다.

c가 5 이하의 자연수이므로 $1 \le b \le 4$이다.

(i) $b=1$인 경우

$a \le 2 \le c \le d$에서 a를 택하는 경우의 수는 $_2C_1$이고, c, d를 택
ㄴ→ 1, 2 중 하나
하는 경우의 수는 $_4H_2$이다.
ㄴ→ 2, 3, 4, 5 중에서 중복을 허락하여 두 개를 택해.
구하는 경우의 수는

$$_2C_1 \times {}_4H_2 = {}_2C_1 \times {}_5C_2$$
$$= 2 \times 10$$
$$= 20$$

(ii) $b=2$인 경우

$a \le 3 \le c \le d$에서 a를 택하는 경우의 수는 $_3C_1$이고, c, d를 택
ㄴ→ 1, 2, 3 중 하나
하는 경우의 수는 $_3H_2$이다.
ㄴ→ 3, 4, 5 중에서 중복을 허락하여 두 개를 택해.
구하는 경우의 수는

$$_3C_1 \times {}_3H_2 = {}_3C_1 \times {}_4C_2$$
$$= 3 \times 6$$
$$= 18$$

(iii) $b=3$인 경우

$a \le 4 \le c \le d$에서 a를 택하는 경우의 수는 $_4C_1$이고, c, d를 택
ㄴ→ 1, 2, 3, 4 중 하나
하는 경우의 수는 $_2H_2$이다.
ㄴ→ 4, 5 중에서 중복을 허락하여 두 개를 택해.
구하는 경우의 수는

$$_4C_1 \times {}_2H_2 = {}_4C_1 \times {}_3C_2$$
$$= 4 \times 3 \qquad {}_{ㄴ→ {}_3C_1}$$
$$= 12$$

(iv) $b=4$인 경우

$a \le 5 \le c \le d$에서 a를 택하는 경우의 수는 $_5C_1$이고, c, d를 택
ㄴ→ 1, 2, 3, 4, 5 중 하나
하는 경우의 수는 1이다.
ㄴ→ 5의 하나

03

정답률 21.0%

같은 것이 있는 순열
n개 중에서 서로 같은 것이 각각 p개, q개, r개, $\cdots$일 때, n개를 모두 일렬로 배열하는 순열의 수는

$$\frac{n!}{p!q!r!\cdots} \text{ (단, } p+q+r+\cdots=n)$$

풀이 전략 같은 것이 있는 순열의 수를 이용한다.

문제 풀이

[STEP 1] 일의 자리와 백의 자리에 오는 숫자가 1인 경우의 수를 구한다.

일의 자리와 백의 자리에 오는 숫자가 1일 때, 나머지 네 자리에 2와 3이 적어도 하나씩 포함되는 경우는 다음과 같다.

(i) 1, 1, 2, 3을 나열하는 경우

4개의 숫자를 나열하는 경우의 수는

$$\frac{4!}{2!} = 12$$

(ii) 1, 2, 2, 3 또는 1, 2, 3, 3을 나열하는 경우

4개의 숫자를 나열하는 경우의 수가 $\frac{4!}{2!} = 12$이므로 (ii)의 경우의 수는 $2 \times 12 = 24$

(iii) 2, 2, 2, 3 또는 2, 3, 3, 3을 나열하는 경우

4개의 숫자를 나열하는 경우의 수가 $\frac{4!}{3!} = 4$이므로 (iii)의 경우의 수는 $2 \times 4 = 8$

(iv) 2, 2, 3, 3을 나열하는 경우

4개의 숫자를 나열하는 경우의 수는

$$\frac{4!}{2!2!} = 6$$

(i)~(iv)에서 일의 자리와 백의 자리에 오는 숫자가 1인 경우의 수는 $12 + 24 + 8 + 6 = 50$

[STEP 2] 모든 자연수의 개수를 구한다.

일의 자리와 백의 자리에 오는 숫자가 2인 경우의 수와 3인 경우의 수도 같은 방법으로 생각하면 각각 50이다.

따라서 구하는 자연수의 개수는

$$3 \times 50 = 150$$

답 150

경우의 수를 구하는 방법이 같은 경우 한 가지 경우의 수만 구하여 일어나는 횟수만큼 곱해주는 것이 실수하지 않고 문제를 푸는 방법 이야.

04

정답 공식   **개념만 확실히 알자!**

> 1. 중복조합
>   서로 다른 n개에서 중복을 허락하여 r개를 택하는 조합을 중복조 합이라 한다.
> 2. 중복조합의 수
>   서로 다른 n개에서 r개를 택하는 중복조합의 수는 $_n\mathrm{H}_r = {}_{n+r-1}\mathrm{C}_r$

풀이 전략   중복조합을 이용한다.

문제 풀이

[STEP 1] 조건 (가), (나)를 이용하여 부등식을 구한다.

조건 (가)에 의하여

$\underline{x_1 \le x_2 - 2,\ x_2 \le x_3 - 2}$ → $x_{n+1} - x_n \ge 2$, 즉 $x_n \le x_{n+1} - 2$에 $n = 1, 2$를 각각 대입해.

이고 조건 (나)에 의하여

$x_3 \le 10$

이므로

$0 \le x_1 \le x_2 - 2 \le x_3 - 4 \le 6$

이때 $x_2 - 2 = x_2'$, $x_3 - 4 = x_3'$이라 하면

$\underline{0 \le x_1 \le x_2' \le x_3' \le 6}$ ······ ㉠ → 미지수의 조건을 음이 아닌 정수로 바꾸자.

이고 주어진 조건을 만족시키는 음이 아닌 정수 x_1, x_2, x_3의 모든 순서쌍 (x_1, x_2, x_3)의 개수는 ㉠을 만족시키는 음이 아닌 정수 x_1, x_2', x_3'의 모든 순서쌍 (x_1, x_2', x_3')의 개수와 같다.

[STEP 2] 모든 순서쌍 (x_1, x_2, x_3)의 개수를 구한다.

따라서 구하는 순서쌍의 개수는 0, 1, 2, $\cdots$, 6의 7개에서 중복을 허락하여 3개를 택하는 중복조합의 수와 같으므로

$_7\mathrm{H}_3 = {}_{7+3-1}\mathrm{C}_3 = {}_9\mathrm{C}_3$

$= \dfrac{9 \times 8 \times 7}{3 \times 2 \times 1} = 84$

> 주의
> 문제의 조건에서 중복조합의 수를 구해야 한다는 것을 파악하자.

답 84

이 문제에서는 조건 (가)를 이용하여 x_1, x_2, x_3의 범위를 구하는 것 이 문제풀이의 핵심이야. 또, $0 \le x_1 \le x_2' \le x_3' \le 6$에서 등호가 포함 되므로 중복조합을 이용하여 모든 순서쌍의 개수를 구하자.

정답 공식   **개념만 확실히 알자!**

> 원순열
> 회전하여 일치하는 경우는 모두 같은 것으로 보므로 서로 다른 n개를 원형으로 배열하는 원순열의 수는 $(n-1)!$

풀이 전략   원순열의 수를 이용한다.

문제 풀이

[STEP 1] 6개의 의자를 원형으로 배열하는 경우의 수를 구한다.

6개의 의자를 원형으로 배열하는 경우의 수는

$(6-1)! = 5! = 120$

[STEP 2] 서로 이웃한 2개의 의자에 적혀 있는 수의 곱이 12가 되도록 배열 하는 경우의 수를 구한다.

서로 이웃한 2개의 의자에 적혀 있는 수의 곱이 12가 되는 경우가 있도록 배열하는 경우는 다음과 같이 생각할 수 있다.

(i) 2, 6이 각각 적힌 두 의자가 서로 이웃하게 배열되는 경우

  2, 6이 각각 적힌 두 의자를 1개로 생각하여 의자 5개를 원형 으로 배열하는 경우의 수는

  $(5-1)! = 4! = 24$

  이 각각에 대하여 2, 6이 각각 적힌 두 의자의 자리를 서로 바 꾸는 경우의 수는

  $2! = 2$

  그러므로 이 경우의 수는

  $24 \times 2 = 48$

(ii) 3, 4가 각각 적힌 두 의자가 서로 이웃하게 배열되는 경우

  3, 4가 각각 적힌 두 의자를 1개로 생각하여 의자 5개를 원형 으로 배열하는 경우의 수는

  $(5-1)! = 4! = 24$

  이 각각에 대하여 3, 4가 각각 적힌 두 의자의 자리를 서로 바 꾸는 경우의 수는

  $2! = 2$

  그러므로 이 경우의 수는

  $24 \times 2 = 48$

(iii) 2, 6이 각각 적힌 두 의자와 3, 4가 각각 적힌 두 의자가 모두 서로 이웃하게 배열되는 경우

  2, 6이 각각 적힌 두 의자를 1개로 생각하고, 3, 4가 각각 적힌 두 의자를 1개로 생각하여 의자 4개를 원형으로 배열하는 경우 의 수는

  $(4-1)! = 3! = 6$

  이 각각에 대하여 2, 6이 각각 적힌 두 의자의 자리를 서로 바 꾸고, 3, 4가 각각 적힌 두 의자의 자리를 서로 바꾸는 경우의 수는

  $2! \times 2! = 4$

그러므로 이 경우의 수는

$6 \times 4 = 24$

(i)~(iii)에서 서로 이웃한 2개의 의자에 적혀 있는 수의 곱이 12가 되는 경우가 있도록 배열하는 경우의 수는

$48 + 48 - 24 = 72$ 〈함정〉 중복해서 더해주니까 한 번 빼주어야 한다는 것을 잊지 말자.

따라서 구하는 경우의 수는

$120 - 72 = 48$

답 48

수능이 보이는 강의

조건 (나)에서 $a \neq 2$, $b \neq 2$, $c \neq 2$임을 알 수 있어. 그러나 이 사건의 순서쌍 (a, b, c)의 개수를 구하기는 어려우므로 이 사건의 여사건인 a, b, c 중 1개가 2인 경우, a, b, c 중 2개가 2인 경우의 순서쌍 (a, b, c)의 개수를 구하여 모든 순서쌍 (a, b, c)의 개수에서 빼어서 구할 수 있어.

06

정답률 **19.7%**

정답 공식 　　　　　　　　개념만 확실히 알자!

1. 중복조합

　서로 다른 n개에서 중복을 허락하여 r개를 택하는 조합을 중복조합이라 한다.

2. 중복조합의 수

　서로 다른 n개에서 r개를 택하는 중복조합의 수는 $_n\mathrm{H}_r = {}_{n+r-1}\mathrm{C}_r$

풀이 전략 중복조합을 이용한다.

문제 풀이

[STEP 1] 조건 (가)를 만족시키는 음이 아닌 정수 a, b, c의 모든 순서쌍 (a, b, c)의 개수를 구한다.

조건 (가)를 만족시키는 음이 아닌 정수 a, b, c의 모든 순서쌍 (a, b, c)의 개수는 $_3\mathrm{H}_{14} = {}_{16}\mathrm{C}_{14} = {}_{16}\mathrm{C}_2 = \dfrac{16 \times 15}{2 \times 1} = 120$

조건 (나)에서 $a \neq 2$, $b \neq 2$, $c \neq 2$ 〈함정〉 a, b, c 모두 2가 아님에 주의하자.

[STEP 2] a, b, c 중 1개가 2인 순서쌍의 개수를 구한다.

(i) a, b, c 중 1개가 2인 경우

　$a = 2$일 때, $b + c = 12$를 만족시키는 음이 아닌 정수 b, c의 모든 순서쌍 (b, c)의 개수는 $_2\mathrm{H}_{12}$이고 $(2, 10)$, $(10, 2)$인 경우를 제외하면 $_2\mathrm{H}_{12} - 2 = {}_{13}\mathrm{C}_{12} - 2 = {}_{13}\mathrm{C}_1 - 2 = 13 - 2 = 11$ 　↳ a, b, c 중 2가 2개야.

　$b = 2$, $c = 2$인 순서쌍의 개수도 각각 11이므로 a, b, c 중 1개가 2인 순서쌍의 개수는 $11 \times 3 = 33$

[STEP 3] a, b, c 중 2개가 2인 순서쌍의 개수를 구한다.

(ii) a, b, c 중 2개가 2인 경우 　↳ $a + b + c = 14$이므로 순서쌍 (a, b, c)를 구할 수 있어.

　순서쌍 (a, b, c)를 구하면 $(2, 2, 10)$, $(2, 10, 2)$, $(10, 2, 2)$이므로 a, b, c 중 2개가 2인 순서쌍의 개수는 3이다.

따라서 구하는 순서쌍의 개수는

$120 - (33 + 3) = 84$

답 84

07

정답률 **19.7%**

정답 공식 　　　　　　　　개념만 확실히 알자!

1. 중복조합

　서로 다른 n개에서 중복을 허락하여 r개를 택하는 조합을 중복조합이라 한다.

2. 중복조합의 수

　서로 다른 n개에서 r개를 택하는 중복조합의 수는 $_n\mathrm{H}_r = {}_{n+r-1}\mathrm{C}_r$

풀이 전략 중복조합을 이용한다.

문제 풀이

[STEP 1] 2명의 학생을 A, B라 하고 두 학생 A, B가 받는 볼펜의 개수의 순서쌍을 구한다.

2명의 학생을 A, B라 하고 두 학생 A, B가 받는 볼펜의 개수를 순서쌍 (A, B)로 나타내면

$(5, 0)$, $(4, 1)$, $(3, 2)$, $(2, 3)$, $(1, 4)$, $(0, 5)$

의 6가지이다.

[STEP 2] 두 학생 A, B가 받는 볼펜의 개수의 순서쌍을 만족하는 경우의 수를 구한다.

두 학생 A, B에게 나누어 준 검은색 볼펜, 파란색 볼펜, 빨간색 볼펜의 개수를 각각 a, b, c라 하면

$a + b + c = 5$ ($0 \leq a \leq 1$, $0 \leq b \leq 4$, $0 \leq c \leq 4$)

　↳ 검은색 볼펜 1자루, 파란색 볼펜 4자루, 빨간색 볼펜 4자루

이다.

(i) $(5, 0)$인 경우

　① $a = 0$이면 $b + c = 5$이므로

　　순서쌍 (b, c)의 개수는 $(4, 1)$, $(3, 2)$, $(2, 3)$, $(1, 4)$의 4이다.

　② $a = 1$이면 $b + c = 4$이므로

　　순서쌍 (b, c)의 개수는

　　$_2\mathrm{H}_4 = {}_{2+4-1}\mathrm{C}_4 = {}_5\mathrm{C}_4 = {}_5\mathrm{C}_1$

　　$= 5$

(ii) $(4, 1)$인 경우

　① B에게 검은색 볼펜을 나누어 준 경우

　　$b + c = 4$이므로 순서쌍 (b, c)의 개수는 5이다.

② B에게 파란색 볼펜을 나누어 준 경우

$a+b+c=4$ $(0\le a\le 1,\ 0\le b\le 3,\ \underset{\underset{\text{파란색 볼펜 3자루}}{\uparrow}}{0\le c\le 4})$

이고

㉠ $a=0$이면 $b+c=4$이므로

순서쌍 $(b,\ c)$의 개수는 $(3,\ 1),\ (2,\ 2),\ (1,\ 3),\ (0,\ 4)$

의 4이다.

㉡ $a=1$이면 $b+c=3$이므로

순서쌍 $(b,\ c)$의 개수는

$_2H_3={}_{2+3-1}C_3={}_4C_3={}_4C_1$

$\qquad\quad =4$

③ B에게 빨간색 볼펜을 나누어 준 경우도 (ii) ②와 같다.

　　　　　　$\underset{\underset{\text{파란색 볼펜의 개수와 빨간색 볼펜의 개수가 같으므로 경우가 같아.}}{\searrow}}{}$

(iii) (3, 2)인 경우

① B에게 검은색, 파란색 볼펜을 각각 1개씩 나누어 준 경우

$b+c=3$ $(0\le b\le 3,\ 0\le c\le 4)$

　　　　　　$\underset{\underset{\substack{\text{검은색 볼펜 0자루, 파란색 볼펜 3자루,}\\\text{빨간색 볼펜 4자루}}}{\nearrow}}{}$

이므로 순서쌍 $(b,\ c)$의 개수는 4이다.

② B에게 검은색, 빨간색 볼펜을 각각 1개씩 나누어 준 경우도 (iii) ①과 같다.

③ B에게 파란색, 빨간색 볼펜을 각각 1개씩 나누어 준 경우

$a+b+c=3$ (단, $0\le a\le 1,\ 0\le b\le 3,\ 0\le c\le 3$)

　　　　　　$\underset{\underset{\text{파란색 볼펜 3자루, 빨간색 볼펜 3자루}}{\nearrow}}{}$

㉠ $a=0$이면 $b+c=3$이므로 순서쌍 $(b,\ c)$의 개수는 4이다.

㉡ $a=1$이면 $b+c=2$이므로 순서쌍 $(b,\ c)$의 개수는

$_2H_2={}_{2+2-1}C_2={}_3C_2={}_3C_1$

$\qquad\quad =3$

④ B에게 파란색 볼펜을 2개 나누어 준 경우

$a+b+c=3$ (단, $0\le a\le 1,\ 0\le b\le 2,\ 0\le c\le 4$)

　　　　　　$\underset{\underset{\text{파란색 볼펜 2자루}}{\nearrow}}{}$

㉠ $a=0$이면 $b+c=3$이므로 순서쌍 $(b,\ c)$의 개수는

$(2,\ 1),\ (1,\ 2),\ (0,\ 3)$의 3이다.

㉡ $a=1$이면 $b+c=2$이므로 순서쌍 $(b,\ c)$의 개수는 3이다.

⑤ B에게 빨간색 볼펜을 2개 나누어 준 경우는 (iii) ④의 경우와 같다.

또, (2, 3), (1, 4), (0, 5)인 경우는 각각 (3, 2), (4, 1), (5, 0)인 경우와 같으므로 구하는 경우의 수는

> **실수**
> 같은 경우가 여러 번 있으므로 빠짐없이 구하도록 하자.

$2\{(4+5)+(5+8\times 2)+(4\times 2+7+3\times 2\times 2)\}$

$=2\times(9+21+27)$

$=2\times 57=114$

답 114

수능이 보이는 강의

이 문제는 검은색 볼펜, 파란색 볼펜, 빨간색 볼펜의 개수를 각각 a, b, c라 할 때 $a+b+c=5$ $(0\le a\le 1,\ 0\le b\le 4,\ 0\le c\le 4)$를 만족시키는 모든 순서쌍 $(a,\ b,\ c)$의 개수를 구하는 문제야. 이때 검은색 볼펜, 파란색 볼펜, 빨간색 볼펜의 개수가 다르므로 각각의 경우를 차분히 따져가며 해결해야 해.

정답 공식　　　　　　　　　　　**개념만 확실히 알자!**

> **중복순열**
> 서로 다른 n개에서 중복을 허락하여 r개를 택해 일렬로 나열하는 순열
> ⇨ 서로 다른 n개에서 r개를 택하는 중복순열의 수는
> $_n\Pi_r=n^r$

풀이 전략 중복순열을 이용한다.

문제 풀이

[STEP 1] 치역으로 가능한 경우를 구한다.

조건 (가)에서

$f(1)\ge 1$

$f(2)\ge\sqrt{2}>1$

$f(3)\ge\sqrt{3}>1$

$f(4)\ge\sqrt{4}=2$

$f(5)\ge\sqrt{5}>2$

이고 조건 (나)에서 치역으로 가능한 경우는

$\{1,\ 2,\ 3\},\ \{1,\ 2,\ 4\},\ \{1,\ 3,\ 4\},\ \{2,\ 3,\ 4\}$이다.

[STEP 2] 각각의 치역을 만족시키는 함수의 개수를 구한다.

(i) 치역이 $\{1,\ 2,\ 3\}$인 경우

$f(1)=1,\ f(5)=3$이므로 $\{2,\ 3,\ 4\}$에서 $\{2,\ 3\}$으로의 함수 중에서 치역이 $\{3\}$인 함수를 제외하면 되므로 조건을 만족시키는 함수의 개수는

$_2\Pi_3-1=2^3-1=7$

(ii) 치역이 $\{1,\ 2,\ 4\}$인 경우

(i)의 경우와 마찬가지로 조건을 만족시키는 함수의 개수는 7이다.

(iii) 치역이 $\{1,\ 3,\ 4\}$인 경우

$f(1)=1$이므로 $\{2,\ 3,\ 4,\ 5\}$에서 $\{3,\ 4\}$로의 함수 중에서 치역이 $\{3\}$, $\{4\}$인 함수를 제외하면 되므로 조건을 만족시키는 함수의 개수는

$_2\Pi_4-2=2^4-2=14$

(iv) 치역이 $\{2,\ 3,\ 4\}$인 경우

㉠ $f(5)=3$인 경우

$\{1,\ 2,\ 3,\ 4\}$에서 $\{2,\ 3,\ 4\}$로의 함수 중에서 치역이 $\{2\}$, $\{3\}$, $\{4\}$, $\{2,\ 3\}$, $\{3,\ 4\}$인 함수를 제외하면 되므로 조건을 만족시키는 함수의 개수는

$_3\Pi_4-\{3+({}_2\Pi_4-2)\times 2\}$

$=3^4-\{3+(2^4-2)\times 2\}$

$=81-31$

$=50$

㉡ $f(5)=4$인 경우

㉠의 경우와 마찬가지로 조건을 만족시키는 함수의 개수는 50이다.

(i)~(iv)에서 구하는 함수 f의 개수는

$7+7+14+50\times2=128$

답 ①

수능이 보이는 강의

구하는 방법이 같은 경우 한 번만 구해서 그 경우의 수를 2배 하면 문제를 푸는 시간을 단축할 수 있어.

09

정답률 18.6%

정답 공식　　　　　　　　　　**개념만 확실히 알자!**

1. **중복조합**
   서로 다른 n개에서 중복을 허락하여 r개를 택하는 조합을 중복조합이라 한다.

2. **중복조합의 수**
   서로 다른 n개에서 r개를 택하는 중복조합의 수는 $_nH_r=_{n+r-1}C_r$

풀이 전략 중복조합을 이용한다.

문제 풀이

[STEP 1] 세 상자에 들어가는 흰 공의 개수를 구분하여 경우의 수를 구한다.

(i) 세 상자에 들어가는 흰 공의 개수가 4, 0, 0인 경우　← 검은 공을 2개 이상 넣어야 해.

흰 공의 개수가 4인 상자에 들어가는 검은 공의 개수를 x, 나머지 두 상자에 들어가는 검은 공의 개수를 각각 y, z라 하면

$x+y+z=6$에서 $x\geq0$, $y\geq2$, $z\geq2$이어야 한다. ← 주의 각 상자에 공이 2개 이상씩 들어가도록 나누어 넣어야 해.

$y-2=y'$, $z-2=z'$이라 하면

$x+y'+z'=2$ (단, x, y', z'은 음이 아닌 정수) …… ㉠

㉠을 만족시키는 순서쌍 (x, y', z')의 개수는 ← 미지수의 조건을 음이 아닌 정수로 바꾸자.

$_3H_2=_4C_2$

$\qquad=\dfrac{4\times3}{2\times1}=6$

이 각각에 대하여 흰 공이 4개 들어갈 상자를 택하는 경우의 수가

$_3C_1=3$

이므로 이 경우의 수는

$6\times3=18$　← 검은 공을 각각 1개 이상, 2개 이상 넣어야 해.

(ii) 세 상자에 들어가는 흰 공의 개수가 3, 1, 0인 경우

흰 공의 개수가 3, 1, 0인 상자에 들어가는 검은 공의 개수를 각각 x, y, z라 하면 $x+y+z=6$에서 $x\geq0$, $y\geq1$, $z\geq2$이어

야 한다.

$y-1=y'$, $z-2=z'$이라 하면

$x+y'+z'=3$ (단, x, y', z'은 음이 아닌 정수) …… ㉡

㉡을 만족시키는 순서쌍 (x, y', z')의 개수는

$_3H_3=_5C_3=_5C_2$

$\qquad=\dfrac{5\times4}{2\times1}=10$

이 각각에 대하여 흰 공이 3개, 1개 들어갈 상자 2개를 택하는 경우의 수는

실수 세 상자 A, B, C가 구분되므로 순열의 수로 구해야 해.

$_3P_2=3\times2=6$

이므로 이 경우의 수는

$10\times6=60$

(iii) 세 상자에 들어가는 흰 공의 개수가 2, 2, 0인 경우 ← 검은 공을 2개 이상 넣어야 해.

흰 공의 개수가 2, 2, 0인 상자에 들어가는 검은 공의 개수를 각각 x, y, z라 하면 $x+y+z=6$에서 $x\geq0$, $y\geq0$, $z\geq2$이어야 한다.

$z-2=z'$이라 하면

$x+y+z'=4$ (단, x, y, z'은 음이 아닌 정수) …… ㉢

㉢을 만족시키는 순서쌍 (x, y, z')의 개수는

$_3H_4=_6C_4=_6C_2$

$\qquad=\dfrac{6\times5}{2\times1}=15$

이 각각에 대하여 흰 공이 2개씩 들어갈 상자 2개를 택하는 경우의 수는

$_3C_2=_3C_1=3$

이므로 이 경우의 수는

$15\times3=45$

(iv) 세 상자에 들어가는 흰 공의 개수가 2, 1, 1인 경우 ← 검은 공을 1개 이상 넣어야 해.

흰 공의 개수가 2, 1, 1인 상자에 들어가는 검은 공의 개수를 각각 x, y, z라 하면 $x+y+z=6$에서 $x\geq0$, $y\geq1$, $z\geq1$이어야 한다.

$y-1=y'$, $z-1=z'$이라 하면

$x+y'+z'=4$ (단, x, y', z'은 음이 아닌 정수) …… ㉣

㉣을 만족시키는 순서쌍 (x, y', z')의 개수는

$_3H_4=_6C_4=_6C_2$

$\qquad=\dfrac{6\times5}{2\times1}=15$

이 각각에 대하여 흰 공이 2개 들어갈 상자 1개를 택하는 경우의 수는

$_3C_1=3$

이므로 이 경우의 수는

$15\times3=45$

(i)~(iv)에서 구하는 경우의 수는

$18+60+45+45=168$

답 168

10

정답 공식 | **개념만 확실히 알자!**

1. 중복조합
   서로 다른 n개에서 중복을 허락하여 r개를 택하는 조합을 중복조합이라 한다.
2. 중복조합의 수
   서로 다른 n개에서 r개를 택하는 중복조합의 수는 $_n\mathrm{H}_r = {}_{n+r-1}\mathrm{C}_r$

풀이 전략 중복조합을 이용한다.

문제 풀이

[STEP 1] 주어진 조건을 만족시키는 방정식을 세운다.

검은색 카드 왼쪽에 있는 흰색 카드의 장수를 a, 검은색 카드 사이에 있는 흰색 카드의 장수를 b, 검은색 카드 오른쪽에 있는 흰색 카드의 장수를 c라 하면

$$a+b+c=8$$

조건 (나), (다)에서 $b \geq 2$이고, 검은색 카드 사이에 있는 흰색 카드에 적힌 수가 모두 3의 배수가 아닌 경우를 제외해야 한다.

$b-2=b'$이라 하면

$$a+b'+c=6 \text{ (단, } b'\text{은 음이 아닌 정수)}$$

[STEP 2] 방정식을 만족시키는 순서쌍의 개수를 구한다.

방정식 $a+b'+c=6$을 만족시키는 순서쌍 (a, b', c)의 개수는

$$_3\mathrm{H}_6 = {}_{3+6-1}\mathrm{C}_6 = {}_8\mathrm{C}_6 = {}_8\mathrm{C}_2$$
$$= \frac{8 \times 7}{2 \times 1} = 28$$

이때 검은색 카드 사이에 있는 흰색 카드에 적힌 수가 1, 2인 경우, 4, 5인 경우, 7, 8인 경우를 제외해야 한다. ← 흰색 카드에 적힌 수가 모두 3의 배수가 아닌 경우야.

[STEP 3] 경우의 수를 구한다.

따라서 구하는 경우의 수는

$$28-3=25$$

답 25

다른 풀이 주어진 조건을 만족시킬 수 있도록 배열한 풀이

[STEP 1] 검은색 카드의 위치에 따라 조건을 만족시키는 경우의 수를 구한다.

(ⅰ) 왼쪽의 검은색 카드가 1이 적힌 카드의 왼쪽에 있는 경우
   오른쪽의 검은색 카드가 놓이는 위치는 3이 적힌 카드의 오른쪽이므로 경우의 수는 6

(ⅱ) 왼쪽의 검은색 카드가 1이 적힌 카드와 2가 적힌 카드의 사이에 있는 경우
   오른쪽의 검은색 카드가 놓이는 위치는 3이 적힌 카드의 오른쪽이므로 경우의 수는 6

(ⅲ) 왼쪽의 검은색 카드가 2가 적힌 카드와 3이 적힌 카드의 사이에 있는 경우
   오른쪽의 검은색 카드가 놓이는 위치는 4가 적힌 카드의 오른쪽이므로 경우의 수는 5

(ⅳ) 왼쪽의 검은색 카드가 3이 적힌 카드와 4가 적힌 카드의 사이에 있는 경우
   오른쪽의 검은색 카드가 놓이는 위치는 6이 적힌 카드의 오른쪽이므로 경우의 수는 3

(ⅴ) 왼쪽의 검은색 카드가 4가 적힌 카드와 5가 적힌 카드의 사이에 있는 경우
   오른쪽의 검은색 카드가 놓이는 위치는 6이 적힌 카드의 오른쪽이므로 경우의 수는 3

(ⅵ) 왼쪽의 검은색 카드가 5가 적힌 카드와 6이 적힌 카드의 사이에 있는 경우
   오른쪽의 검은색 카드가 놓이는 위치는 7이 적힌 카드의 오른쪽이므로 경우의 수는 2

(ⅰ)~(ⅵ)에서 구하는 경우의 수는

$$6+6+5+3+3+2=25$$

11

정답 공식 | **개념만 확실히 알자!**

1. 중복조합
   서로 다른 n개에서 중복을 허락하여 r개를 택하는 조합을 중복조합이라 한다.
2. 중복조합의 수
   서로 다른 n개에서 r개를 택하는 중복조합의 수는 $_n\mathrm{H}_r = {}_{n+r-1}\mathrm{C}_r$

풀이 전략 중복조합을 이용한다.

문제 풀이

[STEP 1] $a \leq b \leq c \leq d$를 만족시키는 순서쌍 (a, b, c, d)의 개수를 구한다.

(ⅰ) $a \leq b \leq c \leq d$를 만족시키는 순서쌍 (a, b, c, d)의 개수

1, 2, 3, 4, 5, 6 중에서 중복을 허락하여 4개를 택한 다음 크지 않은 순서대로 a, b, c, d의 값으로 정하는 경우의 수와 같으므로

$$_6\mathrm{H}_4 = {}_{6+4-1}\mathrm{C}_4 = {}_9\mathrm{C}_4$$
$$= \frac{9 \times 8 \times 7 \times 6}{4 \times 3 \times 2 \times 1} = 126$$

[STEP 2] $b \leq a \leq c \leq d$를 만족시키는 순서쌍 (a, b, c, d)의 개수를 구한다.

(ⅱ) $b \leq a \leq c \leq d$를 만족시키는 순서쌍 (a, b, c, d)의 개수

(ⅰ)과 마찬가지이므로

$$_6\mathrm{H}_4 = 126$$

[STEP 3] $a = b \leq c \leq d$를 만족시키는 순서쌍 (a, b, c, d)의 개수를 구한다.

(ⅲ) $a = b \leq c \leq d$를 만족시키는 순서쌍 (a, b, c, d)의 개수

1, 2, 3, 4, 5, 6 중에서 중복을 허락하여 3개를 택한 다음 크지 않은 순서대로 $a(=b)$, c, d의 값으로 정하는 경우의 수와 같으므로

$$_6H_3 = {}_{6+3-1}C_3 = {}_8C_3$$
$$= \frac{8 \times 7 \times 6}{3 \times 2 \times 1} = 56$$

(i)~(iii)에서 구하는 순서쌍의 개수는

$$126 + 126 - 56 = 196$$

답 196

다른 풀이 b의 값을 나누어 순서쌍 (a, b, c, d)의 개수를 구하는 풀이

[STEP 1] $a \leq b \leq c \leq d$를 만족시키는 순서쌍 (a, b, c, d)의 개수를 구한다.

(i) $a \leq b \leq c \leq d$를 만족시키는 순서쌍 (a, b, c, d)의 개수

1, 2, 3, 4, 5, 6 중에서 중복을 허락하여 4개를 택한 다음 크지 않은 순서대로 a, b, c, d의 값으로 정하는 경우의 수와 같으므로

$$_6H_4 = {}_{6+4-1}C_4 = {}_9C_4$$
$$= \frac{9 \times 8 \times 7 \times 6}{4 \times 3 \times 2 \times 1} = 126$$

[STEP 2] $b < a \leq c \leq d$를 만족시키는 순서쌍 (a, b, c, d)의 개수를 구한다.

(ii) $b < a \leq c \leq d$를 만족시키는 순서쌍 (a, b, c, d)의 개수

① $b = 1$일 때,

$1 < a \leq c \leq d$인 순서쌍의 개수는 2, 3, 4, 5, 6 중에서 중복을 허락하여 3개를 택한 다음 크지 않은 순서대로 a, c, d의 값으로 정하는 경우의 수와 같으므로

$$_5H_3 = {}_{5+3-1}C_3 = {}_7C_3$$
$$= \frac{7 \times 6 \times 5}{3 \times 2 \times 1} = 35$$

② $b = 2$일 때,

$2 < a \leq c \leq d$인 순서쌍의 개수는 3, 4, 5, 6 중에서 중복을 허락하여 3개를 택한 다음 크지 않은 순서대로 a, c, d의 값으로 정하는 경우의 수와 같으므로

$$_4H_3 = {}_{4+3-1}C_3 = {}_6C_3$$
$$= \frac{6 \times 5 \times 4}{3 \times 2 \times 1} = 20$$

③ $b = 3$일 때,

$3 < a \leq c \leq d$인 순서쌍의 개수는 4, 5, 6 중에서 중복을 허락하여 3개를 택한 다음 크지 않은 순서대로 a, c, d의 값으로 정하는 경우의 수와 같으므로

$$_3H_3 = {}_{3+3-1}C_3 = {}_5C_3 = {}_5C_2$$
$$= \frac{5 \times 4}{2 \times 1} = 10$$

④ $b = 4$일 때,

$4 < a \leq c \leq d$인 순서쌍의 개수는 5, 6 중에서 중복을 허락하여 3개를 택한 다음 크지 않은 순서대로 a, c, d의 값으로 정하는 경우의 수와 같으므로

$$_2H_3 = {}_{2+3-1}C_3 = {}_4C_3 = {}_4C_1$$
$$= 4$$

⑤ $b = 5$일 때,

$5 < a \leq c \leq d$이려면 $a = c = d = 6$이어야 하므로 순서쌍 (a, b, c, d)의 개수는 1

따라서 $b < a \leq c \leq d$인 순서쌍의 개수는

$$35 + 20 + 10 + 4 + 1 = 70$$

(i), (ii)에서 구하는 순서쌍의 개수는

$$126 + 70 = 196$$

12

정답 공식   **개념만 확실히 알자!**

1. **중복조합**
   서로 다른 n개에서 중복을 허락하여 r개를 택하는 조합을 중복조합이라 한다.
2. **중복조합의 수**
   서로 다른 n개에서 r개를 택하는 중복조합의 수는 $_nH_r = {}_{n+r-1}C_r$

풀이 전략 중복조합을 이용한다.

문제 풀이

[STEP 1] 조건 (가)를 만족시키는 함수 f의 개수를 구한다.

조건 (가)를 만족시키는 함수 f의 개수는

$$_6H_4 = {}_{6+4-1}C_4 = {}_9C_4$$
$$= \frac{9 \times 8 \times 7 \times 6}{4 \times 3 \times 2 \times 1} = 126$$

[STEP 2] 조건 (나), (다)를 만족시키지 않는 함수 f의 개수를 구한다.

(i) 조건 (나)를 만족시키지 않는 경우

$\underline{f(1) \geq 4}$인 함수 f의 개수는   → 공역이 {4, 5, 6}이 된다.

$$_3H_4 = {}_{3+4-1}C_4 = {}_6C_4 = {}_6C_2$$
$$= \frac{6 \times 5}{2 \times 1} = 15$$

(ii) 조건 (다)를 만족시키지 않는 경우

$f(3) - f(1) > 4$에서

$f(1) = 1, f(3) = 6$이어야 하므로

$f(4) = 6, \underline{1 \leq f(2) \leq 6}$ → 함수 f의 개수는 $f(2)$의 값을 갖는 경우와 같다.

이때 함수 f의 개수는 6이다.

(i), (ii)를 동시에 만족시키는 경우는 없다.

따라서 구하는 함수 f의 개수는

$$126 - (15 + 6) = 105$$

답 105

수능이 보이는 강의

두 집합 X, Y의 원소의 개수가 각각 m, n일 때, 함수 $f : X \longrightarrow Y$ 중에서 $a \in X$, $b \in X$에 대하여 $a < b$이면 $f(a) \leq f(b)$를 만족시키는 함수의 개수는 $_nH_m$

13

정답 공식 **개념만 확실히 알자!**

1. 중복조합
   서로 다른 n개에서 중복을 허락하여 r개를 택하는 조합을 중복조합이라 한다.
2. 중복조합의 수
   서로 다른 n개에서 r개를 택하는 중복조합의 수는 $_n\mathrm{H}_r = _{n+r-1}\mathrm{C}_r$

풀이 전략 중복조합을 이용한다.

문제 풀이

[STEP 1] $f(1)=1$인 경우 주어진 조건을 만족시키는지 확인한다.

$f(1)=1$이면 조건 (가)에서 $f(1)=4$이므로 모순이다.

[STEP 2] $f(1)=2$, $f(1)=3$, $f(1)=4$, $f(1)=5$인 경우 함수 f의 개수를 구한다.

(i) $f(1)=2$인 경우

조건 (가)에서 $f(2)=4$

$f(3)$, $f(5)$의 값을 정하는 경우의 수는 2, 3, 4, 5 중에서 중복을 허락하여 2개를 택하는 중복조합의 수와 같으므로

$_4\mathrm{H}_2 = _{4+2-1}\mathrm{C}_2 = _5\mathrm{C}_2$

$= \dfrac{5 \times 4}{2 \times 1} = 10$

$f(4)$의 값을 정하는 경우의 수는 5

이 경우 함수 f의 개수는 → $f(4)$의 값에 대한 조건은 주어지지 않았어.

$10 \times 5 = 50$

(ii) $f(1)=3$인 경우

조건 (가)에서 $f(3)=4$

$f(5)$의 값을 정하는 경우의 수는 4, 5의 2

$f(2)$, $f(4)$의 값을 정하는 경우의 수는

$5 \times 5 = 25$ → $f(2)$, $f(4)$의 값에 대한 조건은 주어지지 않았어.

이 경우 함수 f의 개수는

$2 \times 25 = 50$

(iii) $f(1)=4$인 경우

조건 (가)에서 $f(4)=4$

$f(3)$, $f(5)$의 값을 정하는 경우의 수는 4, 5 중에서 중복을 허락하여 2개를 택하는 중복조합의 수와 같으므로

$_2\mathrm{H}_2 = _{2+2-1}\mathrm{C}_2 = _3\mathrm{C}_2 = _3\mathrm{C}_1$

$= 3$

$f(2)$의 값을 정하는 경우의 수는 5

이 경우 함수 f의 개수는 → $f(2)$의 값에 대한 조건은 주어지지 않았어.

$3 \times 5 = 15$

(iv) $f(1)=5$인 경우

조건 (가)에서 $f(5)=4$

이 경우는 조건 (나)를 만족시키지 않는다.

→ $f(1) > f(5)$

(i)~(iv)에서 구하는 함수 f의 개수는

$50 + 50 + 15 = 115$

답 115

14

정답 공식 **개념만 확실히 알자!**

1. 중복조합
   서로 다른 n개에서 중복을 허락하여 r개를 택하는 조합을 중복조합이라 한다.
2. 중복조합의 수
   서로 다른 n개에서 r개를 택하는 중복조합의 수는 $_n\mathrm{H}_r = _{n+r-1}\mathrm{C}_r$

풀이 전략 중복조합을 이용한다.

문제 풀이

[STEP 1] 학생 A가 검은색 모자를 4개 또는 5개 받는 경우의 수를 구한다.

조건 (나), (다)에 의하여 학생 A는 검은색 모자를 4개 또는 5개 받아야 하므로 다음과 같이 경우를 나누어 생각할 수 있다.

(i) 학생 A가 검은색 모자를 4개 받는 경우

① 나머지 세 학생 중 한 명의 학생이 검은색 모자를 2개 받는 경우

검은색 모자를 2개 받는 학생을 택하는 경우의 수는 3

이 각각에 대하여 다른 두 학생에게 흰색 모자 1개씩을 나누어 주고 나머지 흰색 모자 4개를 나누어 주는 경우의 수는 다음과 같다.

검은색 모자를 2개 받은 학생이 흰색 모자를 받지 않는 경우

나머지 흰색 모자 4개를 세 학생에게 나누어 주는 경우의 수에서 학생 A가 흰색 모자 4개를 모두 받는 경우의 수를 빼면 되므로

실수 학생 A는 흰색 모자보다 검은색 모자를 더 많이 받아야 해.

$_3\mathrm{H}_4 - 1 = _6\mathrm{C}_4 - 1 = _6\mathrm{C}_2 - 1$

$= \dfrac{6 \times 5}{2 \times 1} - 1 = 14$

검은색 모자를 2개 받은 학생이 흰색 모자를 1개 받는 경우

나머지 흰색 모자 3개를 세 학생에게 나누어 주면 되므로

$_3\mathrm{H}_3 = _5\mathrm{C}_3 = _5\mathrm{C}_2$

$= \dfrac{5 \times 4}{2 \times 1} = 10$

그러므로 이 경우의 수는

$3 \times (14 + 10) = 72$

② 나머지 세 학생 중 두 명의 학생이 검은색 모자를 1개씩 받는 경우

흰색 모자보다 검은색 모자를 더 많이 받는 학생을 정하는

경우의 수는 3

이 각각에 대하여 나머지 두 학생 중에 검은색 모자를 받는 학생을 정하는 경우의 수는 2

이 각각에 대하여 흰색 모자보다 검은색 모자를 더 많이 받는 학생에게는 흰색 모자를 나누어 주면 안 되고, 다른 두 학생에게는 흰색 모자를 1개 이상씩 나누어 주어야 한다.

즉, 두 학생에게 흰색 모자를 1개씩 나누어 주고 나머지 흰색 모자 4개를 나누어 주는 경우의 수는 학생 A가 흰색 모자 4개를 모두 받는 경우를 빼면 되므로

$$_3H_4-1=_6C_4-1=_6C_2-1$$
$$=14$$

그러므로 이 경우의 수는

$$3\times2\times14=84$$

(ii) 학생 A가 검은색 모자를 5개 받는 경우

나머지 세 학생 중 검은색 모자를 받는 학생을 정하는 경우의 수는 3

→ 흰색 모자보다 검은색 모자를 더 많이 받은 학생이 A를 포함하여 2명뿐이야.

나머지 두 학생에게 흰색 모자를 1개씩 나누어 주고, 검은색 모자를 1개 받은 학생을 제외한 세 명의 학생에게 나머지 흰색 모자 4개를 나누어 주는 경우의 수는

$$_3H_4=_6C_4=_6C_2=\frac{6\times5}{2\times1}=15$$

주의 학생 A는 검은색 모자를 5개 받으므로 어느 경우에도 흰색 모자보다 검은색 모자를 더 많이 받아.

그러므로 이 경우의 수는

$$3\times15=45$$

[STEP 2] 경우의 수를 구한다.

(i), (ii)에서 구하는 경우의 수는

$$72+84+45=201$$

🖩 **201**

다른 풀이 방정식의 해를 이용한 풀이

[STEP 1] 학생 A가 검은색 모자를 4개 또는 5개 받는 경우의 수를 구한다.

조건 (나), (다)에 의하여 학생 A는 검은색 모자를 4개 또는 5개 받아야 하므로 다음과 같이 경우를 나누어 생각할 수 있다.

(i) 학생 A가 검은색 모자를 4개 받는 경우

① 나머지 세 학생 중 한 명의 학생이 검은색 모자를 2개 받는 경우

검은색 모자를 2개 받는 학생을 택하는 경우의 수는 3

이 각각에 대하여 학생 A가 받는 흰색 모자의 개수를 a, 검은색 모자를 2개 받는 학생이 받는 흰색 모자의 개수를 b, 나머지 두 학생이 받는 흰색 모자의 개수를 각각 c, d라 하면

$a+b+c+d=6$ $(0\le a\le3,\ 0\le b\le1,\ c\ge1,\ d\ge1)$이어야 한다.

→ 흰색 모자를 검은색 모자보다 더 많이 받을 수 없어.

$b=0$인 경우의 수는 $a+c'+d'=4$를 만족시키는 음이 아닌 정수 a, c', d'의 모든 순서쌍 $(a,\ c',\ d')$의 개수에서 $a=4$, $c'=0$, $d'=0$인 1가지 경우를 제외하면 되므로

$$_3H_4-1=_6C_4-1=_6C_2-1$$
$$=\frac{6\times5}{2\times1}-1=14$$

$b=1$인 경우의 수는 $a+c'+d'=3$을 만족시키는 음이 아닌 정수 a, c', d'의 모든 순서쌍 $(a,\ c',\ d')$의 개수와 같으므로

$$_3H_3=_5C_3=_5C_2$$
$$=\frac{5\times4}{2\times1}=10$$

그러므로 이 경우의 수는

$$3\times(14+10)=72$$

② 나머지 세 학생 중 두 명의 학생이 검은색 모자를 1개씩 받는 경우

검은색 모자를 흰색 모자보다 더 많이 받는 학생을 정하는 경우의 수는 3

이 각각에 대하여 나머지 두 학생 중에 검은색 모자를 받는 학생을 정하는 경우의 수는 2

이 각각에 대하여 학생 A가 받는 흰색 모자의 개수를 a, 검은색 모자를 1개 받는데 흰색 모자보다 더 많이 받는 학생이 받는 흰색 모자의 개수를 b, 나머지 두 학생이 받는 흰색 모자의 개수를 각각 c, d라 하면

→ 흰색 모자를 검은색 모자보다 더 많이 받을 수 없어.

$b=0$, $a+c+d=6$ $(0\le a\le3,\ c\ge1,\ d\ge1)$이어야 한다.

이 경우의 수는 $a+c'+d'=4$를 만족시키는 음이 아닌 정수 a, c', d'의 모든 순서쌍 $(a,\ c',\ d')$의 개수에서 $a=4$, $c'=0$, $d'=0$인 1가지 경우를 제외하면 되므로

$$_3H_4-1=_6C_4-1=_6C_2-1$$
$$=\frac{6\times5}{2\times1}-1=14$$

그러므로 이 경우의 수는

$$3\times2\times14=84$$

(ii) 학생 A가 검은색 모자를 5개 받는 경우

다른 세 학생 중 검은색 모자를 받는 학생을 정하는 경우의 수는 3

이 각각에 대하여 학생 A가 받는 흰색 모자의 개수를 a, 검은색 모자를 1개 받는 학생이 받는 흰색 모자의 개수를 b, 나머지 두 학생이 받는 흰색 모자의 개수를 각각 c, d라 하면

$b=0$, $a+c+d=6$ $(0\le a\le4,\ c\ge1,\ d\ge1)$이어야 한다.

이 경우의 수는 $a+c'+d'=4$를 만족시키는 음이 아닌 정수 a, c', d'의 모든 순서쌍 $(a,\ c',\ d')$의 개수와 같으므로

$$_3H_4=_6C_4=_6C_2$$
$$=\frac{6\times5}{2\times1}=15$$

그러므로 이 경우의 수는

$$3\times15=45$$

[STEP 2] 경우의 수를 구한다.

(i), (ii)에서 구하는 경우의 수는

$72+84+45=201$

15

정답률 12.0%

정답 공식

개념만 확실히 알자!

1. 중복조합

서로 다른 n개에서 중복을 허락하여 r개를 택하는 조합을 중복조합이라 한다.

2. 중복조합의 수

서로 다른 n개에서 r개를 택하는 중복조합의 수는 $_nH_r=_{n+r-1}C_r$

풀이 전략 중복조합을 이용한다.

문제 풀이

[STEP 1] 조건 (가)를 만족시키는 함수 f의 개수를 구한다.

조건 (가)를 만족시키는 함수 f의 개수는

$_5H_5=_{5+5-1}C_5=_9C_5=_9C_4$

$\qquad =\dfrac{9\times8\times7\times6}{4\times3\times2\times1}=126$

[STEP 2] 조건 (나)의 부정을 만족시키는 함수 f의 개수를 구한다.

조건 (나)의 부정은

$f(2)=1$ 또는 $f(4)\times f(5)\geq20$ ...... ㉠

이다. └→ 조건 (가)를 만족시키는 함수 f의 개수에서 조건 (나)를 만족시키지 않는 함수 f의 개수를 뺄거야!

(i) $f(2)=1$인 경우

$f(1)=1$이고 $1\leq f(3)\leq f(4)\leq f(5)\leq5$이므로

$f(3)$, $f(4)$, $f(5)$의 값을 정하는 경우의 수는

$_5H_3=_{5+3-1}C_3=_7C_3$

$\qquad =\dfrac{7\times6\times5}{3\times2\times1}=35$

(ii) $f(4)\times f(5)\geq20$인 경우

$f(4)=4$, $f(5)=5$일 때

$1\leq f(1)\leq f(2)\leq f(3)\leq4$이므로

$f(1)$, $f(2)$, $f(3)$의 값을 정하는 경우의 수는

$_4H_3=_{4+3-1}C_3=_6C_3$

$\qquad =\dfrac{6\times5\times4}{3\times2\times1}=20$

$f(4)=5$, $f(5)=5$일 때

$1\leq f(1)\leq f(2)\leq f(3)\leq5$이므로

$f(1)$, $f(2)$, $f(3)$의 값을 정하는 경우의 수는

$_5H_3=_{5+3-1}C_3=_7C_3$

$\qquad =\dfrac{7\times6\times5}{3\times2\times1}=35$

그러므로 이 경우 함수 f의 개수는

$20+35=55$

(iii) $f(2)=1$이고 $f(4)\times f(5)\geq20$인 경우

$f(1)=1$이고 $f(4)=4$, $f(5)=5$일 때

$1\leq f(3)\leq4$에서 $f(3)$의 값을 정하는 경우의 수는

$_4C_1=4$

$f(1)=1$이고 $f(4)=5$, $f(5)=5$일 때

$1\leq f(3)\leq5$에서 $f(3)$의 값을 정하는 경우의 수는

$_5C_1=5$

그러므로 이 경우 함수 f의 개수는

$4+5=9$

(i)~(iii)에서 ㉠을 만족시키는 함수 f의 개수는

$35+55-9=81$

[STEP 3] 함수 f의 개수를 구한다.

따라서 구하는 함수 f의 개수는

$126-81=45$

답 45

16

정답률 11.7%

정답 공식

개념만 확실히 알자!

1. 중복조합

서로 다른 n개에서 중복을 허락하여 r개를 택하는 조합을 중복조합이라 한다.

2. 중복조합의 수

서로 다른 n개에서 r개를 택하는 중복조합의 수는 $_nH_r=_{n+r-1}C_r$

풀이 전략 중복조합을 이용한다.

문제 풀이

[STEP 1] 조건 (가), (나)를 만족하는 경우를 파악한다.

조건 (가), (나)에 의하여 학생 A에게 사탕 1개, 학생 B에게 초콜릿 1개를 먼저 나누어 주고 나머지 사탕 5개와 초콜릿 4개를 세 명의 학생에게 나누어 주는 경우의 수를 구하면 된다.

[STEP 2] 조건 (다)를 만족하는 경우를 파악한다.

그런데 조건 (다)에 의하여 학생 C가 사탕이나 초콜릿을 적어도 1개 받아야 하므로 학생 C가 아무것도 받지 못하는 경우의 수를 빼면 된다.

[STEP 3] 경우의 수를 구한다.

따라서 구하는 경우의 수는

$_3H_5\times_3H_4-_2H_5\times_2H_4$

$=_7C_5\times_6C_4-_6C_5\times_5C_4$

$$= {}_7C_2 \times {}_6C_2 - {}_6C_1 \times {}_5C_1$$
$$= 21 \times 15 - 6 \times 5 \quad \longrightarrow = \frac{6 \times 5}{2 \times 1}$$
$$= 285 \quad \longrightarrow = \frac{7 \times 6}{2 \times 1}$$

답 285

수능이 보이는 강의

수능 문제의 모든 조건은 아무 의미없이 주어지는 것이 아니야. 이 문제에서는 조건 (가), (나), (다)에서 각각 학생 A, B, C가 받아야 하는 사탕과 초콜릿의 개수를 알려주고 있어. 이들 조건을 하나하나 따져 문제를 해결해야 해.

17

정답률 9.0%

정답 공식   **개념만 확실히 알자!**

중복순열

서로 다른 n개에서 중복을 허락하여 r개를 택해 일렬로 나열하는 순열

⇨ 서로 다른 n개에서 r개를 택하는 중복순열의 수는
$${}_n\Pi_r = n^r$$

풀이 전략   중복순열을 이용한다.

문제 풀이

[STEP 1] 숫자 1을 기준으로 조건을 만족시키는 경우를 나누어 구한다.

(i) 1, 2, 3에서만 선택한 후 나열하는 경우

1, 2, 3 중에서 중복을 허락하여 네 개를 선택한 후 일렬로 나열하는 경우에서 2, 3 중에서만 선택한 후 일렬로 나열하는 경우를 제외하면 되므로 구하는 경우의 수는   → 숫자 1은 한 번 이상 나와야 해.
$${}_3\Pi_4 - {}_2\Pi_4 = 3^4 - 2^4 = 65$$

(ii) 1, 4, □, □에서 □에 2 또는 3이 있도록 선택한 후 나열하는 경우

1과 4의 위치를 정하는 경우의 수는 $2 \times ({}_4C_2 - 3) = 6$이고, □ 에 들어갈 수를 정하는 경우의 수는 $2^2 = 4$이다.   → $= \frac{4 \times 3}{2 \times 1}$

→ 1과 4의 차는 3이므로 1과 4가 이웃하는 경우는 제외해!

그러므로 구하는 경우의 수는 $6 \times 4 = 24$

(iii) 1, 1, 4, □ 또는 1, 4, 4, □에서 □에 2 또는 3이 있도록 선택한 후 나열하는 경우

1, 1, 4, □를 나열하는 경우는 11□4, 4□11이고, □에 2 또는 3을 나열할 수 있으므로 경우의 수는 $2 \times 2 = 4$이다.

1, 4, 4, □를 나열하는 경우는 1, 1, 4, □를 나열하는 경우와 같은 방법으로 생각하면 경우의 수는 4이다.   → 44□1, 1□44

그러므로 구하는 경우의 수는 $4 + 4 = 8$

(i)~(iii)에서 구하는 경우의 수는
$$65 + 24 + 8 = 97$$

답 97

18

정답률 8.0%

정답 공식   **개념만 확실히 알자!**

1. **중복조합**

서로 다른 n개에서 중복을 허락하여 r개를 택하는 조합을 중복조합이라 한다.

2. **중복조합의 수**

서로 다른 n개에서 r개를 택하는 중복조합의 수는 ${}_n\mathrm{H}_r = {}_{n+r-1}C_r$

풀이 전략   중복조합을 이용한다.

문제 풀이

[STEP 1] 네 명의 학생에게 사인펜을 나누어 주는 경우를 파악한다.

사인펜이 14개이므로 조건 (가), (다)에 의하여 네 명의 학생 A, B, C, D 중 2명은 짝수 개의 사인펜을 받고 나머지 2명은 홀수 개의 사인펜을 받거나 네 명의 학생 모두 짝수 개의 사인펜을 받는다.

[STEP 2] 네 명의 학생 중 2명은 짝수 개의 사인펜을 받고 나머지 2명은 홀수 개의 사인펜을 받는 경우의 수를 구한다.

(i) 네 명의 학생 중 2명은 짝수 개의 사인펜을 받고 나머지 2명은 홀수 개의 사인펜을 받는 경우

네 명의 학생 중 짝수 개의 사인펜을 받는 2명의 학생을 택하는 경우의 수는
$${}_4C_2$$
두 명의 학생 A, B는 짝수 개의 사인펜을 받고 두 명의 학생 C, D는 홀수 개의 사인펜을 받는다고 하면 네 명의 학생 A, B, C, D가 받는 사인펜의 개수를 각각
$$2a+2, \ 2b+2, \ 2c+1, \ 2d+1 \ (a, b, c, d \text{는 음이 아닌 정수})$$
라 하면
$$(2a+2)+(2b+2)+(2c+1)+(2d+1)=14$$에서
$$a+b+c+d=4$$
방정식 $a+b+c+d=4$를 만족시키는 음이 아닌 정수 a, b, c, d의 순서쌍 (a, b, c, d)의 개수는
$${}_4\mathrm{H}_4$$
조건 (나)에 의하여 $a \neq 4$, $b \neq 4$이므로 주어진 조건을 만족시키는 경우의 수는   → $= {}_{4+4-1}C_4$ → ${}_7C_3$
$${}_4C_2 \times ({}_4\mathrm{H}_4 - 2) = {}_4C_2 \times ({}_7C_4 - 2)$$
$$= 198$$

[STEP 3] 네 명의 학생 모두 짝수 개의 사인펜을 받는 경우의 수를 구한다.

(ii) 네 명의 학생 모두 짝수 개의 사인펜을 받는 경우

네 명의 학생 A, B, C, D가 받는 사인펜의 개수를 각각
$$2a+2, \ 2b+2, \ 2c+2, \ 2d+2 \ (a, b, c, d \text{는 음이 아닌 정수})$$
라 하면
$$(2a+2)+(2b+2)+(2c+2)+(2d+2)=14$$에서
$$a+b+c+d=3$$

방정식 $a+b+c+d=3$을 만족시키는 음이 아닌 정수 a, b, c, d의 순서쌍 (a, b, c, d)의 개수는

$$_4\mathrm{H}_3 = {}_{4+3-1}\mathrm{C}_3 = {}_6\mathrm{C}_3$$
$$= \frac{6 \times 5 \times 4}{3 \times 2 \times 1} = 20$$

[STEP 4] 모든 경우의 수를 구한다.

(i), (ii)에서 구하는 경우의 수는

$198 + 20 = 218$

답 218

다른 풀이 방정식의 해를 이용한 풀이

[STEP 1] 조건 (가), (다)를 만족시키는 경우의 수를 구한다.

네 명의 학생 A, B, C, D가 받는 사인펜의 개수를 각각 a, b, c, d라 하면

$a+b+c+d=14$

조건 (가)를 만족시키는 순서쌍 (a, b, c, d)의 개수는

$a=a'+1$, $b=b'+1$, $c=c'+1$, $d=d'+1$로 놓으면 방정식 $a'+b'+c'+d'=10$을 만족시키는 음이 아닌 정수 a', b', c', d'의 순서쌍 (a', b', c', d')의 개수와 같으므로

$$_4\mathrm{H}_{10} = {}_{4+10-1}\mathrm{C}_{10} = {}_{13}\mathrm{C}_{10} = {}_{13}\mathrm{C}_3$$
$$= \frac{13 \times 12 \times 11}{3 \times 2 \times 1} = 286$$

네 명의 학생 모두 홀수 개의 사인펜을 받는 경우의 수는

$a=2a''+1$, $b=2b''+1$, $c=2c''+1$, $d=2d''+1$로 놓으면 방정식 $a''+b''+c''+d''=5$를 만족시키는 음이 아닌 정수 a'', b'', c'', d''의 순서쌍 (a'', b'', c'', d'')의 개수와 같으므로

$$_4\mathrm{H}_5 = {}_{4+5-1}\mathrm{C}_5 = {}_8\mathrm{C}_5 = {}_8\mathrm{C}_3$$
$$= \frac{8 \times 7 \times 6}{3 \times 2 \times 1} = 56$$

즉, 조건 (가), (다)를 만족시키는 경우의 수는

$286 - 56 = 230$

[STEP 2] 조건 (가), (다)를 만족시키고, 조건 (나)를 만족시키지 않는 경우의 수를 구한다.

조건 (가), (다)를 만족시키고, 사인펜을 10개 이상 받은 학생이 있는 경우 각 학생이 받은 사인펜의 개수는 10, 2, 1, 1뿐이고 이 경우의 수는

$$\frac{4!}{2!} = 12$$

[STEP 3] 모든 조건을 만족시키는 경우의 수를 구한다.

따라서 모든 조건을 만족시키는 경우의 수는

$230 - 12 = 218$

19

정답률 5.4%

정답 공식   **개념만 확실히 알자!**

1. **중복조합**
   서로 다른 n개에서 중복을 허락하여 r개를 택하는 조합을 중복조합이라 한다.
2. **중복조합의 수**
   서로 다른 n개에서 r개를 택하는 중복조합의 수는 $_n\mathrm{H}_r = {}_{n+r-1}\mathrm{C}_r$

풀이 전략 중복조합을 이용한다.

문제 풀이

[STEP 1] 조건 (나)를 만족시키는 경우의 수를 구한다.

조건 (나)에서 $a \times d$가 홀수이므로 a와 d는 모두 홀수이고, $b+c$가 짝수이므로 b와 c가 모두 홀수이거나 b와 c가 모두 짝수이다.

[STEP 2] b와 c가 모두 홀수인 경우의 수를 구한다.

(i) b와 c가 모두 홀수인 경우

a, b, c, d가 모두 13 이하의 홀수이다.

13 이하의 홀수의 개수는 7이고, 조건 (가)에서 $a \le b \le c \le d$이므로 조건을 만족시키는 모든 순서쌍 (a, b, c, d)의 개수는 서로 다른 7개에서 중복을 허락하여 4개를 택하는 중복조합의 수 $_7\mathrm{H}_4$와 같다.

$$_7\mathrm{H}_4 = {}_{7+4-1}\mathrm{C}_4 = {}_{10}\mathrm{C}_4$$
$$= \frac{10 \times 9 \times 8 \times 7}{4 \times 3 \times 2 \times 1} = 210$$

[STEP 3] b와 c가 모두 짝수인 경우의 수를 구한다.

(ii) b와 c가 모두 짝수인 경우

a와 d가 모두 홀수, b와 c가 모두 짝수, $a \le b \le c \le d$이므로 $d-a$의 값은 12 이하의 자연수이다.

① $d-a=12$인 경우 순서쌍 (a, d)의 개수는 1이고, 순서쌍 (b, c)의 개수는 서로 다른 짝수 6개에서 중복을 허락하여 2개를 택하는 중복조합의 수 $_6\mathrm{H}_2$와 같으므로 구하는 순서쌍의 개수는

$$1 \times {}_6\mathrm{H}_2 = 1 \times {}_{6+2-1}\mathrm{C}_2 = 1 \times {}_7\mathrm{C}_2$$
$$= 1 \times \frac{7 \times 6}{2 \times 1} = 21$$

② $d-a=10$인 경우 순서쌍 (a, d)의 개수는 2이고, 순서쌍 (b, c)의 개수는 서로 다른 짝수 5개에서 중복을 허락하여 2개를 택하는 중복조합의 수 $_5\mathrm{H}_2$와 같으므로 구하는 순서쌍의 개수는

$$2 \times {}_5\mathrm{H}_2 = 2 \times {}_{5+2-1}\mathrm{C}_2 = 2 \times {}_6\mathrm{C}_2$$
$$= 2 \times \frac{6 \times 5}{2 \times 1} = 30$$

③ $d-a=8$인 경우 순서쌍 (a, d)의 개수는 3이고, 순서쌍 (b, c)의 개수는 서로 다른 짝수 4개에서 중복을 허락하여 2개를 택하는 중복조합의 수 $_4\mathrm{H}_2$와 같으므로 구하는 순서쌍

의 개수는

$$3 \times {}_4\mathrm{H}_2 = 3 \times {}_{4+2-1}\mathrm{C}_2 = 3 \times {}_5\mathrm{C}_2$$

$$= 3 \times \frac{5 \times 4}{2 \times 1} = 30$$

④ $d-a=6$인 경우 순서쌍 (a, d)의 개수는 4이고, 순서쌍 (b, c)의 개수는 서로 다른 짝수 3개에서 중복을 허락하여 2개를 택하는 중복조합의 수 ${}_3\mathrm{H}_2$와 같으므로 구하는 순서쌍 의 개수는

$$4 \times {}_3\mathrm{H}_2 = 4 \times {}_{3+2-1}\mathrm{C}_2 = 4 \times {}_4\mathrm{C}_2$$

$$= 4 \times \frac{4 \times 3}{2 \times 1} = 24$$

⑤ $d-a=4$인 경우 순서쌍 (a, d)의 개수는 5이고, 순서쌍 (b, c)의 개수는 서로 다른 짝수 2개에서 중복을 허락하여 2개를 택하는 중복조합의 수 ${}_2\mathrm{H}_2$와 같으므로 구하는 순서쌍 의 개수는

$$5 \times {}_2\mathrm{H}_2 = 5 \times {}_{2+2-1}\mathrm{C}_2 = 5 \times {}_3\mathrm{C}_2 = 5 \times {}_3\mathrm{C}_1$$

$$= 5 \times \frac{3 \times 2}{2 \times 1} = 15$$

⑥ $d-a=2$인 경우 순서쌍 (a, d)의 개수는 6이고, 순서쌍 (b, c)의 개수는 $a+1=b=c$에서 1이므로 구하는 순서쌍 의 개수는

$$6 \times 1 = 6$$

[STEP 4] 모든 순서쌍 (a, b, c, d)의 개수를 구한다.

(i), (ii)에서 구하는 모든 순서쌍의 개수는

$$210 + 21 + 30 + 30 + 24 + 15 + 6 = 336$$

🔲 336

20

정답률 **4.0%**

정답 공식 | **개념만 확실히 알자!**

1. **중복조합**

서로 다른 n개에서 중복을 허락하여 r개를 택하는 조합을 중복조 합이라 한다.

2. **중복조합의 수**

서로 다른 n개에서 r개를 택하는 중복조합의 수는 ${}_n\mathrm{H}_r = {}_{n+r-1}\mathrm{C}_r$

풀이 전략 중복조합을 이용한다.

문제 풀이

[STEP 1] 조건 (가)를 만족시키는 함수 f의 개수를 구한다.

조건 (가)를 만족시키는 함수 f의 개수는 Y의 원소 중에서 중복을 허락하여 5개를 선택하는 중복조합의 수와 같다.

[STEP 2] 조건 (나)를 만족시키는 함수 f의 개수를 구한다.

이때 조건 (나)를 만족시키기 위해서는 −1과 1을 적어도 1개씩

└▶ 두 함숫값의 합이 0이 되는 경우야.

선택하거나 0을 적어도 2개 선택해야 한다.

(i) −1과 1을 적어도 1개씩 선택하는 경우

−1과 1을 1개씩 선택한 후 Y의 원소 중에서 중복을 허락하여 3개를 선택하는 경우의 수는 서로 다른 5개에서 중복을 허락하 여 3개를 선택하는 중복조합의 수와 같으므로

$${}_5\mathrm{H}_3 = {}_{5+3-1}\mathrm{C}_3 = {}_7\mathrm{C}_3$$

$$= \frac{7 \times 6 \times 5}{3 \times 2 \times 1} = 35$$

(ii) 0을 적어도 2개 선택하는 경우

0을 2개 선택한 후 Y의 원소 중에서 중복을 허락하여 3개를 선 택하는 경우의 수는 서로 다른 5개에서 중복을 허락하여 3개를 선택하는 중복조합의 수와 같으므로

$${}_5\mathrm{H}_3 = {}_{5+3-1}\mathrm{C}_3 = {}_7\mathrm{C}_3$$

$$= \frac{7 \times 6 \times 5}{3 \times 2 \times 1} = 35$$

(iii) 위의 (i), (ii)를 동시에 만족시키는 경우

−1을 1개, 0을 2개, 1을 1개 선택한 후 Y의 원소 중에서 중복 을 허락하여 1개를 선택하는 경우의 수는 서로 다른 5개에서 중복을 허락하여 1개를 선택하는 중복조합의 수와 같으므로

$${}_5\mathrm{H}_1 = {}_{5+1-1}\mathrm{C}_1 = {}_5\mathrm{C}_1 = 5$$

(i)~(iii)에서 구하는 함수 f의 개수는

$$35 + 35 - 5 = 65$$

🔲 65

21

정답률 **3.6%**

정답 공식 | **개념만 확실히 알자!**

중복순열

서로 다른 n개에서 중복을 허락하여 r개를 택해 일렬로 나열하는 순 열

⇨ 서로 다른 n개에서 r개를 택하는 중복순열의 수는

$${}_n\Pi_r = n^r$$

풀이 전략 중복순열을 이용한다.

문제 풀이

[STEP 1] $n(A)$의 값이 될 수 있는 경우를 구한다.

조건 (다)에서 함수 f는 상수함수일 수 없으므로

$$n(A) = 2 \text{ 또는 } n(A) = 3$$

[STEP 2] $n(A)$의 값을 만족시키는 함수 f의 개수를 구한다.

(i) $n(A) = 2$인 경우

집합 A를 정하는 경우의 수는

$${}_5\mathrm{C}_2 = \frac{5 \times 4}{2 \times 1} = 10$$

집합 $A = \{1, 2\}$인 경우를 생각하면

조건 (다)에서 $f(1)=2$, $f(2)=1$ → $f(1)\neq1, f(2)\neq2$

$f(3)$, $f(4)$, $f(5)$의 값은 1, 2 중 하나이므로 $f(3)$, $f(4)$, $f(5)$의 값을 정하는 경우의 수는

$$_2\Pi_3=2^3=8$$

즉, $n(A)=2$인 경우 함수 f의 개수는

$$10\times8=80$$

(ii) $n(A)=3$인 경우

집합 A를 정하는 경우의 수는

$$_5C_3=_5C_2=\frac{5\times4}{2\times1}=10$$

주의
$f(1)\neq1, f(2)\neq2, f(3)\neq3$
임을 잊지 말자.

집합 $A=\{1, 2, 3\}$인 경우를 생각하면

조건 (다)에서 순서쌍 $(f(1), f(2), f(3))$은 $(2, 3, 1)$, $(3, 1, 2)$뿐이므로 $f(1)$, $f(2)$, $f(3)$의 값을 정하는 경우의 수는 2

$f(4)$, $f(5)$의 값은 1, 2, 3 중 하나이므로 $f(4)$, $f(5)$의 값을 정하는 경우의 수는

$$_3\Pi_2=3^2=9$$

즉, $n(A)=3$인 경우 함수 f의 개수는

$$10\times2\times9=180$$

(i), (ii)에서 구하는 함수 f의 개수는

$$80+180=260$$

답 260

22

정답률 **3.0%**

정답 공식   **개념만 확실히 알자!**

같은 것이 있는 순열

n개 중에서 서로 같은 것이 각각 p개, q개, r개, …일 때, n개를 모두 일렬로 배열하는 순열의 수는

$$\frac{n!}{p!q!r!\cdots} \text{ (단, } p+q+r+\cdots=n)$$

풀이 **전략** 같은 것이 있는 순열의 수와 중복순열을 이용한다.

문제 풀이

[STEP 1] 4개의 원판에 적힌 문자가 XXYY 꼴인 경우의 수를 구한다.

(ⅰ) 4개의 원판에 적힌 문자가 XXYY 꼴인 경우

4개의 문자 중 X, Y에 해당하는 문자를 선택하는 경우의 수는

$$_4C_2=\frac{4\times3}{2\times1}=6$$

4개의 원판을 쌓는 경우의 수는

$$\frac{4!}{2!2!}=6$$

이 경우의 수는 $6\times6=36$

[STEP 2] 4개의 원판에 적힌 문자가 XXYZ 꼴인 경우의 수를 구한다.

(ⅱ) 4개의 원판에 적힌 문자가 XXYZ 꼴인 경우

4개의 문자 중 X에 해당하는 문자를 선택하는 경우의 수는

$$_4C_1=4$$

Y, Z에 해당하는 문자를 선택하는 경우의 수는

$$_3C_2=_3C_1=3$$

Y, Z에 해당하는 원판의 색을 정하는 경우의 수는

$$_2\Pi_2=2^2=4$$

4개의 원판을 쌓는 경우의 수는

$$\frac{4!}{2!}=12$$

이 경우의 수는 $4\times3\times4\times12=576$

[STEP 3] 4개의 원판에 적힌 문자가 모두 다른 경우의 수를 구한다.

(ⅲ) 4개의 원판에 적힌 문자가 모두 다른 경우

각각의 원판의 색을 정하는 경우의 수는

$$_2\Pi_4=2^4=16$$

D가 적힌 원판이 맨 아래에 놓이도록 4개의 원판을 쌓는 경우의 수는 $3!=6$ → D를 제외한 나머지 원판들을 쌓는 경우의 수와 같다.

이 경우의 수는 $16\times6=96$

(ⅰ)~(ⅲ)에서 구하는 경우의 수는

$$36+576+96=708$$

답 708

본문 36~58쪽

수능 유형별 기출 문제

01 ①	02 ⑤	03 ④	04 ④	05 ④
06 ②	07 ⑤	08 ③	09 ④	10 ⑤
11 ⑤	12 ⑤	13 ④	14 ④	15 ①
16 ④	17 ②	18 ③	19 ②	20 ③
21 ④	22 ②	23 ②	24 ⑤	25 ③
26 ⑤	27 ⑤	28 ③	29 ②	30 ②
31 ③	32 ②	33 ①	34 ②	35 ④
36 ③	37 ⑤	38 ①	39 ③	40 ⑤
41 ②	42 ④	43 ⑤	44 ④	45 ①
46 ②	47 ④	48 ④	49 ③	50 ⑤
51 ①	52 ⑤	53 ④	54 ①	55 ②
56 ⑤	57 ④	58 ①	59 ③	60 47
61 ②	62 ④	63 ④	64 ①	65 ②
66 ②	67 ④	68 137	69 ①	

유형 1 확률의 연산(덧셈정리와 배반사건)

01

$A \cup B = A \cup (A^c \cap B)$

이고, 두 사건 A와 $A^c \cap B$는 서로 배반사건이므로

$P(A \cup B) = P(A) + P(A^c \cap B)$

따라서

$P(A) = P(A \cup B) - P(A^c \cap B)$

$= \dfrac{3}{4} - \dfrac{2}{3}$

$= \dfrac{1}{12}$

답 ①

02

a와 b가 모두 짝수이고 짝수의 개수가 3개이므로 a와 b가 모두 짝수일 경우를 다음 두 가지로 나눌 수 있다.

(ⅰ) 선택된 수가 짝수 1개, 홀수 2개인 경우

이 사건을 A라 하면

$P(A) = \dfrac{_3C_1 \times _4C_2}{_7C_3}$

$= \dfrac{3 \times 6}{35}$

$= \dfrac{18}{35}$

(ⅱ) 선택된 수가 짝수 2개, 홀수 1개인 경우

이 사건을 B라 하면

$P(B) = \dfrac{_3C_2 \times _4C_1}{_7C_3}$

$= \dfrac{3 \times 4}{35}$

$= \dfrac{12}{35}$

따라서 두 사건 A와 B는 서로 배반사건이므로 구하는 확률은

$P(A \cup B) = P(A) + P(B)$

$= \dfrac{18}{35} + \dfrac{12}{35}$

$= \dfrac{6}{7}$

답 ⑤

03

두 사건 A와 B가 서로 배반사건이므로 $P(A \cap B) = 0$

확률의 덧셈정리에 의하여

$P(A \cup B) = P(A) + P(B) = \dfrac{5}{6}$

이때 $P(A) = 1 - P(A^c) = 1 - \dfrac{3}{4} = \dfrac{1}{4}$이므로

$P(B) = \dfrac{5}{6} - P(A) = \dfrac{5}{6} - \dfrac{1}{4} = \dfrac{7}{12}$

답 ④

04

$P(B) = 1 - P(B^c)$

$= 1 - \dfrac{7}{18}$

$= \dfrac{11}{18}$

따라서 두 사건 $A \cap B^c$과 B는 서로소이므로

$P(A \cup B) = P(A \cap B^c) + P(B)$

$= \dfrac{1}{9} + \dfrac{11}{18}$

$= \dfrac{13}{18}$

답 ④

05

$P(A \cup B) = P(A) + P(B) - P(A \cap B)$에서

$1 = P(A) + \dfrac{1}{3} - \dfrac{1}{6}$, $P(A) = \dfrac{5}{6}$

따라서

$$P(A^C)=1-P(A)$$
$$=1-\frac{5}{6}$$
$$=\frac{1}{6}$$

답 ④

다른 풀이

$P(A\cup B)=1$이므로
$$P(A^C)=P(B-A)$$
$$=P(B)-P(A\cap B)$$
$$=\frac{1}{3}-\frac{1}{6}$$
$$=\frac{1}{6}$$

06

$P(A^C)=\frac{2}{3}$이므로

$$P(A)=1-\frac{2}{3}=\frac{1}{3}$$

$A\cup B=A\cup(A^C\cap B)$이고

$A\cap(A^C\cap B)=\varnothing$이므로

$$P(A\cup B)=P(A)+P(A^C\cap B)$$
$$=\frac{1}{3}+\frac{1}{4}$$
$$=\frac{7}{12}$$

답 ②

07

두 사건 A와 B가 서로 배반사건이므로 $P(A\cap B)=0$
따라서
$$P(A^C\cap B)=P(B)-P(A\cap B)$$
$$=P(B)$$
$$=\frac{2}{3}$$

답 ⑤

08

두 사건 A와 B^C이 서로 배반사건이므로
$$A\subset B$$

$$P(A\cap B)=P(A)=\frac{1}{5}$$
$$P(B)=\frac{7}{10}-P(A)$$
$$=\frac{7}{10}-\frac{1}{5}$$
$$=\frac{1}{2}$$

따라서 $A\subset B$이므로
$$P(A^C\cap B)=P(B)-P(A)$$
$$=\frac{1}{2}-\frac{1}{5}$$
$$=\frac{3}{10}$$

답 ③

유형 2   확률의 연산(조건부확률, 곱셈정리, 사건의 독립)

09

$P(B|A)=\dfrac{P(A\cap B)}{P(A)}=\dfrac{1}{4}$이므로

$$P(A)=4P(A\cap B)$$

또, $P(A|B)=\dfrac{P(A\cap B)}{P(B)}=\dfrac{1}{3}$이므로

$$P(B)=3P(A\cap B)$$

즉,
$$P(A)+P(B)=4P(A\cap B)+3P(A\cap B)$$
$$=7P(A\cap B)$$
$$=\frac{7}{10}$$

따라서
$$P(A\cap B)=\frac{1}{10}$$

답 ④

10

$P(A\cup B)=P(A)+P(B)-P(A\cap B)$에서
$$P(A\cap B)=P(A)+P(B)-P(A\cup B)$$
$$=\frac{2}{5}+\frac{4}{5}-\frac{9}{10}$$
$$=\frac{3}{10}$$

이므로

$$P(B|A) = \frac{P(A \cap B)}{P(A)}$$

$$= \frac{\frac{3}{10}}{\frac{2}{5}}$$

$$= \frac{3}{4}$$

답 ⑤

11

$$P(A) = 1 - P(A^c)$$

$$= 1 - \frac{2}{5}$$

$$= \frac{3}{5}$$

두 사건 A와 B는 서로 독립이므로

$$P(A \cap B) = P(A)P(B)$$

$$= \frac{3}{5} \times \frac{1}{6} = \frac{1}{10}$$

따라서

$$P(A^c \cup B^c) = P((A \cap B)^c)$$

$$= 1 - P(A \cap B)$$

$$= 1 - \frac{1}{10}$$

$$= \frac{9}{10}$$

답 ⑤

12

두 사건 A와 B가 서로 독립이므로 두 사건 A와 B^c도 서로 독립이다.

$$P(A|B) = P(A)$$

$$= \frac{1}{3}$$

$$P(A \cap B^c) = P(A)P(B^c)$$

$$= \frac{1}{12}$$

따라서 $\frac{1}{3}P(B^c) = \frac{1}{12}$에서 $P(B^c) = \frac{1}{4}$이므로

$$P(B) = 1 - P(B^c)$$

$$= 1 - \frac{1}{4}$$

$$= \frac{3}{4}$$

답 ⑤

13

$$P(B) = 1 - P(B^c) = 1 - \frac{3}{10} = \frac{7}{10}$$이므로

$$P(A \cup B) = P(A) + P(B) - P(A \cap B)$$

$$= \frac{2}{5} + \frac{7}{10} - \frac{1}{5}$$

$$= \frac{9}{10}$$

$$P(A^c \cap B^c) = P((A \cup B)^c)$$

$$= 1 - P(A \cup B)$$

$$= 1 - \frac{9}{10}$$

$$= \frac{1}{10}$$

따라서

$$P(A^c|B^c) = \frac{P(A^c \cap B^c)}{P(B^c)}$$

$$= \frac{\frac{1}{10}}{\frac{3}{10}}$$

$$= \frac{1}{3}$$

답 ④

14

$$P(A^c) = 2P(A)$$에서

$$1 - P(A) = 2P(A)$$이므로

$$3P(A) = 1$$

$$P(A) = \frac{1}{3}$$

두 사건 A와 B가 서로 독립이므로

$$P(A \cap B) = P(A)P(B) = \frac{1}{3} \times P(B) = \frac{1}{4}$$

따라서

$$P(B) = \frac{3}{4}$$

답 ④

15

$$P(B) = \frac{P(A \cap B)}{P(A|B)}$$

$$= \frac{\frac{2}{15}}{\frac{2}{3}}$$

$$= \frac{1}{5}$$

답 ①

16

$$P(A^C) = 1 - P(A)$$
$$= 1 - \frac{7}{10}$$
$$= \frac{3}{10}$$

$$P(A^C \cap B^C) = P((A \cup B)^C)$$
$$= 1 - P(A \cup B)$$
$$= 1 - \frac{9}{10}$$
$$= \frac{1}{10}$$

따라서

$$P(B^C | A^C) = \frac{P(A^C \cap B^C)}{P(A^C)}$$
$$= \frac{\frac{1}{10}}{\frac{3}{10}}$$
$$= \frac{1}{3}$$

답 ④

17

$P(A) = \frac{1}{3}$ 이므로

$$P(A^C) = 1 - P(A)$$
$$= \frac{2}{3}$$

$P(A^C)P(B) = \frac{2}{3} \times P(B) = \frac{1}{6}$ 에서

$$P(B) = \frac{1}{4}$$

이때 두 사건 A와 B는 서로 배반사건이므로

$$P(A \cup B) = P(A) + P(B)$$
$$= \frac{1}{3} + \frac{1}{4}$$
$$= \frac{7}{12}$$

답 ②

18

$P(A \cap B) = \frac{1}{4}$ 이고, $P(A|B) = \frac{P(A \cap B)}{P(B)}$,

$P(B|A) = \frac{P(A \cap B)}{P(A)}$ 이므로 $P(A|B) = P(B|A)$ 에서

$$\frac{\frac{1}{4}}{P(B)} = \frac{\frac{1}{4}}{P(A)}$$

$$P(A) = P(B)$$

$P(A \cup B) = P(A) + P(B) - P(A \cap B)$ 에서

$$1 = P(A) + P(A) - \frac{1}{4}$$

$$2P(A) = \frac{5}{4}$$

따라서 $P(A) = \frac{5}{8}$

답 ③

19

두 사건 A와 B가 서로 독립이므로 $P(A|B) = P(A)$ 이고
$P(A \cap B) = P(A)P(B)$ 이다.

주어진 조건에서 $P(A|B) = P(B)$ 이므로

$$P(A) = P(B)$$

따라서

$$P(A \cap B) = P(A)P(A)$$
$$= \frac{1}{9}$$

에서

$$P(A) = \frac{1}{3}$$

답 ②

유형 **3** | **여러 가지 사건의 확률의 계산**

20

주머니에서 흰 공 2개와 검은 공 2개가 나올 확률은

$$\frac{{}_3C_2 \times {}_4C_2}{{}_7C_4} = \frac{{}_3C_1 \times {}_4C_2}{{}_7C_3}$$
$$= \frac{3 \times \frac{4 \times 3}{2 \times 1}}{\frac{7 \times 6 \times 5}{3 \times 2 \times 1}}$$
$$= \frac{18}{35}$$

답 ③

21

9장의 카드를 일렬로 나열하는 경우의 수는
9! 이다.

문자 A가 적혀 있는 카드의 바로 양옆에 각각 숫자가 적혀 있는
카드를 택하여 일렬로 나열하는 경우의 수는 ${}_4P_2 = 4 \times 3 = 12$ 이
고, 이 각각에 대하여 나머지 6장의 카드와 함께 일렬로 나열하는

경우의 수는 $7!$이므로 문자 A가 적혀 있는 카드의 바로 양옆에 각각 숫자가 적혀 있는 카드가 놓이도록 나열하는 경우의 수는 $12 \times 7!$이다.

따라서 구하는 확률은

$$\frac{12 \times 7!}{9!} = \frac{1}{6}$$

답 ④

22

$a > b$이고 $a > c$를 만족시키는 경우는 다음 표와 같다.

a	b	c
2	1	1
3	1, 2	1, 2
4	1, 2, 3	1, 2, 3
5	1, 2, 3, 4	1, 2, 3, 4
6	1, 2, 3, 4, 5	1, 2, 3, 4, 5

즉, 주어진 조건을 만족시키는 경우의 수는

$$1 \times 1 + 2 \times 2 + 3 \times 3 + 4 \times 4 + 5 \times 5 = 1 + 4 + 9 + 16 + 25$$
$$= 55$$

한편, 한 개의 주사위를 세 번 던질 때 나오는 모든 경우의 수는

$$6^3 = 216$$

따라서 구하는 확률은 $\dfrac{55}{216}$

답 ②

23

세 수를 곱해서 4가 나오는 경우는 1, 1, 4 또는 1, 2, 2이다.

(i) 1, 1, 4인 경우의 확률은

$$3 \times \left(\frac{1}{6}\right)^3 = \frac{1}{72}$$

(ii) 1, 2, 2인 경우의 확률은

$$3 \times \left(\frac{1}{6}\right)^3 = \frac{1}{72}$$

(i), (ii)에서 구하는 확률은

$$\frac{1}{72} + \frac{1}{72} = \frac{1}{36}$$

답 ②

24

두 수의 합이 10보다 큰 경우는

$$5 + 6 = 11$$

뿐이므로 양 끝에 놓인 카드에 적힌 두 수의 합이 10 이하인 사건을 A라 하면 사건 A^C은 양 끝에 놓인 카드에 적힌 두 수가 5, 6인

사건이다.

따라서

$$\mathrm{P}(A^C) = \frac{2! \times 4!}{6!}$$
$$= \frac{1}{15}$$

이므로

$$\mathrm{P}(A) = 1 - \mathrm{P}(A^C)$$
$$= 1 - \frac{1}{15}$$
$$= \frac{14}{15}$$

답 ⑤

25

흰색 손수건이 2장 이상인 사건을 A라 하면 A^C은 흰색 손수건이 없거나 1장인 사건이다.

$$\mathrm{P}(A^C) = \frac{{}_4\mathrm{C}_0 \times {}_5\mathrm{C}_4}{{}_9\mathrm{C}_4} + \frac{{}_4\mathrm{C}_1 \times {}_5\mathrm{C}_3}{{}_9\mathrm{C}_4}$$
$$= \frac{1 \times 5}{126} + \frac{4 \times 10}{126}$$
$$= \frac{5}{14}$$

따라서 구하는 확률은

$$\mathrm{P}(A) = 1 - \mathrm{P}(A^C)$$
$$= 1 - \frac{5}{14}$$
$$= \frac{9}{14}$$

답 ③

26

14개의 마스크 중에서 임의로 3개의 마스크를 동시에 꺼낼 때, 꺼낸 3개의 마스크가 모두 검은색일 확률은

$$\frac{{}_9\mathrm{C}_3}{{}_{14}\mathrm{C}_3} = \frac{\dfrac{9 \times 8 \times 7}{3 \times 2 \times 1}}{\dfrac{14 \times 13 \times 12}{3 \times 2 \times 1}} = \frac{3}{13}$$

따라서 여사건의 확률에 의하여 구하는 확률은

$$1 - \frac{{}_9\mathrm{C}_3}{{}_{14}\mathrm{C}_3} = 1 - \frac{3}{13}$$
$$= \frac{10}{13}$$

답 ⑤

27

꺼낸 3개의 공 중에서 적어도 한 개가 검은 공인 사건을 A라 하면 A^C은 모두 흰 공인 사건이다.

따라서 구하는 확률은

$$P(A)=1-P(A^C)$$
$$=1-\frac{_4C_3}{_7C_3}$$
$$=1-\frac{4}{35}$$
$$=\frac{31}{35}$$

답 ⑤

28

7개 동아리의 발표 순서를 정하는 경우의 수는 7!이다.

(i) 수학 동아리 A가 수학 동아리 B보다 먼저 발표하는 경우

두 수학 동아리 A, B를 같은 것으로 보고 순서를 정하는 경우의 수는

$$\frac{7!}{2!}$$

이 경우의 확률은

$$\frac{\frac{7!}{2!}}{7!}=\frac{1}{2}$$

(ii) 두 수학 동아리의 발표 사이에 2개의 과학 동아리가 발표하는 경우

두 수학 동아리의 발표 사이에 발표할 2개의 과학 동아리를 택하고 순서를 정하는 경우의 수는

$$2\times _5P_2=40$$

네 동아리를 하나로 묶어 전체 순서를 정하는 경우의 수는 4!

이 경우의 확률은

$$\frac{40\times 4!}{7!}=\frac{4}{21}$$

(iii) 수학 동아리 A가 수학 동아리 B보다 먼저 발표하고, 두 수학 동아리의 발표 사이에 2개의 과학 동아리가 발표하는 경우

두 수학 동아리의 발표 사이에 발표할 2개의 과학 동아리를 택하고 순서를 정하는 경우의 수는

$$_5P_2=20$$

네 동아리를 하나로 묶어 전체 순서를 정하는 경우의 수는 4!

이 경우의 확률은

$$\frac{20\times 4!}{7!}=\frac{2}{21}$$

(i)~(iii)에서 구하는 확률은

$$\frac{1}{2}+\frac{4}{21}-\frac{2}{21}=\frac{25}{42}$$

답 ③

29

7명의 학생이 원 모양의 탁자에 일정한 간격을 두고 둘러앉는 경우의 수는

$$(7-1)!=6!$$

A가 B와 이웃하는 사건을 E, A가 C와 이웃하는 사건을 F라 하면 구하는 확률은 $P(E\cup F)$이다.

(i) A가 B와 이웃하는 경우

A와 B를 한 명이라 생각하고 6명의 학생이 원 모양의 탁자에 일정한 간격을 두고 둘러앉는 경우의 수는

$$(6-1)!=5!$$

A와 B가 서로 자리를 바꾸는 경우의 수는 2

즉, $P(E)=\dfrac{5!\times 2}{6!}=\dfrac{1}{3}$

(ii) A가 C와 이웃하는 경우

A와 C를 한 명이라 생각하고 6명의 학생이 원 모양의 탁자에 일정한 간격을 두고 둘러앉는 경우의 수는

$$(6-1)!=5!$$

A와 C가 서로 자리를 바꾸는 경우의 수는 2

즉, $P(F)=\dfrac{5!\times 2}{6!}=\dfrac{1}{3}$

(iii) A가 B, C와 모두 이웃하는 경우

A, B, C를 한 명이라 생각하고 5명의 학생이 원 모양의 탁자에 일정한 간격을 두고 둘러앉는 경우의 수는

$$(5-1)!=4!$$

A를 가운데 두고 B와 C가 서로 자리를 바꾸는 경우의 수는 2

즉, $P(E\cap F)=\dfrac{4!\times 2}{6!}=\dfrac{1}{15}$

(i)~(iii)에서 구하는 확률은

$$P(E\cup F)=P(E)+P(F)-P(E\cap F)$$
$$=\frac{1}{3}+\frac{1}{3}-\frac{1}{15}$$
$$=\frac{3}{5}$$

답 ②

30

$|a-3|+|b-3|=2$인 사건을 A, $a=b$인 사건을 B라 하자.

(i) $\mathrm{P}(A)$의 값을 구하면

$|a-3|=0$이고 $|b-3|=2$일 때, 순서쌍 (a, b)는

$(3, 1)$, $(3, 5)$

$|a-3|=1$이고 $|b-3|=1$일 때, 순서쌍 (a, b)는

$(2, 2)$, $(2, 4)$, $(4, 2)$, $(4, 4)$

$|a-3|=2$이고 $|b-3|=0$일 때, 순서쌍 (a, b)는

$(1, 3)$, $(5, 3)$

그러므로

$$\mathrm{P}(A)=\frac{2+4+2}{6\times 6}$$

$$=\frac{8}{36}$$

(ii) $\mathrm{P}(B)$의 값을 구하면

$a=b$일 확률이므로

$$\mathrm{P}(B)=\frac{6}{6\times 6}$$

$$=\frac{6}{36}$$

(iii) $\mathrm{P}(A\cap B)$의 값을 구하면

(i), (ii)에서 두 사건 A와 B를 동시에 만족시키는 순서쌍 (a, b)는 $(2, 2)$, $(4, 4)$

그러므로

$$\mathrm{P}(A\cap B)=\frac{2}{6\times 6}$$

$$=\frac{2}{36}$$

따라서 구하는 확률은

$$\mathrm{P}(A\cup B)=\mathrm{P}(A)+\mathrm{P}(B)-\mathrm{P}(A\cap B)$$

$$=\frac{8}{36}+\frac{6}{36}-\frac{2}{36}$$

$$=\frac{12}{36}$$

$$=\frac{1}{3}$$

답 ②

다른 풀이

$|a-3|+|b-3|=2$인 사건을 A, $a=b$인 사건을 B라 하면 구하는 확률은 $\mathrm{P}(A\cup B)$이다.

한 개의 주사위를 두 번 던져서 나오는 눈의 수 a, b를 순서쌍 (a, b)로 나타내면

사건 A가 일어나는 경우는

$(1, 3)$, $(2, 2)$, $(2, 4)$, $(3, 1)$, $(3, 5)$, $(4, 2)$, $(4, 4)$, $(5, 3)$

이므로

$$\mathrm{P}(A)=\frac{8}{36}$$

사건 B가 일어나는 경우는

$(1, 1)$, $(2, 2)$, $(3, 3)$, $(4, 4)$, $(5, 5)$, $(6, 6)$

이므로

$$\mathrm{P}(B)=\frac{6}{36}$$

사건 $A\cap B$가 일어나는 경우는

$(2, 2)$, $(4, 4)$

이므로

$$\mathrm{P}(A\cap B)=\frac{2}{36}$$

따라서 구하는 확률은

$$\mathrm{P}(A\cup B)=\mathrm{P}(A)+\mathrm{P}(B)-\mathrm{P}(A\cap B)$$

$$=\frac{8}{36}+\frac{6}{36}-\frac{2}{36}$$

$$=\frac{12}{36}$$

$$=\frac{1}{3}$$

31

모든 a, b의 순서쌍 (a, b)의 개수는

$4\times 4=16$

$a\times b>31$을 만족시키는 순서쌍 (a, b)는

$(5, 8)$, $(7, 6)$, $(7, 8)$

따라서 구하는 확률은

$$\frac{3}{16}$$

답 ③

32

두 수 a, b를 선택하는 모든 경우의 수는

${}_4\mathrm{C}_1\times {}_4\mathrm{C}_1=4\times 4=16$

(i) $a=1$일 때

$1<\dfrac{b}{1}<4$, 즉 $1<b<4$이므로 b는 존재하지 않는다.

(ii) $a=3$일 때

$1<\dfrac{b}{3}<4$, 즉 $3<b<12$이므로

$b=4, 6, 8, 10$

(iii) $a=5$일 때

$1<\dfrac{b}{5}<4$, 즉 $5<b<20$이므로

$b=6, 8, 10$

(iv) $a=7$일 때

$1<\dfrac{b}{7}<4$, 즉 $7<b<28$이므로

$b=8, 10$

(i)~(ⅳ)에서 주어진 조건을 만족시키도록 두 수 a, b를 선택하는 경우의 수는

$0+4+3+2=9$

따라서 구하는 확률은 $\dfrac{9}{16}$이다.

답 ②

33

$a \times b \times c \times d = 12$에서

$a \times b \times c \times d = 2^2 \times 3$

이므로 a, b, c, d는 6, 2, 1, 1 또는 4, 3, 1, 1 또는 3, 2, 2, 1이다.

따라서 구하는 확률은

$$\dfrac{\dfrac{4!}{2!}+\dfrac{4!}{2!}+\dfrac{4!}{2!}}{6^4} = \dfrac{12+12+12}{6^4}$$

$$=\dfrac{1}{36}$$

답 ①

34

공집합이 아닌 서로 다른 15개의 부분집합에서 임의로 서로 다른 세 부분집합을 뽑아 일렬로 나열하는 경우의 수는

$15 \times 14 \times 13$

이때 세 부분집합이 A, B, C로 나열되었을 때, $A \subset B \subset C$를 만족시켜야 하므로 그림과 같고 다음 세 조건을 만족시켜야 한다.

$A \neq \varnothing$이고 $B-A \neq \varnothing$이고 $C-B \neq \varnothing$

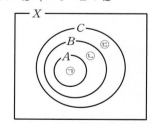

그림에서 A, $B-A$, $C-B$를 각각 ㉠, ㉡, ㉢이라 하고 이 부분에 들어갈 원소의 개수로 경우를 나누면 다음과 같다.

(ⅰ) ㉡: 1개, ㉢: 1개

1, 2, 3, 4 중 ㉡과 ㉢에 들어갈 서로 다른 2개를 택하는 경우의 수는

4×3

이 각각에 대하여 ㉠에 2개가 들어가는 경우의 수는 1이고, ㉠에 1개가 들어가는 경우의 수는 2이므로 경우의 수는

3

그러므로 이 경우의 수는

$4 \times 3 \times 3$

(ⅱ) ㉡: 1개, ㉢: 2개

1, 2, 3, 4 중 ㉡과 ㉢에 원소를 배정하는 경우의 수는

$4 \times {}_3\mathrm{C}_2 = 4 \times {}_3\mathrm{C}_1$

$\qquad = 4 \times 3$

나머지 원소 1개는 ㉠에 들어가야 하므로 경우의 수는

$4 \times 3 \times 1 = 4 \times 3$

(ⅲ) ㉡: 2개, ㉢: 1개

(ⅱ)와 같은 방법으로 하면 경우의 수는

4×3

따라서 구하는 확률은

$$\dfrac{4 \times 3 \times 3 + 4 \times 3 \times 2}{15 \times 14 \times 13} = \dfrac{4 \times 3 \times 5}{15 \times 14 \times 13}$$

$$= \dfrac{2}{7 \times 13}$$

$$= \dfrac{2}{91}$$

답 ②

35

만들 수 있는 모든 네 자리의 자연수의 개수는

${}_5\mathrm{P}_4 = 5 \times 4 \times 3 \times 2$

$\qquad = 120$

5의 배수인 네 자리의 자연수는 일의 자리의 수가 5이어야 하므로 5의 배수인 네 자리의 자연수의 개수는

${}_4\mathrm{P}_3 = 4 \times 3 \times 2$

$\qquad = 24$

즉, 택한 수가 5의 배수일 확률은

$\dfrac{24}{120} = \dfrac{1}{5}$

또, 천의 자리의 수가 3이고 3500 이상인 네 자리의 자연수의 개수는

${}_3\mathrm{P}_2 = 3 \times 2$

$\qquad = 6$

천의 자리의 수가 4인 네 자리의 자연수의 개수는

${}_4\mathrm{P}_3 = 4 \times 3 \times 2$

$\qquad = 24$

천의 자리의 수가 5인 네 자리의 자연수의 개수는

${}_4\mathrm{P}_3 = 4 \times 3 \times 2$

$\qquad = 24$

이므로 3500 이상인 네 자리의 자연수의 개수는

$6+24+24=54$

즉, 택한 수가 3500 이상일 확률은

$$\frac{54}{120}=\frac{9}{20}$$

이때 5의 배수이고 3500 이상인 네 자리의 자연수는 천의 자리의 수가 4이고 일의 자리의 수가 5인 경우이므로 그 개수는

$$_3P_2=3\times2$$
$$=6$$

즉, 택한 수가 5의 배수이고 3500 이상일 확률은

$$\frac{6}{120}=\frac{1}{20}$$

따라서 구하는 확률은

$$\frac{1}{5}+\frac{9}{20}-\frac{1}{20}=\frac{3}{5}$$

답 ④

36

숫자 1, 2, 3, 4, 5 중에서 중복을 허락하여 4개를 택해 일렬로 나열하여 만들 수 있는 모든 네 자리의 자연수의 개수는

$$_5\Pi_4=5^4$$

이 중에서 3500보다 큰 경우는 다음과 같다.

(i) 천의 자리의 숫자가 3, 백의 자리의 숫자가 5인 경우

십의 자리의 숫자와 일의 자리의 숫자를 택하는 경우의 수는

$$_5\Pi_2=5^2$$

(ii) 천의 자리의 숫자가 4 또는 5인 경우

천의 자리의 숫자를 택하는 경우의 수는 2

이 각각에 대하여 나머지 세 자리의 숫자를 택하는 경우의 수는

$$_5\Pi_3=5^3$$

이므로 이 경우의 수는

$$2\times5^3$$

(i), (ii)에서 3500보다 큰 네 자리의 자연수의 개수는

$$5^2+2\times5^3$$

따라서 구하는 확률은

$$\frac{5^2+2\times5^3}{5^4}=\frac{11}{25}$$

답 ③

37

선택된 두 점 사이의 거리가 1보다 큰 사건을 A라 하면 A^C은 선택된 두 점 사이의 거리가 1보다 작거나 같은 사건이므로

$$P(A^C)=\frac{17}{_{12}C_2}$$
$$=\frac{17}{66}$$

따라서

$$P(A)=1-P(A^C)$$
$$=1-\frac{17}{66}$$
$$=\frac{49}{66}$$

답 ⑤

38

주머니 A에서 꺼낸 카드에 적혀 있는 수를 a, 주머니 B에서 꺼낸 카드에 적혀 있는 수를 b라 하면 모든 순서쌍 (a, b)의 개수는

$$3\times5=15$$

이때 $|a-b|=1$인 순서쌍 (a, b)는

$(1, 2), (2, 1), (2, 3), (3, 2), (3, 4)$이고,

그 개수는 5이다.

따라서 구하는 확률은

$$\frac{5}{15}=\frac{1}{3}$$

답 ①

39

카드에 적혀 있는 세 자연수 중에서 가장 작은 수가 4 이하이거나 7 이상인 사건을 A라 하면 사건 A^c은 카드에 적혀 있는 세 자연수 중에서 가장 작은 수가 4보다 크고 7보다 작은 경우이다.

즉, 카드에 적혀 있는 세 자연수 중에서 가장 작은 수가 5 또는 6이므로

$$P(A)=1-P(A^C)$$
$$=1-\frac{_5C_2+_4C_2}{_{10}C_3}$$
$$=1-\frac{\dfrac{5\times4}{2\times1}+\dfrac{4\times3}{2\times1}}{\dfrac{10\times9\times8}{3\times2\times1}}$$
$$=1-\frac{2}{15}$$
$$=\frac{13}{15}$$

답 ③

40

주어진 규칙에 따라 다음 각 경우로 나눌 수 있다.

(i) 꺼낸 공에 적힌 수가 3인 경우

주머니에서 꺼낸 공에 적힌 수가 3일 확률은

$$\frac{2}{5} \qquad\qquad \cdots\cdots\text{㉠}$$

이때 주사위를 3번 던져 나오는 눈의 수의 합이 10인 경우는 순서를 생각하지 않으면

6, 3, 1 또는 6, 2, 2

또는 5, 4, 1 또는 5, 3, 2

또는 4, 4, 2 또는 4, 3, 3

이때의 확률은

$$\left(3! + \frac{3!}{2!1!} + 3! + 3! + \frac{3!}{2!1!} + \frac{3!}{2!1!}\right) \times \left(\frac{1}{6}\right)^3$$

$$= \frac{1}{8} \qquad \cdots\cdots \text{ⓛ}$$

㉠과 ⓛ에서 확률은

$$\frac{2}{5} \times \frac{1}{8} = \frac{1}{20}$$

(ii) 꺼낸 공에 적힌 수가 4인 경우

주머니에서 꺼낸 공에 적힌 수가 4일 확률은

$$\frac{3}{5} \qquad \cdots\cdots \text{ⓒ}$$

이때 주사위를 4번 던져 나오는 눈의 수의 합이 10인 경우는 순서를 생각하지 않으면

6, 2, 1, 1 또는 5, 3, 1, 1

또는 5, 2, 2, 1 또는 4, 4, 1, 1

또는 4, 3, 2, 1 또는 4, 2, 2, 2

또는 3, 3, 3, 1 또는 3, 3, 2, 2

이때의 확률은

$$\left(\frac{4!}{2!1!1!} + \frac{4!}{2!1!1!} + \frac{4!}{2!1!1!} + \frac{4!}{2!2!} + 4! \right.$$
$$\left. + \frac{4!}{3!1!} + \frac{4!}{3!1!} + \frac{4!}{2!2!}\right) \times \left(\frac{1}{6}\right)^4$$

$$= 80 \times \left(\frac{1}{6}\right)^4 \qquad \cdots\cdots \text{ⓔ}$$

ⓒ과 ⓔ에서 확률은

$$\frac{3}{5} \times 80 \times \left(\frac{1}{6}\right)^4 = \frac{1}{27}$$

(i), (ii)에서 구하는 확률은

$$\frac{1}{20} + \frac{1}{27} = \frac{47}{540}$$

답 ⑤

41

(i) $(x, y, z) = (6, 1, 2)$인 경우는 공 12개가 들어 있는 주머니에서 9개의 공을 꺼낼 때 빨간색 공 6개, 파란색 공 1개, 노란색 공 2개를 꺼내는 경우이므로 그 확률은

$$\frac{{}_6C_6 \times {}_3C_1 \times {}_3C_2}{{}_{12}C_9} = \frac{1 \times 3 \times 3}{220} = \boxed{\frac{9}{220}}$$

(ii) $(x, y, z) = (6, 2, 1)$인 경우도 마찬가지 방법으로 구하면

$$\boxed{\frac{9}{220}} \text{이다.}$$

(iii) $(x, y, z) = (6, 2, 2)$인 경우는 9개의 공을 꺼낼 때까지 빨간색 공 5개, 파란색 공 2개, 노란색 공 2개가 나오고, 10번째 시행에서 빨간색 공이 나오는 경우이므로 그 확률은

$$\frac{{}_6C_5 \times {}_3C_2 \times {}_3C_2}{{}_{12}C_9} \times \frac{1}{3} = \frac{6 \times 3 \times 3}{220} \times \frac{1}{3}$$

$$= \frac{18}{220}$$

$$= \boxed{\frac{9}{110}}$$

(i), (ii), (iii)에 의하여 구하는 확률은 $2 \times \boxed{\frac{9}{220}} + \boxed{\frac{9}{110}}$ 이다.

따라서 $p = \dfrac{9}{220}$, $q = \dfrac{9}{110}$이므로

$$p + q = \frac{9}{220} + \frac{9}{110}$$

$$= \frac{27}{220}$$

답 ②

42

(i) A는 흰 공 1개와 검은 공 2개가 나오는 사건이므로

$$P(A) = \frac{{}_2C_1 \times {}_4C_2}{{}_6C_3}$$

$$= \frac{2 \times \frac{4 \times 3}{2 \times 1}}{\frac{6 \times 5 \times 4}{3 \times 2 \times 1}}$$

$$= \frac{12}{20}$$

$$= \frac{3}{5}$$

(ii) B는 2가 적혀 있는 공이 3개 나오는 사건이므로

$$P(B) = \frac{{}_4C_3}{{}_6C_3}$$

$$= \frac{4}{20} = \frac{1}{5}$$

(iii) $A \cap B$는 2가 적혀 있는 흰 공 1개와 2가 적혀 있는 검은 공 2개가 나오는 사건이므로

$$P(A \cap B) = \frac{{}_1C_1 \times {}_3C_2}{{}_6C_3}$$

$$= \frac{1 \times 3}{20}$$

$$= \frac{3}{20}$$

(i)~(iii)에서 확률의 덧셈정리에 의하여

$$P(A \cup B) = P(A) + P(B) - P(A \cap B)$$

$$= \frac{3}{5} + \frac{1}{5} - \frac{3}{20}$$

$$= \frac{13}{20}$$

답 ③

43

10장의 카드 중 임의로 카드 4장을 꺼내는 모든 경우의 수는
$$_{10}C_4 = \frac{10 \times 9 \times 8 \times 7}{4 \times 3 \times 2 \times 1}$$
$$= 210$$

$a_1 \times a_2$의 값이 홀수인 경우는 다음과 같다.

(i) 순서쌍 (a_1, a_2)가 $(1, 3)$ 또는 $(1, 5)$ 또는 $(3, 5)$인 경우
$a_3 + a_4 \geq 16$을 만족시키는 순서쌍 (a_3, a_4)의 개수는
$(6, 10)$, $(7, 9)$, $(7, 10)$, $(8, 9)$, $(8, 10)$, $(9, 10)$
으로 6이다.
이 경우의 수는 $3 \times 6 = 18$

(ii) 순서쌍 (a_1, a_2)가 $(1, 7)$ 또는 $(3, 7)$ 또는 $(5, 7)$인 경우
$a_3 + a_4 \geq 16$을 만족시키는 순서쌍 (a_3, a_4)의 개수는
$(8, 9)$, $(8, 10)$, $(9, 10)$
으로 3이다.
이 경우의 수는 $3 \times 3 = 9$

(i), (ii)에서 구하는 확률은
$$\frac{18}{210} + \frac{9}{210} = \frac{27}{210}$$
$$= \frac{9}{70}$$

답 ⑤

44

A_k는 k번째 자리에 k 이하의 자연수 중 하나가 적힌 카드가 놓여 있고, k번째 자리를 제외한 7개의 자리에 나머지 7장의 카드가 놓여 있는 사건이므로
$$P(A_k) = \frac{k \times 7!}{8!} = \boxed{\frac{k}{8}}$$
이다.

$A_m \cap A_n \ (m < n)$은 m번째 자리에 m 이하의 자연수 중 하나가 적힌 카드가 놓여 있고, n번째 자리에 n 이하의 자연수 중 m번째 자리에 놓인 카드에 적힌 수가 아닌 자연수가 적힌 카드가 놓여 있고, m번째와 n번째 자리를 제외한 6개의 자리에 나머지 6장의 카드가 놓여 있는 사건이므로
$$P(A_m \cap A_n) = \frac{m \times (n-1) \times 6!}{8!}$$
$$= \boxed{\frac{m(n-1)}{56}}$$
이다.

한편, 두 사건 A_m과 A_n이 서로 독립이기 위해서는
$$P(A_m \cap A_n) = P(A_m)P(A_n)$$
을 만족시켜야 한다.

즉, $\dfrac{m(n-1)}{56} = \dfrac{m}{8} \times \dfrac{n}{8}$이므로
$$8(n-1) = 7n, \ n = 8$$
이때 $m < n$이므로 $m = 1, 2, 3, \cdots, 7$
따라서 두 사건 A_m과 A_n이 서로 독립이 되도록 하는 m, n의 모든 순서쌍 (m, n)은
$$(1, 8), (2, 8), (3, 8), \cdots, (7, 8)$$
이고, 그 개수는 $\boxed{7}$이다.

(가)에 알맞은 식은 $\dfrac{k}{8}$이므로
$$p = \frac{4}{8}$$
$$= \frac{1}{2}$$

(나)에 알맞은 식은 $\dfrac{m(n-1)}{56}$이므로
$$q = \frac{3(5-1)}{56}$$
$$= \frac{3}{14}$$

(다)에 알맞은 수는 7이므로
$$r = 7$$
따라서
$$p \times q \times r = \frac{1}{2} \times \frac{3}{14} \times 7$$
$$= \frac{3}{4}$$

답 ④

45

원소의 개수가 4인 부분집합의 개수는
$$_{10}C_4 = \frac{10 \times 9 \times 8 \times 7}{4 \times 3 \times 2 \times 1}$$
$$= 210$$

1부터 10까지의 자연수 중에서 3으로 나눈 나머지가 0, 1, 2인 수의 집합을 각각 A_0, A_1, A_2라 하면
$$A_0 = \{3, 6, 9\}, A_1 = \{1, 4, 7, 10\}, A_2 = \{2, 5, 8\}$$
집합 X의 서로 다른 세 원소의 합이 항상 3의 배수가 아니려면 집합 X는 세 집합 A_0, A_1, A_2 중 두 집합에서 각각 2개의 원소를 택하여 이 네 수를 원소로 해야 한다.

(i) 두 집합 A_0, A_1에서 각각 2개의 원소를 택하는 경우의 수는
$$_3C_2 \times {}_4C_2 = {}_3C_1 \times {}_4C_2$$
$$= 3 \times 6 = 18$$

(ii) 두 집합 A_0, A_2에서 각각 2개의 원소를 택하는 경우의 수는
$$_3C_2 \times {}_3C_2 = {}_3C_1 \times {}_3C_1$$
$$= 3 \times 3 = 9$$

(iii) 두 집합 A_1, A_2에서 각각 2개의 원소를 택하는 경우의 수는

$$_4C_2 \times _3C_2 = _4C_2 \times _3C_1$$
$$= 6 \times 3 = 18$$

(i)~(iii)에서 집합 X의 서로 다른 세 원소의 합이 항상 3의 배수가 아닌 경우의 수는

$$18 + 9 + 18 = 45$$

따라서 구하는 확률은

$$\frac{45}{210} = \frac{3}{14}$$

目 ①

46

숫자 1, 2, 3, 4, 5, 6, 7이 하나씩 적혀 있는 7장의 카드를 일렬로 나열하는 경우의 수는 7!이다.

조건 (가)에 의하여 4가 적혀 있는 카드의 바로 양옆에 있는 카드는 5, 6, 7이 적혀 있는 3장의 카드 중 2장이다.

(i) 4가 적혀 있는 카드의 바로 양옆에 있는 카드가 6, 7이 적혀 있는 카드인 경우

[6] [4] [7] 일 때

조건 (나)에 의하여 5가 적혀 있는 카드의 바로 양옆에 있는 카드는 1, 2, 3이 적혀 있는 3장의 카드 중 2장이고 이 2장의 카드의 위치를 바꿀 수 있으므로 이때의 경우의 수는

$$_3C_2 \times 2! = _3C_1 \times 2!$$
$$= 3 \times 2 = 6$$

이 각각에 대하여 4가 적혀 있는 카드와 양옆에 있는 카드를 1장의 카드로 생각하고, 5가 적혀 있는 카드와 양옆에 있는 카드를 1장의 카드로 생각하여 남은 1장의 카드와 함께 3장의 카드를 일렬로 나열하는 경우의 수는

$$3! = 6$$

따라서 [6] [4] [7] 일 때 주어진 조건을 만족시키는 경우의 수는

$$6 \times 6 = 36$$

마찬가지로 [7] [4] [6] 일 때 주어진 조건을 만족시키는 경우의 수는 36

그러므로 주어진 조건을 만족시키는 경우의 수는

$$36 + 36 = 72$$

(ii) 4가 적혀 있는 카드의 바로 양옆에 있는 카드가 5, 6이 적혀 있는 카드인 경우

[5] [4] [6] 일 때

조건 (나)에 의하여 5가 적혀 있는 카드의 왼쪽 옆에 있는 카드는 1, 2, 3이 적혀 있는 3장의 카드 중 1장이므로 이때의 경우의 수는 3

이 각각에 대하여 5가 적혀 있는 카드의 왼쪽 옆에 있는 카드와 5가 적혀 있는 카드, 4가 적혀 있는 카드, 6이 적혀 있는 카드를 1장의 카드로 생각하여 남은 3장의 카드와 함께 4장의 카드를 일렬로 나열하는 경우의 수는

$$4! = 24$$

따라서 [5] [4] [6] 일 때 주어진 조건을 만족시키는 경우의 수는

$$3 \times 24 = 72$$

마찬가지로 [6] [4] [5] 일 때 주어진 조건을 만족시키는 경우의 수는 72

그러므로 주어진 조건을 만족시키는 경우의 수는

$$72 + 72 = 144$$

(iii) 4가 적혀 있는 카드의 바로 양옆에 있는 카드가 5, 7이 적혀 있는 카드인 경우

(ii)와 마찬가지로 주어진 조건을 만족시키는 경우의 수는 144

(i)~(iii)에서 주어진 조건을 만족시키는 경우의 수는

$$72 + 144 + 144 = 360$$

따라서 구하는 확률은

$$\frac{360}{7!} = \frac{1}{14}$$

目 ②

47

X에서 Y로의 일대일함수 f의 개수는

$$_7P_4 = 7 \times 6 \times 5 \times 4$$

조건 (나)에 의하여 함수 f의 치역에 4 또는 6이 포함되어야 한다.

(i) 함수 f의 치역에 4가 포함되고 6이 포함되지 않는 경우

조건 (가)에서 $f(2) = 2$이므로 함숫값이 4인 정의역의 원소를 정하는 경우의 수는

$$_3C_1 = 3$$

함숫값이 2, 4가 아닌 경우, 함숫값이 홀수이어야 하므로 나머지 두 함숫값을 정하는 경우의 수는

$$_4P_2 = 4 \times 3 = 12$$

즉, 이 경우의 확률은

$$\frac{3 \times 12}{7 \times 6 \times 5 \times 4} = \frac{3}{70}$$

(ii) 함수 f의 치역에 6이 포함되고 4가 포함되지 않는 경우

(i)과 같은 방법으로 이 경우의 확률은

$$\frac{3 \times 12}{7 \times 6 \times 5 \times 4} = \frac{3}{70}$$

(iii) 함수 f의 치역에 4와 6이 모두 포함되는 경우

조건 (가)에서 $f(2) = 2$이므로 함숫값이 4, 6인 정의역의 원소와 함숫값을 정하는 경우의 수는

$$_3P_2 = 3 \times 2 = 6$$

함숫값이 2, 4, 6이 아닌 경우, 함숫값이 홀수이어야 하므로

나머지 함숫값을 정하는 경우의 수는 4

즉, 이 경우의 확률은

$$\frac{6 \times 4}{7 \times 6 \times 5 \times 4} = \frac{1}{35}$$

(i)~(iii)에서 구하는 확률은

$$\frac{3}{70} + \frac{3}{70} + \frac{1}{35} = \frac{4}{35}$$

답 ④

48

집합 $A = \{1, 2, 3, 4\}$에서 집합 $B = \{1, 2, 3\}$으로의 모든 함수 f의 개수는

$$3^4 = 81$$

$f(1) \geq 2$인 함수 f의 개수는

$$2 \times 3^3 = 54$$

치역이 B인 함수 f의 개수는 정의역을 원소의 개수가 2, 1, 1인 세 개의 집합으로 나눈 후 집합 B에 일대일대응시키면 되므로

$${}_4C_2 \times {}_2C_1 \times {}_1C_1 \times \frac{1}{2!} \times 3! = 6 \times 2 \times 1 \times \frac{1}{2} \times 6$$
$$= 36$$

한편, $f(1) = 2$이고 치역이 B인 함수 f의 개수는 다음 두 가지 경우로 나누어 생각할 수 있다.

(i) $a \neq 1$인 모든 a에 대하여 $f(a) = 1$인 a가 존재하는 경우

$$3! = 6$$

(ii) $a \neq 1$인 모든 a에 대하여 $f(a) \neq 2$인 경우

$${}_3C_2 \times 2! = {}_3C_1 \times 2!$$
$$= 3 \times 2 = 6$$

(i), (ii)에서 $f(1) = 2$이고 치역이 B인 함수 f의 개수는

$$6 + 6 = 12$$

또, $f(1) = 3$이고 치역이 B인 함수 f의 개수도 12이다.

따라서 구하는 확률은

$$\frac{54 + 36 - (12 + 12)}{81} = \frac{66}{81}$$
$$= \frac{22}{27}$$

답 ④

49

세 개의 수를 택하는 모든 경우의 수는

$${}_{10}C_3 = \frac{10 \times 9 \times 8}{3 \times 2 \times 1} = 120$$

3의 배수의 집합을 S_0, 3으로 나누었을 때의 나머지가 1인 수의 집합을 S_1, 3으로 나누었을 때의 나머지가 2인 수의 집합을 S_2라 하면

$$S_0 = \{3, 6, 9\}$$

$$S_1 = \{1, 4, 7, 10\}$$
$$S_2 = \{2, 5, 8\}$$

세 개의 수의 곱이 5의 배수이어야 하므로 5 또는 10이 반드시 포함되어야 한다.

또, 세 개의 수의 합이 3의 배수이어야 하므로 세 집합 S_0, S_1, S_2에서 각각 한 개의 원소를 택하거나, 하나의 집합에서 세 개의 원소를 택해야 한다.

(i) 5가 포함되는 경우

두 집합 S_0, S_1에서 각각 한 개의 원소를 택하는 경우의 수는

$${}_3C_1 \times {}_4C_1 = 3 \times 4 = 12$$

집합 S_2에서 두 개의 원소를 택하는 경우의 수는

$${}_2C_2 = 1$$

즉, 이 경우의 수는 $12 + 1 = 13$

(ii) 10이 포함되는 경우

두 집합 S_0, S_2에서 각각 한 개의 원소를 택하는 경우의 수는

$${}_3C_1 \times {}_3C_1 = 3 \times 3 = 9$$

집합 S_1에서 두 개의 원소를 택하는 경우의 수는

$${}_3C_2 = {}_3C_1 = 3$$

즉, 이 경우의 수는 $9 + 3 = 12$

(iii) 5와 10이 모두 포함되는 경우

집합 S_0에서 한 개의 원소를 택하는 경우의 수는

$${}_3C_1 = 3$$

(i)~(iii)에서 주어진 조건을 만족시키도록 세 개의 수를 택하는 경우의 수는

$$13 + 12 - 3 = 22$$

따라서 구하는 확률은

$$\frac{22}{120} = \frac{11}{60}$$

답 ③

50

한 개의 주사위를 두 번 던져서 나오는 모든 경우의 수는

$$6 \times 6 = 36$$

두 수 a, b의 최대공약수가 홀수인 사건을 A라 하면 A의 여사건 A^c은 a, b의 최대공약수가 짝수인 사건이다.

a, b의 최대공약수가 짝수이면 a, b 모두 짝수이므로 이 경우의 수는 $3 \times 3 = 9$이다.

따라서 $P(A^c) = \frac{9}{36} = \frac{1}{4}$이므로 구하는 확률은

$$P(A) = 1 - P(A^c)$$
$$= 1 - \frac{1}{4}$$
$$= \frac{3}{4}$$

답 ⑤

51

주사위 2개와 동전 4개를 동시에 던질 때, 나오는 모든 경우의 수는 $6^2 \times 2^4$

(i) 앞면이 나온 동전의 개수가 1인 경우의 수는

$_4C_1 = 4$

이때 두 주사위에서 나온 눈의 수가 $(1, 1)$이어야 하므로 이 경우의 수는

$4 \times 1 = 4$

(ii) 앞면이 나온 동전의 개수가 2인 경우의 수는

$_4C_2 = \dfrac{4 \times 3}{2 \times 1} = 6$

이때 두 주사위에서 나온 눈의 수가 $(1, 2)$ 또는 $(2, 1)$이어야 하므로 이 경우의 수는

$6 \times 2 = 12$

(iii) 앞면이 나온 동전의 개수가 3인 경우의 수는

$_4C_3 = {}_4C_1 = 4$

이때 두 주사위에서 나온 눈의 수가 $(1, 3)$ 또는 $(3, 1)$이어야 하므로 이 경우의 수는

$4 \times 2 = 8$

(iv) 앞면이 나온 동전의 개수가 4인 경우의 수는

$_4C_4 = 1$

이때 두 주사위에서 나온 눈의 수가 $(1, 4)$ 또는 $(2, 2)$ 또는 $(4, 1)$이어야 하므로 이 경우의 수는

$1 \times 3 = 3$

(i)~(iv)에서 조건을 만족시키는 경우의 수는

$4 + 12 + 8 + 3 = 27$

따라서 구하는 확률은

$\dfrac{27}{6^2 \times 2^4} = \dfrac{3}{64}$

답 ①

52

모든 순서쌍 (a_1, a_2, b_1, b_2)의 개수는

$_6C_2 \times {}_6C_2 = 15 \times 15$

이때 $A \cap B = \varnothing$이기 위한 필요충분조건은 $a_2 < b_1$ 또는 $b_2 < a_1$이다.

따라서 $A \cap B = \varnothing$을 만족시키는 순서쌍 (a_1, a_2, b_1, b_2)의 개수는 다음과 같다.

(i) $a_2 < b_1$일 때

$a_2 = 2$이면

$_1C_1 \times {}_4C_2 = 1 \times 6 = 6$

$a_2 = 3$이면

$_2C_1 \times {}_3C_2 = 2 \times 3 = 6$

$a_2 = 4$이면

$_3C_1 \times {}_2C_2 = 3 \times 1 = 3$

즉, 이 경우의 수는 $6 + 6 + 3 = 15$

(ii) $b_2 < a_1$일 때

(i)과 마찬가지이므로 이 경우의 수도 15이다.

따라서 $A \cap B = \varnothing$일 확률은

$\dfrac{15 + 15}{15 \times 15} = \dfrac{2}{15}$

이므로 여사건의 확률에 의하여 $A \cap B \neq \varnothing$일 확률은

$1 - \dfrac{2}{15} = \dfrac{13}{15}$

답 ⑤

다른 풀이

모든 순서쌍 (a_1, a_2, b_1, b_2)의 개수는

$_6C_2 \times {}_6C_2 = 15 \times 15$

이때 $A \cap B = \varnothing$이기 위한 필요충분조건은 $a_2 < b_1$ 또는 $b_2 < a_1$이다.

따라서 $A \cap B = \varnothing$을 만족시키려면 6장의 카드 중에서 서로 다른 4장의 카드를 뽑고, 그 카드에 적힌 4개의 수를 크기순으로 작은 수부터 x_1, x_2, x_3, x_4라 할 때,

$a_1 = x_1, a_2 = x_2, b_1 = x_3, b_2 = x_4$

또는 $b_1 = x_1, b_2 = x_2, a_1 = x_3, a_2 = x_4$

로 정하면 된다.

따라서 $A \cap B = \varnothing$을 만족시키는 순서쌍 (a_1, a_2, b_1, b_2)의 개수는 6장의 카드 중에서 서로 다른 4장의 카드를 택하는 경우의 수의 2배와 같으므로

$2 \times {}_6C_4 = 2 \times {}_6C_2$

$\qquad = 2 \times 15$

따라서 $A \cap B = \varnothing$일 확률은

$\dfrac{2 \times 15}{15 \times 15} = \dfrac{2}{15}$

이므로 여사건의 확률에 의하여 $A \cap B \neq \varnothing$일 확률은

$1 - \dfrac{2}{15} = \dfrac{13}{15}$

유형 4 조건부확률의 활용

53

주머니 A에서 공을 꺼내는 사건을 X, 주머니에서 흰 공을 꺼내는 사건을 Y라 하자.

$P(X) = \dfrac{1}{2}$이므로 $P(X \cap Y) = \dfrac{1}{2} \times \dfrac{21}{50} = \dfrac{21}{100}$

$P(Y) = P(X \cap Y) + P(X^c \cap Y)$

$\qquad = \dfrac{1}{2} \times \dfrac{21}{50} + \dfrac{1}{2} \times \dfrac{14}{50}$

$\qquad = \dfrac{35}{100}$

따라서 구하는 확률은

$$P(X|Y) = \frac{P(X \cap Y)}{P(Y)}$$

$$= \frac{\dfrac{21}{100}}{\dfrac{35}{100}} = \frac{21}{35} = \frac{3}{5}$$

답 ④

54

이 조사에 참여한 학생 200명 중에서 임의로 선택한 1명이 생태연구를 선택한 학생인 사건을 A, 여학생인 사건을 B라 하면

$$P(A) = \frac{110}{200} = \frac{11}{20}$$

$$P(A \cap B) = \frac{50}{200} = \frac{1}{4}$$

따라서 구하는 확률은

$$P(B|A) = \frac{P(A \cap B)}{P(A)}$$

$$= \frac{\dfrac{1}{4}}{\dfrac{11}{20}} = \frac{5}{11}$$

답 ①

55

이 조사에 참여한 학생 20명 중에서 임의로 선택한 한 명이 진로활동 B를 선택한 학생인 사건을 B, 1학년 학생인 사건을 E라 하면 구하는 확률은 $P(E|B)$이다.

이때 $P(B) = \dfrac{9}{20}$이고, 사건 $E \cap B$는 진로활동 B를 선택한 1학년 학생을 선택하는 사건이므로

$$P(E \cap B) = \frac{5}{20}$$

따라서 구하는 확률은

$$P(E|B) = \frac{P(E \cap B)}{P(B)}$$

$$= \frac{\dfrac{5}{20}}{\dfrac{9}{20}} = \frac{5}{9}$$

답 ②

56

모든 경우의 수는

$$_8C_3 = \frac{8 \times 7 \times 6}{3 \times 2 \times 1} = 56$$

$a+b+c$가 짝수인 사건을 A, a가 홀수인 사건을 B라 하면 사건 A는 세 수 a, b, c가 모두 짝수이거나 하나만 짝수인 사건이다.

세 수 a, b, c가 모두 짝수인 경우의 수는 $_4C_3 = {}_4C_1 = 4$, 하나만 짝

수인 경우의 수는 $_4C_1 \times {}_4C_2 = 4 \times 6 = 24$이므로

$$P(A) = \frac{4+24}{56} = \frac{1}{2}$$

사건 $A \cap B$는 $a+b+c$가 짝수이면서 a가 1, 3, 5 중 하나인 사건이다.

$a=1$인 경우의 수는 $_3C_1 \times {}_4C_1 = 3 \times 4 = 12$

$a=3$인 경우의 수는 $_2C_1 \times {}_3C_1 = 2 \times 3 = 6$

$a=5$인 경우의 수는 $_1C_1 \times {}_2C_1 = 1 \times 2 = 2$

$$P(A \cap B) = \frac{12+6+2}{56} = \frac{5}{14}$$

따라서 구하는 확률은

$$P(B|A) = \frac{P(A \cap B)}{P(A)}$$

$$= \frac{\dfrac{5}{14}}{\dfrac{1}{2}} = \frac{5}{7}$$

답 ⑤

57

상자 B에 들어 있는 공의 개수가 8인 사건을 E, 상자 B에 들어 있는 검은 공의 개수가 2인 사건을 F라 하면 구하는 확률은 $P(F|E)$이다.

한 번의 시행에서 상자 B에 넣는 공의 개수는 1 또는 2 또는 3이므로 4번의 시행 후 상자 B에 들어 있는 공의 개수가 8인 경우는

$8 = 3+3+1+1$

$8 = 3+2+2+1$

$8 = 2+2+2+2$

뿐이다.

(i) $8 = 3+3+1+1$인 경우

상자 B에 들어 있는 검은 공의 개수는 2이다.

주머니에서 숫자 1이 적힌 카드 2장, 숫자 4가 적힌 카드 2장을 꺼내야 하므로 이 경우의 확률은

$$\frac{4!}{2!2!} \times \left(\frac{1}{4}\right)^4 = 6 \times \left(\frac{1}{4}\right)^4$$

(ii) $8 = 3+2+2+1$인 경우

상자 B에 들어 있는 검은 공의 개수는 3이다.

주머니에서 숫자 1이 적힌 카드 1장, 숫자 2 또는 3이 적힌 카드 2장, 숫자 4가 적힌 카드 1장을 꺼내야 하므로 이 경우의 확률은

$$\frac{4!}{2!} \times \left\{ \frac{1}{4} \times \left(\frac{2}{4}\right)^2 \times \frac{1}{4} \right\} = 48 \times \left(\frac{1}{4}\right)^4$$

(iii) $8 = 2+2+2+2$인 경우

상자 B에 들어 있는 검은 공의 개수는 4이다.

주머니에서 숫자 2 또는 3이 적힌 카드 4장을 꺼내야 하므로

이 경우의 확률은

$$\left(\frac{2}{4}\right)^4 = 16 \times \left(\frac{1}{4}\right)^4$$

(ⅰ)~(ⅲ)에서

$$P(E) = 6 \times \left(\frac{1}{4}\right)^4 + 48 \times \left(\frac{1}{4}\right)^4 + 16 \times \left(\frac{1}{4}\right)^4$$

$$= 70 \times \left(\frac{1}{4}\right)^4$$

$$P(E \cap F) = 6 \times \left(\frac{1}{4}\right)^4$$

따라서 구하는 확률은

$$P(F|E) = \frac{P(E \cap F)}{P(E)}$$

$$= \frac{6 \times \left(\frac{1}{4}\right)^4}{70 \times \left(\frac{1}{4}\right)^4}$$

$$= \frac{3}{35}$$

답 ④

58

주머니에서 꺼낸 2개의 공이 모두 흰 공인 사건을 E, 주사위의 눈의 수가 5 이상인 사건을 F라 하면 구하는 확률은 $P(F|E)$이다.

주사위를 한 번 던져 나온 수가 5 이상일 확률은 $\frac{2}{6} = \frac{1}{3}$이므로

$$P(E) = \frac{1}{3} \times \frac{{}_2C_2}{{}_6C_2} + \frac{2}{3} \times \frac{{}_3C_2}{{}_6C_2}$$

$$= \frac{1}{3} \times \frac{1}{15} + \frac{2}{3} \times \frac{3}{15}$$

$$= \frac{1}{45} + \frac{6}{45}$$

$$= \frac{7}{45}$$

$$P(E \cap F) = \frac{1}{3} \times \frac{{}_2C_2}{{}_6C_2} = \frac{1}{45}$$

따라서 구하는 확률은

$$P(F|E) = \frac{P(E \cap F)}{P(E)}$$

$$= \frac{\frac{1}{45}}{\frac{7}{45}}$$

$$= \frac{1}{7}$$

답 ①

59

이 시행에서 꺼낸 공에 적혀 있는 수가 같은 것이 있는 사건을 A, 꺼낸 공 중 검은 공이 2개인 사건을 B라 하면 구하는 확률은 $P(B|A)$이다.

이 시행에서 일어날 수 있는 모든 경우의 수는

$${}_8C_4 = \frac{8 \times 7 \times 6 \times 5}{4 \times 3 \times 2 \times 1} = 70$$

이때 사건 A가 일어나는 경우는 수가 같은 것이 3만 있는 경우, 수가 같은 것이 4만 있는 경우, 3, 4가 적힌 흰 공과 3, 4가 적힌 검은 공을 동시에 꺼내는 경우로 나누어 생각할 수 있으므로

$$P(A) = \frac{{}_6C_2 - 1}{{}_8C_4} + \frac{{}_6C_2 - 1}{{}_8C_4} + \frac{1}{{}_8C_4}$$

$$= \frac{14}{70} + \frac{14}{70} + \frac{1}{70}$$

$$= \frac{29}{70}$$

한편, 사건 A와 사건 B가 동시에 일어나는 경우는 수가 같은 것이 3만 있고 검은 공이 2개인 경우, 수가 같은 것이 4만 있고 검은 공이 2개인 경우, 3, 4가 적힌 흰 공과 3, 4가 적힌 검은 공을 동시에 꺼내는 경우로 나누어 생각할 수 있으므로

$$P(A \cap B) = \frac{{}_3C_1 \times {}_3C_1 - 1}{{}_8C_4} + \frac{{}_3C_1 \times {}_3C_1 - 1}{{}_8C_4} + \frac{1}{{}_8C_4}$$

$$= \frac{8}{70} + \frac{8}{70} + \frac{1}{70}$$

$$= \frac{17}{70}$$

따라서 구하는 확률은

$$P(B|A) = \frac{P(A \cap B)}{P(A)}$$

$$= \frac{\frac{17}{70}}{\frac{29}{70}}$$

$$= \frac{17}{29}$$

답 ③

60

점심에 한식을 선택하는 사건을 A, 저녁에 양식을 선택하는 사건을 B라 하면

$$P(A) = \frac{60}{100} = \frac{3}{5}$$이므로 $$P(A^C) = 1 - \frac{3}{5} = \frac{2}{5}$$

$$P(B|A^C) = \frac{25}{100} = \frac{1}{4}$$

또, $$P(B^C|A) = \frac{30}{100} = \frac{3}{10}$$이므로

$$P(B|A) = 1 - \frac{3}{10}$$

$$= \frac{7}{10}$$

따라서 구하는 확률은

$$P(A|B) = \frac{P(A \cap B)}{P(B)}$$

$$= \frac{\mathrm{P}(A)\mathrm{P}(B|A)}{\mathrm{P}(A)\mathrm{P}(B|A)+\mathrm{P}(A^C)\mathrm{P}(B|A^C)}$$

$$= \frac{\dfrac{3}{5}\times\dfrac{7}{10}}{\dfrac{3}{5}\times\dfrac{7}{10}+\dfrac{2}{5}\times\dfrac{1}{4}}$$

$$= \frac{21}{26}$$

즉, $p=26$, $q=21$이므로

$p+q=26+21=47$

탭 47

61

선택한 함수 f가 4 이하의 모든 자연수 n에 대하여
$f(2n-1)<f(2n)$인 사건을 A, $f(1)=f(5)$인 사건을 B라 하
면 구하는 확률은 $\mathrm{P}(B|A)$이다.

X에서 X로의 모든 함수의 개수는 8^8이다.

4 이하의 모든 자연수 n에 대하여 $f(2n-1)<f(2n)$인
$f(2n-1)$과 $f(2n)$을 정하는 경우의 수는

$${}_8\mathrm{C}_2=\frac{8\times 7}{2\times 1}=28$$

4 이하의 모든 자연수 n에 대하여
$f(2n-1)<f(2n)$인 경우의 수는 28^4이므로

$$\mathrm{P}(A)=\frac{28^4}{8^8}$$

(i) $f(1)=f(5)$, $f(2)=f(6)$인 경우

   $f(1)=f(5)<f(2)=f(6)$이므로 $f(1)$, $f(2)$, $f(5)$, $f(6)$
   을 정하는 경우의 수는 ${}_8\mathrm{C}_2$이고, $f(3)$과 $f(4)$, $f(7)$과 $f(8)$
   을 정하는 경우의 수는 각각 ${}_8\mathrm{C}_2$이므로 $f(2)=f(6)$인 경우의
   수는 $({}_8\mathrm{C}_2)^3=28^3$이다.

(ii) $f(1)=f(5)$, $f(2)\neq f(6)$인 경우

   $f(1)=f(5)<f(2)<f(6)$ 또는
   $f(1)=f(5)<f(6)<f(2)$
   이므로 $f(1)$, $f(2)$, $f(5)$, $f(6)$을 정하는 경우의 수는

   $$2\times {}_8\mathrm{C}_3=2\times\frac{8\times 7\times 6}{3\times 2\times 1}=112$$이고, $f(3)$과 $f(4)$, $f(7)$과

   $f(8)$을 정하는 경우의 수는 각각 ${}_8\mathrm{C}_2=28$이므로
   $f(2)\neq f(6)$인 경우의 수는 112×28^2이다.

(i), (ii)에서

$$\mathrm{P}(A\cap B)=\frac{28^3+112\times 28^2}{8^8}$$

$$=\frac{140\times 28^2}{8^8}$$

따라서 구하는 확률은

$$\mathrm{P}(B|A)=\frac{\mathrm{P}(A\cap B)}{\mathrm{P}(A)}$$

$$=\frac{\dfrac{140\times 28^2}{8^8}}{\dfrac{28^4}{8^8}}$$

$$=\frac{140}{28^2}=\frac{5}{28}$$

탭 ②

유형 5 독립시행의 확률

62

한 개의 동전을 6번 던져서 앞면이 2번 이상 나오는 사건을 A라
하면 A^C은 앞면이 0번 또는 1번 나오는 사건이므로 그 확률은

$$\mathrm{P}(A^C)={}_6\mathrm{C}_0\left(\frac{1}{2}\right)^0\left(\frac{1}{2}\right)^6+{}_6\mathrm{C}_1\left(\frac{1}{2}\right)^1\left(\frac{1}{2}\right)^5$$

$$=\frac{1}{64}+\frac{6}{64}=\frac{7}{64}$$

따라서 구하는 확률은

$$\mathrm{P}(A)=1-\mathrm{P}(A^C)$$

$$=1-\frac{7}{64}=\frac{57}{64}$$

탭 ④

63

주사위를 던져서 나온 눈의 수와 앞면이 나온 동전의 개수가 모두
$n\,(n=1, 2, 3, 4, 5, 6)$일 확률은

$$\frac{1}{6}\times {}_6\mathrm{C}_n\left(\frac{1}{2}\right)^n\left(\frac{1}{2}\right)^{6-n}=\frac{1}{6\times 2^6}\times {}_6\mathrm{C}_n$$

따라서 구하는 확률은

$$\sum_{n=1}^{6}\left(\frac{1}{6\times 2^6}\times {}_6\mathrm{C}_n\right)=\frac{1}{6\times 2^6}\times(2^6-1)=\frac{21}{128}$$

탭 ④

64

동전 A를 세 번 던져 나온 3개의 수의 합은 3, 4, 5, 6 중 하나이고,
동전 B를 네 번 던져 나온 4개의 수의 합은 12, 13, 14, 15, 16 중
하나이다.

(i) 7개의 수의 합이 19인 경우

   두 동전을 각각 던졌을 때 나온 수의 합을 각각 a, b라 하면 7
   개의 수의 합이 19인 경우를 순서쌍 (a, b)로 나타내면 다음과
   같다.

   $(3, 16)$, $(4, 15)$, $(5, 14)$, $(6, 13)$

   이때의 확률은

$$_3C_3\left(\frac{1}{2}\right)^3\times{}_4C_0\left(\frac{1}{2}\right)^4+{}_3C_2\left(\frac{1}{2}\right)^3\times{}_4C_1\left(\frac{1}{2}\right)^4$$
$$+{}_3C_1\left(\frac{1}{2}\right)^3\times{}_4C_2\left(\frac{1}{2}\right)^4+{}_3C_0\left(\frac{1}{2}\right)^3\times{}_4C_1\left(\frac{1}{2}\right)^4$$
$$=\left(\frac{1}{2}\right)^7+12\times\left(\frac{1}{2}\right)^7+18\times\left(\frac{1}{2}\right)^7+4\times\left(\frac{1}{2}\right)^7$$
$$=\frac{35}{128}$$

(ii) 7개의 수의 합이 20인 경우

두 동전을 각각 던졌을 때 나온 수의 합을 각각 a, b라 하면 7개의 수의 합이 20인 경우를 순서쌍 (a, b)로 나타내면 다음과 같다.

$(4, 16)$, $(5, 15)$, $(6, 14)$

이때의 확률은

$$_3C_2\left(\frac{1}{2}\right)^3\times{}_4C_0\left(\frac{1}{2}\right)^4+{}_3C_1\left(\frac{1}{2}\right)^3\times{}_4C_1\left(\frac{1}{2}\right)^4+{}_3C_0\left(\frac{1}{2}\right)^3\times{}_4C_2\left(\frac{1}{2}\right)^4$$
$$=3\times\left(\frac{1}{2}\right)^7+12\times\left(\frac{1}{2}\right)^7+6\times\left(\frac{1}{2}\right)^7$$
$$=\frac{21}{128}$$

(i), (ii)에서 구하는 확률은

$$\frac{35}{128}+\frac{21}{128}=\frac{56}{128}=\frac{7}{16}$$

답 ①

65

A와 B가 각각 주사위를 5번씩 던진 후, A는 1의 눈이 2번, B는 1의 눈이 1번 나왔고, C가 주사위를 3번째 던졌을 때 처음으로 1의 눈이 나왔으므로 A가 승자가 되기 위해서는 C가 주사위를 4번째, 5번째 던졌을 때 모두 1이 아닌 눈이 나와야 한다.

주사위를 1번 던질 때, 1이 아닌 눈이 나올 확률은 $\frac{5}{6}$이므로 A가 승자가 될 확률은

$$\frac{5}{6}\times\frac{5}{6}=\frac{25}{36}$$

또, C가 승자가 되기 위해서는 C가 주사위를 4번째, 5번째 던졌을 때 모두 1의 눈이 나와야 하므로 C가 승자가 될 확률은

$$\frac{1}{6}\times\frac{1}{6}=\frac{1}{36}$$

따라서 A 또는 C가 승자가 될 확률은

$$\frac{25}{36}+\frac{1}{36}=\frac{26}{36}=\frac{13}{18}$$

답 ②

66

한 개의 주사위를 두 번 던질 때 $a\times b$가 4의 배수인 사건을 A, $a+b\le7$인 사건을 B라 하면 구하는 확률을 $P(B|A)$이다.

(i) a, b가 모두 짝수일 확률은

$$_2C_2\left(\frac{1}{2}\right)^2\left(\frac{1}{2}\right)^0=\frac{1}{4}$$

(ii) a, b 중 하나는 4이고 다른 하나는 홀수일 확률은

$$2\times\left(\frac{1}{6}\times\frac{1}{2}\right)=\frac{1}{6}$$

(i), (ii)에서

$$P(A)=\frac{1}{4}+\frac{1}{6}=\frac{5}{12}$$

한편, 한 개의 주사위를 두 번 던질 때 나오는 눈의 수의 모든 순서쌍 (a, b)의 개수는

$$6\times6=36$$

(iii) a, b가 모두 짝수인 동시에 $a+b\le7$인 순서쌍 (a, b)의 개수는 $(2, 2)$, $(2, 4)$, $(4, 2)$의 3이다.

(iv) a, b 중 하나는 4이고 다른 하나는 홀수인 동시에 $a+b\le7$인 순서쌍 (a, b)의 개수는 $(4, 1)$, $(4, 3)$, $(1, 4)$, $(3, 4)$의 4이다.

(iii), (iv)에서

$$P(A\cap B)=\frac{3+4}{36}=\frac{7}{36}$$

따라서 구하는 확률은

$$P(B|A)=\frac{P(A\cap B)}{P(A)}$$
$$=\frac{\frac{7}{36}}{\frac{5}{12}}=\frac{7}{15}$$

답 ②

67

주사위를 한 번 던져 나온 눈의 수가 6의 약수일 확률은

$$\frac{4}{6}=\frac{2}{3}$$

6의 약수가 아닐 확률은

$$1-\frac{2}{3}=\frac{1}{3}$$

4번째 시행 후 점 P의 좌표가 2 이상이려면 4번의 시행 중 주사위의 눈의 수가 6의 약수인 경우가 2번 이상이면 된다.

주사위의 눈의 수가 6의 약수인 경우가 0번일 확률은

$$_4C_0\left(\frac{2}{3}\right)^0\left(\frac{1}{3}\right)^4=\frac{1}{81}$$

주사위의 눈의 수가 6의 약수인 경우가 1번일 확률은

$$_4C_1\left(\frac{2}{3}\right)^1\left(\frac{1}{3}\right)^3=\frac{8}{81}$$

따라서 구하는 확률은

$$1-\left(\frac{1}{81}+\frac{8}{81}\right)=1-\frac{1}{9}=\frac{8}{9}$$

답 ④

68

$a-b=3$이므로 다음 각 경우로 나눌 수 있다.

(i) $a=5$이고 $b=2$일 때

　　주사위를 5번 던질 때 홀수의 눈이 5번 나오고, 동전을 4번 던질 때 앞면이 2번 나와야 하므로 확률은

$$_5C_5\left(\frac{1}{2}\right)^5\left(\frac{1}{2}\right)^0\times{}_4C_2\left(\frac{1}{2}\right)^2\left(\frac{1}{2}\right)^2$$

$$=\frac{1}{2^5}\times\frac{3}{2^3}$$

$$=\frac{3}{2^8}$$

(ii) $a=4$이고 $b=1$일 때

　　주사위를 5번 던질 때 홀수의 눈이 4번 나오고, 동전을 4번 던질 때 앞면이 1번 나와야 하므로 확률은

$$_5C_4\left(\frac{1}{2}\right)^4\left(\frac{1}{2}\right)^1\times{}_4C_1\left(\frac{1}{2}\right)^1\left(\frac{1}{2}\right)^3$$

$$=\frac{5}{2^5}\times\frac{1}{2^2}$$

$$=\frac{5}{2^7}$$

(iii) $a=3$이고 $b=0$일 때

　　주사위를 5번 던질 때 홀수의 눈이 3번 나오고, 동전을 4번 던질 때 앞면이 0번 나와야 하므로 확률은

$$_5C_3\left(\frac{1}{2}\right)^3\left(\frac{1}{2}\right)^2\times{}_4C_0\left(\frac{1}{2}\right)^0\left(\frac{1}{2}\right)^4$$

$$=\frac{5}{2^4}\times\frac{1}{2^4}$$

$$=\frac{5}{2^8}$$

따라서 구하는 확률은

$$\frac{3}{2^8}+\frac{5}{2^7}+\frac{5}{2^8}=\frac{18}{2^8}=\frac{9}{2^7}$$

$$=\frac{9}{128}$$

이므로

$$p+q=128+9=137$$

답 137

69

앞면을 H, 뒷면을 T로 나타내기로 하자.

(i) 앞면이 3번 나오는 경우

　　H 3개와 T 4개를 일렬로 나열하는 경우의 수는

$$_7C_3=\frac{7\times6\times5}{3\times2\times1}$$

$$=35$$

H가 이웃하지 않는 경우의 수는

$$_5C_3={}_5C_2$$

$$=\frac{5\times4}{2\times1}$$

$$=10$$

즉, 조건 (나)를 만족시킬 확률은

$$(35-10)\times\left(\frac{1}{2}\right)^7=25\times\left(\frac{1}{2}\right)^7$$

(ii) 앞면이 4번 나오는 경우

　　H 4개와 T 3개를 일렬로 나열하는 경우의 수는

$$_7C_4={}_7C_3$$

$$=\frac{7\times6\times5}{3\times2\times1}$$

$$=35$$

H가 이웃하지 않는 경우의 수는 1

즉, 조건 (나)를 만족시킬 확률은

$$(35-1)\times\left(\frac{1}{2}\right)^7=34\times\left(\frac{1}{2}\right)^7$$

(iii) 앞면이 5번 이상 나오는 경우

　　조건 (나)를 항상 만족시키므로 이 경우의 확률은

$$(_7C_5+{}_7C_6+{}_7C_7)\times\left(\frac{1}{2}\right)^7=(21+7+1)\times\left(\frac{1}{2}\right)^7$$

$$=29\times\left(\frac{1}{2}\right)^7$$

(i)~(iii)에서 구하는 확률은

$$(25+34+29)\times\left(\frac{1}{2}\right)^7=\frac{88}{128}$$

$$=\frac{11}{16}$$

답 ①

01 22	**02** 46	**03** 15	**04** 51	**05** 5
06 47	**07** 62	**08** 587	**09** 17	**10** 9
11 135	**12** 191	**13** 49		

01

정답률 22.5%

정답 공식 개념만 확실히 알자!

수학적 확률
표본공간 S에서 각각의 근원사건이 일어날 가능성이 모두 같을 때, 사건 A가 일어날 수학적 확률은
$$P(A) = \frac{n(A)}{n(S)} = \frac{(\text{사건 } A \text{가 일어나는 경우의 수})}{(\text{일어날 수 있는 모든 경우의 수})}$$

풀이 전략 수학적 확률을 이용한다.

문제 풀이

[STEP 1] $m > n$이기 위한 조건을 파악한다.

a_k ($1 \leq k \leq 6$)을 순서쌍

$(a_1, a_2, a_3, a_4, a_5, a_6)$

으로 나타내면 모든 순서쌍의 개수는

$\dfrac{6!}{2!2!2!} = 90$ ← 함정 같은 숫자가 적힌 공이 2개씩 있어.

이때 $m > n$이기 위해서는

$a_1 > a_4$ 또는 $a_1 = a_4$, $a_2 > a_5$ → 백의 자리의 수가 크거나 백의 자리의 수가 같은 경우
이어야 한다. 십의 자리의 수가 커야 해.

[STEP 2] $m > n$이기 위한 경우의 수를 구한다.

(i) $a_1 > a_4$인 순서쌍은

$(2, a_2, a_3, 1, a_5, a_6)$ 또는 $(3, a_2, a_3, 1, a_5, a_6)$ 또는

$(3, a_2, a_3, 2, a_5, a_6)$이므로 그 개수는

$3 \times \dfrac{4!}{2!} = 36$

(ii) $a_1 = a_4$, $a_2 > a_5$인 순서쌍은

$(1, 3, a_3, 1, 2, a_6)$ 또는 $(2, 3, a_3, 2, 1, a_6)$ 또는

$(3, 2, a_3, 3, 1, a_6)$이므로 그 개수는

$3 \times 2! = 6$

[STEP 3] 확률을 구한다.

(i), (ii)에서 구하는 확률은

$\dfrac{36+6}{90} = \dfrac{7}{15}$

따라서 $p = 15$, $q = 7$이므로

$p + q = 15 + 7$

$\qquad = 22$

답 22

같은 것이 있는 순열

n개 중에서 서로 같은 것이 각각 p개, q개, r개, $\cdots$일 때, n개를 모두 일렬로 배열하는 순열의 수는

$\dfrac{n!}{p!q!r!\cdots}$ (단, $p+q+r+\cdots=n$)

02

정답률 22.1%

정답 공식 개념만 확실히 알자!

조건부확률
표본공간 S의 두 사건 A, B에 대하여 확률이 0이 아닌 사건 A가 일어났을 때, 사건 B가 일어날 확률을 사건 A가 일어났을 때의 사건 B의 조건부확률이라 하고, 기호로 $P(B|A)$와 같이 나타낸다. 사건 A가 일어났을 때의 사건 B의 조건부확률은

$$P(B|A) = \frac{P(A \cap B)}{P(A)} \text{ (단, } P(A) > 0)$$

풀이 전략 조건부확률을 이용한다.

문제 풀이

[STEP 1] 주머니에서 임의로 4개의 공을 꺼내는 경우의 수를 구한다.

주머니에 있는 8개의 공 중에서 임의로 4개의 공을 꺼내는 경우의 수는

$_8C_4 = \dfrac{8 \times 7 \times 6 \times 5}{4 \times 3 \times 2 \times 1}$

$\qquad = 70$

[STEP 2] 꺼낸 공에 적혀 있는 수가 같은 경우의 수를 구한다.

꺼낸 공에 적혀 있는 수가 같은 경우는 3이 적힌 공이 2개 또는 4가 적힌 공이 2개 또는 3, 3, 4, 4가 적힌 공이 나오는 경우이다.

이때 3이 적힌 공이 2개 나오는 경우는 나머지 6개의 공 중에서 2개의 공을 꺼낼 때 4가 적힌 공 2개가 나오는 경우를 빼면 되므로

$_6C_2 - 1 = 15 - 1 = 14$

따라서 꺼낸 공에 적혀 있는 수가 같은 경우의 수는

$14 \times 2 + 1 = 29$

→ 3이 적힌 공이 2개 나오는 경우의 수와 4가 적힌 공이 2개 나오는 경우의 수는 같아.

[STEP 3] 꺼낸 공에 적혀 있는 수가 같으면서 꺼낸 공 중 검은 공이 2개인 경우의 수를 구한다.

3이 적힌 공이 2개 나온 경우 중 검은 공이 2개인 경우는 나머지 검은 공 중 4가 적힌 공을 제외한 2개의 공 중 1개를 꺼내고 흰 공 3개 중 1개를 꺼내거나 나머지 검은 공 중 4가 적힌 공을 꺼내고 흰 공 중 4가 적힌 공을 제외한 2개의 공 중 1개를 꺼내면 되므로

$_2C_1 \times _3C_1 + 1 \times _2C_1 = 6 + 2 = 8$

따라서 꺼낸 공에 적혀 있는 수가 같으면서 꺼낸 공 중 검은 공이 2개인 경우의 수는

$8 \times 2 + 1 = 17$

→ 3이 적힌 공이 2개 나오는 경우의 수와 4가 적힌 공이 2개 나오는 경우의 수는 같아.

[STEP 4] 확률을 구한다.

이때 꺼낸 공에 적혀 있는 수가 같은 사건을 A, 꺼낸 공 중 검은 공이 2개인 사건을 B라 하면 구하는 확률은

$$P(B|A) = \frac{P(A \cap B)}{P(A)}$$

<주의> 표본공간이 어떤 사건인지 구분하는 것이 중요해.

$$= \frac{\frac{17}{70}}{\frac{29}{70}} = \frac{17}{29}$$

따라서 $p = 29$, $q = 17$이므로

$p + q = 29 + 17 = 46$

답 46

수능이 보이는 강의

조건부확률은 표본공간이 전체가 아닌 특정한 사건으로 바뀌는 것을 이해하는 것이 중요해. 이 문제는 꺼낸 공에 적혀 있는 수가 같은 사건이 표본공간이 되는 것에 유의해야 해.

03

정답률 21.3%

정답 공식 　　　　　　　　　　　　　**개념만 확실히 알자!**

수학적 확률

표본공간 S에서 각각의 근원사건이 일어날 가능성이 모두 같을 때, 사건 A가 일어날 수학적 확률은

$$P(A) = \frac{n(A)}{n(S)} = \frac{(\text{사건 } A\text{가 일어나는 경우의 수})}{(\text{일어날 수 있는 모든 경우의 수})}$$

풀이 전략 수학적 확률을 이용한다.

문제 풀이

[STEP 1] 집합 A에서 A로의 모든 함수의 개수를 구한다.

집합 A에서 A로의 모든 함수의 개수는

$_4\Pi_4 = 4^4 = 256$

[STEP 2] 조건을 만족시키는 함수의 개수를 구한다.

조건을 만족시키는 함수의 개수는 조건 (가)에 의하여 다음 네 가지 경우로 나누어 생각할 수 있다.

<함정> $f(1)$, $f(2)$의 값은 1, 2가 될 수 없어.

(i) $f(1) = f(2) = 3$인 경우

조건 (나)를 만족시키기 위하여 정의역의 원소 3, 4의 함숫값은 1, 2, 4 중에서 서로 다른 2개를 택하여 순서대로 짝 지으면 된다.

그러므로 이 경우의 수는

$_3P_2 = 3 \times 2 = 6$

(ii) $f(1) = f(2) = 4$인 경우

<실수> 같은 경우를 파악하면 계산 실수를 줄일 수 있어.

(i)과 마찬가지로 생각하면 이 경우의 수는

6

(iii) $f(1) = 3$, $f(2) = 4$인 경우

조건 (나)를 만족시키기 위하여 치역의 원소의 개수가 3이 되어야 하므로 다음 세 가지 경우로 나누어 생각할 수 있다.

㉠ $f(3)$의 값이 3 또는 4인 경우 $f(4)$의 값은 1 또는 2가 되어야 하므로 이 경우의 수는

$2 \times 2 = 4$

㉡ $f(4)$의 값이 3 또는 4인 경우 $f(3)$의 값은 1 또는 2가 되어야 하므로 이 경우의 수는

$2 \times 2 = 4$

㉢ $f(3)$, $f(4)$의 값이 모두 1이거나 모두 2인 경우의 수는

2

그러므로 이 경우의 수는

$4 + 4 + 2 = 10$

(iv) $f(1) = 4$, $f(2) = 3$인 경우

(iii)과 마찬가지로 생각하면 이 경우의 수는

10

(i)~(iv)에서 조건을 만족시키는 함수의 개수는

$6 + 6 + 10 + 10 = 32$

[STEP 3] 확률을 구한다.

따라서

$$p = \frac{32}{256} = \frac{1}{8}$$

이므로

$$120p = 120 \times \frac{1}{8} = 15$$

답 15

수능이 보이는 강의

두 집합 X, Y의 원소의 개수가 각각 m, n일 때

(1) 집합 X에서 집합 Y로의 함수의 개수는 $_n\Pi_m$

(2) 집합 X에서 집합 Y로의 일대일함수의 개수는 $_nP_m$ (단, $n \geq m$)

(3) 집합 X에서 집합 Y로의 일대일대응의 개수는 $n!$ (단, $m = n$)

04

정답률 16.0%

정답 공식 　　　　　　　　　　　　　**개념만 확실히 알자!**

수학적 확률

표본공간 S에서 각각의 근원사건이 일어날 가능성이 모두 같을 때, 사건 A가 일어날 수학적 확률은

$$P(A) = \frac{n(A)}{n(S)} = \frac{(\text{사건 } A\text{가 일어나는 경우의 수})}{(\text{일어날 수 있는 모든 경우의 수})}$$

6

풀이 전략 수학적 확률을 이용한다.

문제 풀이

[STEP 1] 꺼낸 두 공이 서로 다른 색인 경우의 확률을 구한다.

(i) 꺼낸 두 공이 서로 다른 색인 경우

얻는 점수가 12이므로 조건을 만족시킨다.
→ 24 이하의 짝수

이 경우의 확률은

$$\frac{{}_4C_1 \times {}_4C_1}{{}_8C_2} = \frac{4 \times 4}{28} = \frac{4}{7}$$

[STEP 2] 꺼낸 두 공이 서로 같은 색인 경우의 확률을 구한다.

(ii) 꺼낸 두 공이 서로 같은 색인 경우

8개의 공 중에서 2개의 공을 동시에 꺼내는 경우의 수는

$${}_8C_2 = 28$$

① 꺼낸 두 공의 색이 모두 흰 색인 경우

두 공에 적힌 수의 곱이 짝수이면 조건을 만족시키므로 이 경우의 수는

$${}_4C_2 - {}_2C_2 = 6 - 1 = 5$$ → 두 공에 적힌 수의 곱이 홀수인 경우, 즉 두 공에 적힌 수가 모두 홀수인 경우

② 꺼낸 두 공의 색이 모두 검은 색인 경우

두 공에 적힌 수의 집합이

$$\{4, 5\}, \{4, 6\}$$ ← [7을 곱하면 28 이상의 수이므로 7은 포함할 수 없어!]

이어야 하므로 이 경우의 수는 2이다.

그러므로 꺼낸 두 공이 서로 같은 색이고 얻은 점수가 24 이하의 짝수일 확률은

$$\frac{5 + 2}{28} = \frac{7}{28} = \frac{1}{4}$$

[STEP 3] 확률을 구한다.

(i), (ii)에서 구하는 확률은

$$\frac{4}{7} + \frac{1}{4} = \frac{23}{28}$$

따라서 $p = 28$, $q = 23$이므로

$$p + q = 28 + 23 = 51$$

답 51

풀이 전략 조건부확률을 이용한다.

문제 풀이

[STEP 1] 시행을 한 번 한 후 주머니에 들어 있는 공에 적힌 수의 합이 3의 배수가 되는 경우를 나누어 확률을 구한다.

시행을 한 번 한 후 주머니에 들어 있는 모든 공에 적힌 수의 합이 3의 배수인 사건을 A, 주머니에서 꺼낸 2개의 공이 서로 다른 색인 사건을 B라 하자.

주머니에 들어 있는 모든 공에 적힌 수의 합이 9이므로 이 시행을 한 번 한 후 주머니에 들어 있는 공에 적힌 수의 합이 3의 배수가 되는 경우는 꺼낸 2개의 공의 색깔에 따라 다음과 같이 두 가지 경우로 나누어 생각할 수 있다.

(i) 꺼낸 2개의 공이 서로 다른 색인 경우

꺼낸 2개의 공이 (①, ❷) 또는 (②, ❶)이어야 하므로

$$P(A \cap B) = \frac{2}{{}_5C_2} = \frac{2}{10} = \frac{1}{5}$$

(ii) 꺼낸 2개의 공이 서로 같은 색인 경우

꺼낸 2개의 공이 (❶, ❸)이고 이 두 개의 공 중 ❶을 주머니에 다시 넣거나, 꺼낸 2개의 공이 (②, ③)이고 이 두 개의 공 중 ②를 주머니에 다시 넣어야 하므로

$$P(A \cap B^C) = \frac{1}{{}_5C_2} \times \frac{1}{2} + \frac{1}{{}_5C_2} \times \frac{1}{2} = \frac{1}{10}$$

[STEP 2] 확률을 구한다.

(i), (ii)에서 구하는 확률은

$$P(B|A) = \frac{P(A \cap B)}{P(A)} = \frac{P(A \cap B)}{P(A \cap B) + P(A \cap B^C)}$$

$$= \frac{\dfrac{1}{5}}{\dfrac{1}{5} + \dfrac{1}{10}} = \frac{2}{3}$$

따라서 $p = 3$, $q = 2$이므로

$$p + q = 3 + 2 = 5$$

답 5

05

정답률 **14.1%**

조건부확률

표본공간 S의 두 사건 A, B에 대하여 확률이 0이 아닌 사건 A가 일어났을 때, 사건 B가 일어날 확률을 사건 A가 일어났을 때의 사건 B의 조건부확률이라 하고, 기호로 $P(B|A)$와 같이 나타낸다. 사건 A가 일어났을 때의 사건 B의 조건부확률은

$$P(B|A) = \frac{P(A \cap B)}{P(A)} \text{ (단, } P(A) > 0)$$

06

정답률 **14.0%**

수학적 확률

표본공간 S에서 각각의 근원사건이 일어날 가능성이 모두 같을 때, 사건 A가 일어날 수학적 확률은

$$P(A) = \frac{n(A)}{n(S)} = \frac{(\text{사건 } A\text{가 일어나는 경우의 수})}{(\text{일어날 수 있는 모든 경우의 수})}$$

풀이 전략 수학적 확률을 이용한다.

문제 풀이

[STEP 1] 모든 경우의 수를 구한다.

3개의 공이 들어 있는 주머니에서 임의로 한 개의 공을 꺼내어 공

에 적혀 있는 수를 확인한 후 다시 넣는 시행을 5번 반복할 때 나오는 모든 경우의 수는

3^5

[STEP 2] 확인한 5개의 수의 곱이 6의 배수가 아닌 경우의 수를 구한다.

확인한 5개의 수의 곱이 6의 배수가 아닌 경우는 다음과 같다.

(ⅰ) 한 개의 숫자만 나오는 경우

　이 경우의 수는 3

(ⅱ) 두 개의 숫자만 나오는 경우

　1, 2가 적혀 있는 공만 나오는 경우의 수는

　$2^5 - 2 = 30$
　→ 1만 나오거나 2만 나오는 경우를 빼주어야 한다.

　1, 3이 적혀 있는 공만 나오는 경우의 수는

　$2^5 - 2 = 30$
　→ 1만 나오거나 3만 나오는 경우를 빼주어야 한다.

　그러므로 이 경우의 수는

　$30 + 30 = 60$

(ⅰ), (ⅱ)에서 확인한 5개의 수의 곱이 6의 배수가 아닌 경우의 수는

$3 + 60 = 63$

[STEP 3] 확률을 구한다.

따라서 구하는 확률은 $1 - \dfrac{63}{3^5} = 1 - \dfrac{7}{27} = \dfrac{20}{27}$이므로

$p + q = 27 + 20 = 47$

📋 47

수능이 보이는 강의

5개의 수의 곱이 6의 배수인 경우를 구하기 어려울 때, 여사건을 이용하여 5개의 수의 곱이 6의 배수가 아닌 경우를 구하여 모든 경우의 수에서 빼면 돼.

07
정답률 **13.8%**

정답 공식　　　　　　　　　　　**개념만 확실히 알자!**

독립시행의 확률
사건 A가 일어날 확률이 p일 때, 이 시행을 n번 반복하는 독립시행에서 사건 A가 r번 일어날 확률은
$_n\mathrm{C}_r p^r (1-p)^{n-r}$ (단, $r = 0, 1, 2, \cdots, n$)

풀이 전략 　독립시행의 확률을 이용한다.

문제 풀이

[STEP 1] 앞면이 나온 횟수가 0, 1, 2일 확률을 구한다.

동전을 두 번 던져 앞면이 나온 횟수가 2일 확률은 $\dfrac{1}{4}$

앞면이 나온 횟수가 0 또는 1일 확률은

$1 - \dfrac{1}{4} = \dfrac{3}{4}$

[STEP 2] 앞면이 나온 횟수가 2인 횟수가 1 또는 3 또는 5인 확률을 구한다.

문자 B가 보이도록 카드가 놓이려면 카드를 뒤집는 횟수가 홀수이어야 한다.

따라서 구하는 확률은 5번의 시행 중 동전을 두 번 던져 앞면이 나온 횟수가 2인 횟수가 1 또는 3 또는 5인 확률이므로

$p = {}_5\mathrm{C}_1 \left(\dfrac{1}{4}\right)^1 \left(\dfrac{3}{4}\right)^4 + {}_5\mathrm{C}_3 \left(\dfrac{1}{4}\right)^3 \left(\dfrac{3}{4}\right)^2 + {}_5\mathrm{C}_5 \left(\dfrac{1}{4}\right)^5 \left(\dfrac{3}{4}\right)^0$

$= 5 \times \dfrac{81}{4^5} + 10 \times \dfrac{9}{4^5} + 1 \times \dfrac{1}{4^5}$

$= \dfrac{405 + 90 + 1}{4^5}$

$= \dfrac{31}{64}$

즉, $128 \times p = 128 \times \dfrac{31}{64} = 62$

📋 62

08
정답률 **13.5%**

정답 공식　　　　　　　　　　　**개념만 확실히 알자!**

수학적 확률
표본공간 S에서 각각의 근원사건이 일어날 가능성이 모두 같을 때, 사건 A가 일어날 수학적 확률은
$$\mathrm{P}(A) = \frac{n(A)}{n(S)} = \frac{(\text{사건 } A\text{가 일어나는 경우의 수})}{(\text{일어날 수 있는 모든 경우의 수})}$$

풀이 전략 　수학적 확률을 이용한다.

문제 풀이

[STEP 1] 꺼낸 공에 적힌 수가 3인 확률을 구한다.

주어진 규칙에 따라 다음 각 경우로 나눌 수 있다.

(ⅰ) 꺼낸 공에 적힌 수가 3인 경우

　주머니에서 꺼낸 공에 적힌 수가 3일 확률은

　$\dfrac{2}{5}$　　　　　　…… ㉠

　이때 주사위를 3번 던져 나오는 눈의 수의 합이 10인 경우는 순서를 생각하지 않으면

　6, 3, 1 또는 6, 2, 2 또는 5, 4, 1

　또는 5, 3, 2 또는 4, 4, 2 또는 4, 3, 3

　이때의 확률은

　$\left(3! + \dfrac{3!}{2!1!} + 3! + 3! + \dfrac{3!}{2!1!} + \dfrac{3!}{2!1!}\right) \times \left(\dfrac{1}{6}\right)^3$

　$= \dfrac{1}{8}$　　　　　…… ㉡

　㉠과 ㉡에서 이 경우의 확률은

　$\dfrac{2}{5} \times \dfrac{1}{8} = \dfrac{1}{20}$

[STEP 2] 꺼낸 공에 적힌 수가 4인 확률을 구한다.

(ⅱ) 꺼낸 공에 적힌 수가 4인 경우

　주머니에서 꺼낸 공에 적힌 수가 4일 확률은

$\dfrac{3}{5}$ ...... ㉢

이때 주사위를 4번 던져 나오는 눈의 수의 합이 10인 경우는
순서를 생각하지 않으면

6, 2, 1, 1 또는 5, 3, 1, 1

또는 5, 2, 2, 1 또는 4, 4, 1, 1

또는 4, 3, 2, 1 또는 4, 2, 2, 2

또는 3, 3, 3, 1 또는 3, 3, 2, 2

> 함정
> 모든 경우를 빠지지 않고
> 구해줘야 해.

이때의 확률은

$$\left(\dfrac{4!}{2!1!1!} + \dfrac{4!}{2!1!1!} + \dfrac{4!}{2!1!1!} + \dfrac{4!}{2!2!} + 4! \right.$$
$$\left. + \dfrac{4!}{3!1!} + \dfrac{4!}{3!1!} + \dfrac{4!}{2!2!} \right) \times \left(\dfrac{1}{6} \right)^4$$

$$= 80 \times \left(\dfrac{1}{6} \right)^4 \quad ...... ㉣$$

㉢과 ㉣에서 이 경우의 확률은

$$\dfrac{3}{5} \times 80 \times \left(\dfrac{1}{6} \right)^4 = \dfrac{1}{27}$$

[STEP 3] 확률을 구한다.

(i), (ii)에서 구하는 확률은

$$\dfrac{1}{20} + \dfrac{1}{27} = \dfrac{47}{540}$$

따라서 $p=540$, $q=47$이므로

$p+q=540+47=587$

目 587

수능이 보이는 강의

두 경우가 동시에 일어나지 않으므로 각각의 확률을 구한 후 더해준
다는 것을 잊지마.

09

정답 공식 **개념만 확실히 알자!**

조건부확률

표본공간 S의 두 사건 A, B에 대하여 확률이 0이 아닌 사건 A가 일
어났을 때, 사건 B가 일어날 확률을 사건 A가 일어났을 때의 사건 B
의 조건부확률이라 하고, 기호로 $\mathrm{P}(B|A)$와 같이 나타낸다. 사건 A
가 일어났을 때의 사건 B의 조건부확률은

$$\mathrm{P}(B|A) = \dfrac{\mathrm{P}(A \cap B)}{\mathrm{P}(A)} \ (단, \ \mathrm{P}(A) > 0)$$

풀이 전략 조건부확률을 이용한다.

문제 풀이

[STEP 1] [실행 1]에서 동전의 앞면이 나오고, [실행 2]가 끝난 후 주머니 B
에 흰 공이 남아 있지 않은 경우의 확률을 구한다.

[실행 2]가 끝난 후 주머니 B에 흰 공이 남아 있지 않은 사건을 X,
[실행 1]에서 주머니 B에 넣은 공 중 흰 공이 2개인 사건을 Y라
하자.   → 주머니 B에서 흰 공을 모두 꺼내는 사건

(i) [실행 1]에서 동전의 앞면이 나오고, [실행 2]가 끝난 후 주머니
B에 흰 공이 남아 있지 않은 경우

[실행 1]에서 주머니 B에 넣은 공이 흰 공 2개이고, [실행 2]에
서 주머니 A에 넣은 공이 흰 공 5개이거나

[실행 1]에서 주머니 B에 넣은 공이 흰 공 1개와 검은 공 1개이
고, [실행 2]에서 주머니 A에 넣은 공이 흰 공 4개와 검은 공 1
개일 확률은

$$\dfrac{1}{2} \times \dfrac{\overbrace{{}_3C_2}^{={}_3C_1}}{{}_4C_2} \times \dfrac{{}_5C_5}{{}_6C_5} + \dfrac{1}{2} \times \dfrac{{}_3C_1 \times {}_1C_1}{{}_4C_2} \times \dfrac{{}_4C_4 \times {}_2C_1}{{}_6C_5}$$
$$\underset{\frac{4\times3}{2\times1}}{} \qquad \underset{={}_6C_1}{}$$

$$= \dfrac{1}{2} \times \dfrac{3}{6} \times \dfrac{1}{6} + \dfrac{1}{2} \times \dfrac{3}{6} \times \dfrac{2}{6}$$

$$= \dfrac{1}{24} + \dfrac{1}{12} = \dfrac{1}{8}$$

[STEP 2] [실행 1]에서 동전의 뒷면이 나오고, [실행 2]가 끝난 후 주머니 B
에 흰 공이 남아 있지 않은 경우의 확률을 구한다.

(ii) [실행 1]에서 동전의 뒷면이 나오고, [실행 2]가 끝난 후 주머니
B에 흰 공이 남아 있지 않은 경우   → 주머니 A에서 임의의 3개의 공을 꺼내는 경우

[실행 1]에서 주머니 B에 넣은 공이 흰 공 2개와 검은 공 1개이
고, [실행 2]에서 주머니 A에 넣은 공이 흰 공 5개일 확률은

$$\dfrac{1}{2} \times \dfrac{\overbrace{{}_3C_2 \times {}_1C_1}^{={}_3C_1}}{{}_4C_3} \times \dfrac{{}_5C_5}{{}_7C_5} = \dfrac{1}{2} \times \dfrac{3}{4} \times \dfrac{1}{21}$$
$$\underset{={}_4C_1}{} \qquad \underset{\frac{7\times6}{2\times1}}{}$$

$$= \dfrac{1}{56}$$

[STEP 3] 확률을 구한다.

(i), (ii)에서

$$\mathrm{P}(X) = \dfrac{1}{8} + \dfrac{1}{56}$$

$$= \dfrac{8}{56} = \dfrac{1}{7}$$

$$\mathrm{P}(X \cap Y) = \dfrac{1}{24} + \dfrac{1}{56}$$

$$= \dfrac{10}{168} = \dfrac{5}{84}$$

그러므로 구하는 확률은

$$\mathrm{P}(Y|X) = \dfrac{\mathrm{P}(X \cap Y)}{\mathrm{P}(X)}$$

$$= \dfrac{\frac{5}{84}}{\frac{1}{7}} = \dfrac{5}{12}$$

따라서 $p=12$, $q=5$이므로

$p+q=12+5=17$

目 17

54 ● EBS 수능 기출의 미래 확률과 통계

10

정답 공식   **개념만 확실히 알자!**

조건부확률

표본공간 S의 두 사건 A, B에 대하여 확률이 0이 아닌 사건 A가 일어났을 때, 사건 B가 일어날 확률을 사건 A가 일어났을 때의 사건 B의 조건부확률이라 하고, 기호로 $\mathrm{P}(B|A)$와 같이 나타낸다. 사건 A가 일어났을 때의 사건 B의 조건부확률은

$$\mathrm{P}(B|A)=\frac{\mathrm{P}(A\cap B)}{\mathrm{P}(A)}\ (단,\ \mathrm{P}(A)>0)$$

풀이 전략 조건부확률을 이용한다.

문제 풀이

[STEP 1] $b-a\geq5$인 사건을 E, $c-a\geq10$인 사건을 F라 할 때, $\mathrm{P}(E)$의 값을 구한다.

$b-a\geq5$인 사건을 E, $c-a\geq10$인 사건을 F라 하면 구하는 확률은 $\mathrm{P}(F|E)=\dfrac{\mathrm{P}(E\cap F)}{\mathrm{P}(E)}$이다.

모든 순서쌍 $(a,\ b,\ c)$의 개수는

$${}_{12}\mathrm{C}_3=\frac{12\times11\times10}{3\times2\times1}=220$$

이때 $b-a\geq5$를 만족시키는 순서쌍 $(a,\ b)$는

$(1,\ 6),\ (1,\ 7),\ (1,\ 8),\ \cdots,\ (1,\ 11)$

$(2,\ 7),\ (2,\ 8),\ \cdots,\ (2,\ 11)$

$\vdots$

$(6,\ 11)$

$a=1$일 때 c의 개수는

$\underline{6+5+4+3+2+1=21}$ → $a<b<c$를 만족시키는 c의 개수를 구한다.

$a=2$일 때 c의 개수는

$5+4+3+2+1=15$

$a=3$일 때 c의 개수는

$4+3+2+1=10$

$a=4$일 때 c의 개수는

$3+2+1=6$

$a=5$일 때 c의 개수는

$2+1=3$

$a=6$일 때 c의 개수는

1

이므로 $b-a\geq5$를 만족시키는 모든 순서쌍 $(a,\ b,\ c)$의 개수는

$21+15+10+6+3+1=56$

즉, $\mathrm{P}(E)=\dfrac{56}{220}=\dfrac{14}{55}$

[STEP 2] $\mathrm{P}(E\cap F)$의 값을 구한다.

한편, $b-a\geq5$이고 $c-a\geq10$인 경우는

$a=1$, $c=11$일 때

$b=6,\ 7,\ 8,\ 9,\ 10$

$a=1$, $c=12$일 때

$b=6,\ 7,\ 8,\ 9,\ 10,\ 11$

$a=2$, $c=12$일 때

$b=7,\ 8,\ 9,\ 10,\ 11$

이므로 $b-a\geq5$이고 $c-a\geq10$인 모든 순서쌍 $(a,\ b,\ c)$의 개수는

$5+6+5=16$

즉, $\mathrm{P}(E\cap F)=\dfrac{16}{220}=\dfrac{4}{55}$

[STEP 3] 확률을 구한다.

그러므로 구하는 확률은

$$\mathrm{P}(F|E)=\frac{\mathrm{P}(E\cap F)}{\mathrm{P}(E)}$$

$$=\frac{\dfrac{4}{55}}{\dfrac{14}{55}}$$

$$=\frac{2}{7}$$

따라서 $p=7$, $q=2$이므로

$p+q=7+2=9$

답 9

11

정답 공식   **개념만 확실히 알자!**

독립시행의 확률

사건 A가 일어날 확률이 p일 때, 이 시행을 n번 반복하는 독립시행에서 사건 A가 r번 일어날 확률은

${}_n\mathrm{C}_r p^r(1-p)^{n-r}$ (단, $r=0,\ 1,\ 2,\ \cdots,\ n$)

풀이 전략 독립시행의 확률을 이용한다.

문제 풀이

[STEP 1] A가 가진 공의 개수를 나누어 확률을 구한다.

한 번의 시행 결과로 나타나는 경우의 확률은 다음과 같다.

① A가 가진 공의 개수가 1개 늘어나는 경우

A가 던진 주사위의 눈의 수가 짝수이고 B가 던진 주사위의 눈의 수가 홀수이므로 확률은

$\dfrac{1}{2}\times\dfrac{1}{2}=\dfrac{1}{4}$

② A가 가진 공의 개수의 변화가 없는 경우

A, B가 던진 주사위의 눈의 수가 모두 짝수이거나 모두 홀수이므로 확률은

$\dfrac{1}{4}+\dfrac{1}{4}=\dfrac{1}{2}$

③ A가 가진 공의 개수가 1개 줄어드는 경우

A가 던진 주사위의 눈의 수가 홀수이고 B가 던진 주사위의 눈의 수가 짝수이므로 확률은

Ⅱ

확률

정답과 풀이 ● **55**

$$\frac{1}{2} \times \frac{1}{2} = \frac{1}{4}$$

[STEP 2] 4번째 시행 후 센 공의 개수가 처음으로 6이 될 확률을 구한다.

한편, 4번째 시행 후 센 공의 개수가 처음으로 6이 되는 경우는 4번째 시행에서 ①이 일어나고 3번째 시행에서는 ① 또는 ②가 일어나야 한다.

> 3번째 시행까지 센 공의 개수가 6이 되면 안되는 것이 함정이야.

(i) 3번째 시행에서 ①이 일어나는 경우 → 2번째 시행 후 공의 개수의 변화가 없어야 해.

첫 번째, 두 번째 시행에서 ①, ③이 일어나거나 두 시행 모두 ②가 일어나야 하므로

$$\left\{ 2! \times \left(\frac{1}{4}\right)^2 + \left(\frac{1}{2}\right)^2 \right\} \times \frac{1}{4} = \frac{3}{32}$$

(ii) 3번째 시행에서 ②가 일어나는 경우 → 2번째 시행 후 공의 개수가 1개 늘어나야 해.

첫 번째, 두 번째 시행에서 ①, ②가 일어나야 하므로

$$\left({}_2C_1 \times \frac{1}{4} \times \frac{1}{2} \right) \times \frac{1}{2} = \frac{1}{8}$$

(i), (ii)에서 구하는 확률은

$$\left(\frac{3}{32} + \frac{1}{8} \right) \times \frac{1}{4} = \frac{7}{128}$$

따라서 $p=128$, $q=7$이므로

$$p+q=128+7=135$$

目 135

12

정답 공식   **개념만 확실히 알자!**

독립시행의 확률
사건 A가 일어날 확률이 p일 때, 이 시행을 n번 반복하는 독립시행에서 사건 A가 r번 일어날 확률은
$${}_nC_r p^r (1-p)^{n-r} \text{(단, } r=0, 1, 2, \cdots, n)$$

풀이 전략 조건부확률과 독립시행의 확률을 이용한다.

문제 풀이

[STEP 1] $a_5+b_5 \geq 7$인 사건을 A라 하고 사건 A가 일어나는 경우를 구한다.

$a_5+b_5 \geq 7$인 사건을 A, $a_k=b_k$인 자연수 k $(1 \leq k \leq 5)$가 존재하는 사건을 B라 하자.

사건 A가 일어나는 경우는

$$a_5+b_5=7=2+2+1+1+1$$
$$a_5+b_5=8=2+2+2+1+1$$
$$a_5+b_5=9=2+2+2+2+1$$
$$a_5+b_5=10=2+2+2+2+2$$

이고 주사위의 눈의 수가 5 이상일 확률은 $\frac{1}{3}$, 4 이하일 확률은 $\frac{2}{3}$

이므로

[STEP 2] 각각의 경우가 일어나는 확률을 구한다.

(i) $a_5+b_5=7$일 확률은

$${}_5C_2 \left(\frac{1}{3}\right)^2 \left(\frac{2}{3}\right)^3 = 10 \times \frac{8}{3^5}$$

(ii) $a_5+b_5=8$일 확률은

$${}_5C_3 \left(\frac{1}{3}\right)^3 \left(\frac{2}{3}\right)^2 = 10 \times \frac{4}{3^5}$$

(iii) $a_5+b_5=9$일 확률은

$${}_5C_4 \left(\frac{1}{3}\right)^4 \left(\frac{2}{3}\right)^1 = 5 \times \frac{2}{3^5}$$

(iv) $a_5+b_5=10$일 확률은

$${}_5C_5 \left(\frac{1}{3}\right)^5 = \frac{1}{3^5}$$

(i)~(iv)에서

$$P(A) = 10 \times \frac{8}{3^5} + 10 \times \frac{4}{3^5} + 5 \times \frac{2}{3^5} + \frac{1}{3^5}$$

또, 사건 $A \cap B$인 경우는 (i), (ii)의 경우 3번째 시행까지 5 이상의 눈의 수가 1번, 4 이하의 눈의 수가 2번 일어나야 하고 (iii), (iv)인 경우는 사건 $A \cap B$는 일어나지 않는다.

$$P(A \cap B)$$
$$= {}_3C_1 \left(\frac{1}{3}\right)^1 \left(\frac{2}{3}\right)^2 \times {}_2C_1 \left(\frac{1}{3}\right)^1 \left(\frac{2}{3}\right)^1 + {}_3C_1 \left(\frac{1}{3}\right)^1 \left(\frac{2}{3}\right)^2 \times \left(\frac{1}{3}\right)^2$$
$$= 3 \times \frac{16}{3^5} + 3 \times \frac{4}{3^5}$$

[STEP 3] 확률을 구한다.

그러므로 구하는 확률은

$$P(B|A)$$
$$= \frac{P(A \cap B)}{P(A)}$$
$$= \cfrac{3 \times \dfrac{16}{3^5} + 3 \times \dfrac{4}{3^5}}{10 \times \dfrac{8}{3^5} + 10 \times \dfrac{4}{3^5} + 5 \times \dfrac{2}{3^5} + \dfrac{1}{3^5}}$$
$$= \frac{48+12}{80+40+10+1}$$
$$= \frac{60}{131}$$

이므로

$$p=131, \quad q=60$$

따라서 $p+q=131+60=191$

目 191

수능이 보이는 강의

이 문제는 조건부확률과 독립시행의 확률을 모두 이용하는 문제야. 주어진 조건에서 어떤 사건이 일어날 때, 어떤 사건이 일어나는 확률을 구하는지 정확히 파악하고 각각의 경우의 확률을 독립시행의 확률로 구해야 해.

13

정답 공식　　　　　　　　　　　**개념만 확실히 알자!**

조건부확률

표본공간 S의 두 사건 A, B에 대하여 확률이 0이 아닌 사건 A가 일어났을 때, 사건 B가 일어날 확률을 사건 A가 일어났을 때의 사건 B의 조건부확률이라 하고, 기호로 $P(B|A)$와 같이 나타낸다. 사건 A가 일어났을 때의 사건 B의 조건부확률은

$$P(B|A)=\frac{P(A\cap B)}{P(A)} \text{ (단, } P(A)>0)$$

풀이 전략 조건부확률과 독립시행의 확률을 이용한다.

문제 풀이

[STEP 1] 카드에 보이는 모든 수의 합이 짝수인 사건을 A, 주사위의 1의 눈이 한 번만 나오는 사건을 B라 하고 $P(A)$, $P(B)$, $P(A\cap B)$의 값을 구한다.

주어진 시행을 3번 반복한 후 6장의 카드에 보이는 모든 수의 합이 짝수인 사건을 A, 주사위의 1의 눈이 한 번만 나오는 사건을 B라 하면 구하는 확률은 $P(B|A)$이다.

(i) 사건 A가 일어날 확률

주어진 시행을 3번 반복한 후 6장의 카드에 보이는 모든 수의 합이 짝수인 경우는 홀수가 보이는 카드의 개수가 0 또는 2이어야 하므로 주사위를 3번 던질 때 홀수의 눈이 나오는 횟수가 3 또는 1이어야 한다.

이때 독립시행의 확률에 의하여 홀수의 눈이 3번 나올 확률은

$$_3C_3\left(\frac{1}{2}\right)^3=1\times\frac{1}{8}$$
$$=\frac{1}{8} \quad\cdots\cdots\text{㉠}$$

홀수의 눈이 1번 나올 확률은

$$_3C_1\left(\frac{1}{2}\right)^1\left(\frac{1}{2}\right)^2=3\times\frac{1}{2}\times\frac{1}{4}$$
$$=\frac{3}{8} \quad\cdots\cdots\text{㉡}$$

㉠, ㉡의 두 사건은 서로 배반사건이므로 확률의 덧셈정리에 의하여 → 두 사건은 동시에 일어날 수 없다.

$$P(A)=\frac{1}{8}+\frac{3}{8}$$
$$=\frac{1}{2}$$

(ii) 사건 $A\cap B$가 일어날 확률

㉠에서 1의 눈이 한 번만 나오는 경우는 3번의 시행 중 1의 눈이 한 번 나오고 나머지 두 번은 3 또는 5의 눈이 나오는 경우이므로 이 확률은

$$_3C_1\left(\frac{1}{6}\right)^1\times{}_2C_2\left(\frac{2}{6}\right)^2=3\times\frac{1}{6}\times1\times\frac{1}{9}$$
$$=\frac{1}{18}$$

㉡에서 1의 눈이 한 번만 나오는 경우는 3번의 시행 중 1의 눈

이 한 번 나오고 나머지 두 번은 짝수의 눈이 나오는 경우이므로 이 확률은

$$_3C_1\left(\frac{1}{6}\right)^1\times{}_2C_2\left(\frac{1}{2}\right)^2=3\times\frac{1}{6}\times1\times\frac{1}{4}$$
$$=\frac{1}{8}$$

즉, $P(A\cap B)=\frac{1}{18}+\frac{1}{8}=\frac{13}{72}$

[STEP 2] 확률을 구한다.

(i), (ii)에서 구하는 확률은

$$P(B|A)=\frac{P(A\cap B)}{P(A)}$$
$$=\frac{\dfrac{13}{72}}{\dfrac{1}{2}}$$
$$=\frac{13}{36}$$

따라서 $p=36$, $q=13$이므로

$$p+q=36+13=49$$

답 49

유형 1 이산확률변수의 확률분포

01

$$E(X)=(-3)\times\frac{1}{2}+0\times\frac{1}{4}+a\times\frac{1}{4}=-\frac{3}{2}+\frac{a}{4}$$

$E(X)=-1$이므로 $-\frac{3}{2}+\frac{a}{4}=-1$에서 $a=2$

$$V(X)=(-3)^2\times\frac{1}{2}+0^2\times\frac{1}{4}+2^2\times\frac{1}{4}-(-1)^2$$

$$=\frac{9}{2}$$

따라서 $V(2X)=2^2\times V(X)=4\times\frac{9}{2}=18$

답 ③

02

$$V(X)=E(X^2)-\{E(X)\}^2$$

$$=5-2^2$$

$$=1$$

이때 $Y=10X+1$이므로

$$E(Y)=E(10X+1)$$

$$=10E(X)+1$$

$$=10\times2+1$$

$$=21$$

$$V(Y)=V(10X+1)$$

$$=100V(X)$$

$$=100\times1$$

$$=100$$

따라서 $E(Y)+V(Y)=21+100=121$

답 121

03

$$E(X)=0\times\frac{1}{10}+1\times\frac{1}{2}+a\times\frac{2}{5}$$

$$=\frac{1}{2}+\frac{2}{5}a$$

$$E(X^2)=0\times\frac{1}{10}+1^2\times\frac{1}{2}+a^2\times\frac{2}{5}$$

$$=\frac{1}{2}+\frac{2}{5}a^2$$

$\sigma(X)=E(X)$의 양변을 제곱하면

$$\{\sigma(X)\}^2=\{E(X)\}^2$$

이때 $V(X)=E(X^2)-\{E(X)\}^2$이므로

$V(X)=\{E(X)\}^2$에서

$$\{E(X)\}^2=E(X^2)-\{E(X)\}^2$$

$$2\{E(X)\}^2=E(X^2)$$

$$2\times\left(\frac{1}{2}+\frac{2}{5}a\right)^2=\frac{1}{2}+\frac{2}{5}a^2$$

$$\frac{2}{25}a(a-10)=0$$

$a>1$이므로 $a=10$

따라서

$$E(X^2)+E(X)=\frac{1}{2}+\frac{2}{5}a^2+\frac{1}{2}+\frac{2}{5}a$$

$$=\frac{1}{2}+\frac{2}{5}\times100+\frac{1}{2}+\frac{2}{5}\times10$$

$$=45$$

답 ⑤

04

$$P(Y=0)=P(X=0)$$

$$={}_4C_0\left(\frac{1}{2}\right)^0\left(\frac{1}{2}\right)^4$$

$$=\frac{1}{16}$$

$$P(Y=1)=P(X=1)$$

$$={}_4C_1\left(\frac{1}{2}\right)^1\left(\frac{1}{2}\right)^3$$

$$=\frac{1}{4}$$

이므로

$$P(Y=2)=1-P(Y=0)-P(Y=1)$$

$$=1-\frac{1}{16}-\frac{1}{4}=\frac{11}{16}$$

확률변수 Y의 확률분포를 표로 나타내면 다음과 같다.

Y	0	1	2	합계
$P(Y=y)$	$\frac{1}{16}$	$\frac{1}{4}$	$\frac{11}{16}$	1

따라서

$$E(Y)=0\times\frac{1}{16}+1\times\frac{1}{4}+2\times\frac{11}{16}$$

$$=\frac{13}{8}$$

답 ②

05

확률변수 X가 가장 큰 값을 갖는 경우는 첫 번째와 6번째 꺼낸 공에 적힌 수가 홀수이고, 두 번째부터 5번째까지 꺼낸 공에 적힌 수가 모두 짝수일 때이므로 $m=\boxed{6}$

(ⅲ) $X=k\ (3\leq k\leq m)$인 경우

9개의 공에서 k개의 공을 차례로 꺼내는 경우의 수는 $_9\mathrm{P}_k$

첫 번째와 마지막으로 꺼낸 공에 적힌 수가 홀수인 경우의 수는 $_5\mathrm{P}_2$

두 번째부터 $(k-1)$번째까지 꺼낸 공에 적힌 수가 모두 짝수인 경우의 수는 $_4\mathrm{P}_{k-2}$

그러므로 $\mathrm{P}(X=k)=\dfrac{\boxed{_5\mathrm{P}_2\times{}_4\mathrm{P}_{k-2}}}{_9\mathrm{P}_k}$에서

$f(k)={}_5\mathrm{P}_2\times{}_4\mathrm{P}_{k-2}$

따라서 $a=6$, $f(4)={}_5\mathrm{P}_2\times{}_4\mathrm{P}_2=20\times12=240$이므로

$a+f(4)=6+240=246$

답 ①

유형 2 이항분포

06

이항분포 $\mathrm{B}\Big(60,\ \dfrac{5}{12}\Big)$를 따르는 확률변수 X의 평균은

$$\mathrm{E(X)}=60\times\frac{5}{12}=25$$

답 ④

07

이항분포 $\mathrm{B}\Big(60,\ \dfrac{1}{4}\Big)$을 따르는 확률변수 X의 평균은

$$\mathrm{E}(X)=60\times\frac{1}{4}=15$$

답 ③

08

이항분포 $\mathrm{B}\Big(30,\ \dfrac{1}{5}\Big)$을 따르는 확률변수 X의 평균은

$$\mathrm{E}(X)=30\times\frac{1}{5}=6$$

답 ①

09

확률변수 X가 이항분포 $\mathrm{B}(45,\ p)$를 따르고 $\mathrm{E}(X)=15$이므로

$$\mathrm{E}(X)=45\times p=15$$

따라서 $p=\dfrac{1}{3}$

답 ②

10

확률변수 X가 이항분포 $\mathrm{B}\Big(n,\ \dfrac{1}{4}\Big)$을 따르고 $\mathrm{V}(X)=6$이므로

$$\mathrm{V}(X)=n\times\frac{1}{4}\times\frac{3}{4}=6$$

따라서 $n=32$

답 32

11

확률변수 X가 이항분포 $\mathrm{B}\Big(n,\ \dfrac{1}{3}\Big)$을 따르므로

$$\mathrm{V}(X)=n\times\frac{1}{3}\times\frac{2}{3}=\frac{2n}{9}$$이고 $\mathrm{V}(2X-1)=80$이므로

$$\mathrm{V}(2X-1)=4\mathrm{V}(X)=4\times\frac{2n}{9}=80,\ \text{즉}\ n=90$$

따라서
$$\mathrm{E}(2X-1)=2\mathrm{E}(X)-1$$
$$=2\times90\times\frac{1}{3}-1=59$$

답 59

12

확률변수 X가 이항분포 $\mathrm{B}(80,\ p)$를 따르므로

$\mathrm{E}(X)=80p=20$에서

$p=\dfrac{1}{4}$

따라서 $\mathrm{V}(X)=80\times\dfrac{1}{4}\times\dfrac{3}{4}=15$

답 15

13

확률변수 X가 이항분포 $\mathrm{B}\Big(n,\ \dfrac{1}{3}\Big)$을 따르므로

$\mathrm{V}(X)=n\times\dfrac{1}{3}\times\dfrac{2}{3}=\dfrac{2}{9}n=200$에서

$n=900$

따라서 $\mathrm{E}(X)=900 \times \dfrac{1}{3}=300$

답 300

14

확률변수 X가 이항분포 $\mathrm{B}\left(n, \dfrac{1}{3}\right)$을 따르므로

$\mathrm{V}(X)=n \times \dfrac{1}{3} \times \dfrac{2}{3}=\dfrac{2}{9}n$이고

$\begin{aligned}\mathrm{V}(2X)&=4\mathrm{V}(X)\\&=4 \times \dfrac{2}{9}n\\&=\dfrac{8}{9}n=40\end{aligned}$

따라서 $n=40 \times \dfrac{9}{8}=45$

답 ④

15

확률변수 X가 이항분포 $\mathrm{B}\left(n, \dfrac{1}{2}\right)$을 따르므로

$\mathrm{V}(X)=n \times \dfrac{1}{2} \times \dfrac{1}{2}=\dfrac{n}{4}$

따라서

$\begin{aligned}\mathrm{V}(2X+1)&=4\mathrm{V}(X)\\&=4 \times \dfrac{n}{4}=n\end{aligned}$

이고 $\mathrm{V}(2X+1)=15$이므로

$n=15$

답 15

16

주사위를 15번 던져서 2 이하의 눈이 나오는 횟수를 확률변수 Y라 하면 확률변수 Y는 이항분포 $\mathrm{B}\left(15, \dfrac{1}{3}\right)$을 따르므로

$\begin{aligned}\mathrm{E}(Y)&=15 \times \dfrac{1}{3}\\&=5\end{aligned}$

이때 원점에 있던 점 P가 이동된 점의 좌표는

$(3Y,\ 15-Y)$

이고, 이 점과 직선 $3x+4y=0$ 사이의 거리 X는

$\begin{aligned}X&=\dfrac{|3 \times 3Y+4 \times (15-Y)|}{\sqrt{3^2+4^2}}\\[4pt]&=\dfrac{|5Y+60|}{5}\\[4pt]&=Y+12\end{aligned}$

따라서

$\begin{aligned}\mathrm{E}(X)&=\mathrm{E}(Y+12)\\&=\mathrm{E}(Y)+12\\&=5+12\\&=17\end{aligned}$

답 ③

유형 3 **연속확률변수의 확률분포**

17

확률밀도함수 $f(x)$의 그래프가 직선 $x=4$에 대하여 대칭이므로

$\mathrm{P}(2 \leq X \leq 4)=\mathrm{P}(4 \leq X \leq 6)$

$\mathrm{P}(0 \leq X \leq 2)=\mathrm{P}(6 \leq X \leq 8)$

이때 $\mathrm{P}(2 \leq X \leq 4)=a$, $\mathrm{P}(0 \leq X \leq 2)=b$로 놓으면

주어진 조건에서

$3a=4b$ ······ ㉠

확률의 총합이 1이므로

$2(a+b)=1$ ······ ㉡

㉠, ㉡에서 $a+\dfrac{3}{4}a=\dfrac{1}{2}$, $a=\dfrac{2}{7}$

따라서

$\begin{aligned}\mathrm{P}(2 \leq X \leq 6)&=\mathrm{P}(2 \leq X \leq 4)+\mathrm{P}(4 \leq X \leq 6)\\&=2a\\&=2 \times \dfrac{2}{7}\\&=\dfrac{4}{7}\end{aligned}$

답 ③

18

$\mathrm{P}(0 \leq X \leq a)=1$이므로 확률변수 X의 확률밀도함수의 그래프로부터

$\dfrac{1}{2} \times a \times c=1$, 즉 $ac=2$

한편, $\mathrm{P}(0 \leq X \leq a)=\mathrm{P}(X \leq b)+\mathrm{P}(X \geq b)=1$이고

$\mathrm{P}(X \leq b)-\mathrm{P}(X \geq b)=\dfrac{1}{4}$이므로 $\mathrm{P}(X \leq b)=\dfrac{5}{8}$이고

$\mathrm{P}(X \geq b)=\dfrac{3}{8}$이다.

따라서 확률변수 X의 확률밀도함수의 그래프로부터

$\dfrac{1}{2} \times b \times c=\dfrac{5}{8}$, 즉 $bc=\dfrac{5}{4}$

한편, $\mathrm{P}(X \leq b)=\dfrac{5}{8}>\dfrac{1}{2}$이므로 $0<\sqrt{5}<b$

이때 두 점 $(0,\ 0)$, $(b,\ c)$를 지나는 직선의 방정식은

$y=\dfrac{c}{b}x$

이므로 $P(X \leq \sqrt{5}) = \frac{1}{2}$에서

$$\frac{1}{2} \times \sqrt{5} \times \left(\frac{c}{b} \times \sqrt{5}\right) = \frac{5c}{2b} = \frac{1}{2}$$

즉, $b = 5c$

이때 $bc = 5c^2 = \frac{5}{4}$이고 $c > 0$이므로

$$c = \frac{1}{2}$$

따라서 $b = \frac{5}{2}$, $a = 4$이므로

$$a + b + c = 4 + \frac{5}{2} + \frac{1}{2}$$
$$= 7$$

답 ④

유형 4 정규분포

19

확률변수 X가 정규분포 $N\left(m, \left(\frac{m}{3}\right)^2\right)$을 따르므로 $Z = \dfrac{X - m}{\frac{m}{3}}$

으로 놓으면 확률변수 Z는 표준정규분포 $N(0, 1)$을 따른다.
이때

$$P\left(X \leq \frac{9}{2}\right) = P\left(Z \leq \frac{\frac{9}{2} - m}{\frac{m}{3}}\right) = 0.9987$$

이고,
$$P(Z \leq 3) = 0.5 + P(0 \leq Z \leq 3)$$
$$= 0.5 + 0.4987 = 0.9987$$

이므로

$$\frac{\frac{9}{2} - m}{\frac{m}{3}} = 3$$

$$\frac{9}{2} - m = m, \ 2m = \frac{9}{2}$$

따라서 $m = \dfrac{9}{4}$

답 ④

20

확률변수 X가 정규분포 $N(8, 3^2)$을 따르고 확률변수 Y가 정규분포 $N(m, \sigma^2)$을 따르므로 $Z_1 = \dfrac{X-8}{3}$, $Z_2 = \dfrac{Y-m}{\sigma}$으로 놓으면 두 확률변수 Z_1, Z_2는 모두 표준정규분포 $N(0, 1)$을 따른다.

$$P(4 \leq X \leq 8)$$
$$= P\left(\frac{4-8}{3} \leq Z_1 \leq \frac{8-8}{3}\right)$$
$$= P\left(-\frac{4}{3} \leq Z_1 \leq 0\right)$$
$$= P\left(0 \leq Z_1 \leq \frac{4}{3}\right)$$

이고

$$P(Y \geq 8) = P\left(Z_2 \geq \frac{8-m}{\sigma}\right)$$

이므로 $P(4 \leq X \leq 8) + P(Y \geq 8) = \frac{1}{2}$에서

$$\frac{8-m}{\sigma} = \frac{4}{3}$$

$$m = 8 - \frac{4}{3}\sigma$$

따라서

$$P\left(Y \leq 8 + \frac{2\sigma}{3}\right) = P\left(Z_2 \leq \frac{8 + \frac{2\sigma}{3} - \left(8 - \frac{4\sigma}{3}\right)}{\sigma}\right)$$
$$= P(Z_2 \leq 2)$$
$$= \frac{1}{2} + P(0 \leq Z_2 \leq 2)$$
$$= 0.5 + 0.4772$$
$$= 0.9772$$

답 ④

21

이 고등학교의 수학 시험에 응시한 수험생의 시험 점수를 확률변수 X라 하면 X는 정규분포 $N(68, 10^2)$을 따르고, $Z = \dfrac{X-68}{10}$로 놓으면 확률변수 Z는 표준정규분포 $N(0, 1)$을 따른다.
따라서 구하는 확률은

$$P(55 \leq X \leq 78)$$
$$= P\left(\frac{55-68}{10} \leq Z \leq \frac{78-68}{10}\right)$$
$$= P(-1.3 \leq Z \leq 1)$$
$$= P(-1.3 \leq Z \leq 0) + P(0 \leq Z \leq 1)$$
$$= P(0 \leq Z \leq 1.3) + P(0 \leq Z \leq 1)$$
$$= 0.4032 + 0.3413$$
$$= 0.7445$$

답 ②

22

확률밀도함수 $y = f(x)$의 그래프는 직선 $x = m$에 대하여 대칭이다.

(i) $f(8)>f(14)$에서 $m<\dfrac{8+14}{2}$, 즉 $m<11$

(ii) $f(2)<f(16)$에서 $m>\dfrac{2+16}{2}$, 즉 $m>9$

(i), (ii)에서 m은 자연수이므로 $m=10$

그러므로 확률변수 X가 정규분포 $N(10,\ 4^2)$을 따르고,

$Z=\dfrac{X-10}{4}$으로 놓으면 확률변수 Z는 표준정규분포 $N(0,\ 1)$을

따른다.

따라서

$$\begin{aligned}
P(X\le 6)&=P\left(Z\le \dfrac{6-10}{4}\right)\\
&=P(Z\le -1)=P(Z\ge 1)\\
&=0.5-P(0\le Z\le 1)\\
&=0.5-0.3413\\
&=0.1587
\end{aligned}$$

답 ⑤

23

이 농장에서 수확하는 파프리카 1개의 무게를 확률변수 X라 하면

X는 정규분포 $N(180,\ 20^2)$을 따르고, $Z=\dfrac{X-180}{20}$으로 놓으면

확률변수 Z는 표준정규분포 $N(0,\ 1)$을 따른다.

따라서 구하는 확률은

$$\begin{aligned}
P(190\le X\le 210)&=P\left(\dfrac{190-180}{20}\le Z\le \dfrac{210-180}{20}\right)\\
&=P(0.5\le Z\le 1.5)\\
&=P(0\le Z\le 1.5)-P(0\le Z\le 0.5)\\
&=0.4332-0.1915\\
&=0.2417
\end{aligned}$$

답 ⑤

24

A 제품 1개의 중량을 확률변수 X라 하면 X는 정규분포

$N(9,\ 0.4^2)$을 따르고, $Z_1=\dfrac{X-9}{0.4}$로 놓으면 확률변수 Z_1은 표준

정규분포 $N(0,\ 1)$을 따른다.

또, B 제품 1개의 중량을 확률변수 Y라 하면 Y는 정규분포

$N(20,\ 1^2)$을 따르고, $Z_2=\dfrac{X-20}{1}$으로 놓으면 확률변수 Z_2는

표준정규분포 $N(0,\ 1)$을 따른다.

$P(8.9\le X\le 9.4)=P(19\le Y\le k)$에서

$$\begin{aligned}
P(8.9\le X\le 9.4)&=P\left(\dfrac{8.9-9}{0.4}\le Z_1\le \dfrac{9.4-9}{0.4}\right)\\
&=P(-0.25\le Z_1\le 1)=P(-1\le Z_1\le 0.25)
\end{aligned}$$

$$\begin{aligned}
P(19\le Y\le k)&=P\left(\dfrac{19-20}{1}\le Z_2\le \dfrac{k-20}{1}\right)\\
&=P(-1\le Z_2\le k-20)
\end{aligned}$$

따라서 $k-20=0.25$이므로

$k=20.25$

답 ④

25

확률변수 X의 확률밀도함수의 그래프는 직선 $x=5$에 대하여 대

칭이고 $P(X\le 9-2a)=P(X\ge 3a-3)$이므로

$$\dfrac{(9-2a)+(3a-3)}{2}=5$$

즉, $a=4$

확률변수 X가 정규분포 $N(5,\ 2^2)$을 따르므로 $Z=\dfrac{X-5}{2}$로 놓

으면 확률변수 Z는 표준정규분포 $N(0,\ 1)$을 따른다.

따라서

$$\begin{aligned}
P(9-2a\le X\le 3a-3)&=P(1\le X\le 9)\\
&=P\left(\dfrac{1-5}{2}\le Z\le \dfrac{9-5}{2}\right)\\
&=P(-2\le Z\le 2)\\
&=2\times P(0\le Z\le 2)\\
&=2\times 0.4772=0.9544
\end{aligned}$$

답 ④

26

$f(12)\le g(20)$이므로 $m-2\le 20\le m+2$이어야 한다.

즉, $18\le m\le 22$이므로 $m=22$일 때 확률 $P(21\le Y\le 24)$는 최

댓값을 갖는다.

확률변수 Y가 정규분포 $N(m,\ 2^2)$을 따르므로 $Z=\dfrac{Y-22}{2}$로 놓

으면 확률변수 Z는 정규분포 $N(1,\ 0)$을 따른다.

따라서 구하는 확률의 최댓값은

$$\begin{aligned}
P(21\le Y\le 24)&=P\left(\dfrac{21-22}{2}\le Z\le \dfrac{24-22}{2}\right)\\
&=P(-0.5\le Z\le 1)\\
&=P(-0.5\le Z\le 0)+P(0\le Z\le 1)\\
&=P(0\le Z\le 0.5)+P(0\le Z\le 1)\\
&=0.1915+0.3413\\
&=0.5328
\end{aligned}$$

답 ①

27

두 확률변수 X와 Y는 모두 정규분포를 따르고 표준편차가 같으므로 함수 $y=f(x)$의 그래프를 x축의 방향으로 4만큼 평행이동하면 함수 $y=g(x)$의 그래프와 일치한다.

따라서 $g(x)=f(x-4)$이다.

두 함수 $y=f(x)$, $y=g(x)$의 그래프가 만나는 점의 x좌표가 a이므로

$$f(a)=g(a)=f(a-4)$$

$y=f(x)$의 그래프는 직선 $x=8$에 대하여 대칭이므로

$$\frac{a+(a-4)}{2}=8$$

즉, $a=10$

확률변수 Y가 정규분포 $\mathrm{N}(12, 2^2)$을 따르므로 $Z=\dfrac{Y-12}{2}$로 놓으면 확률변수 Z는 표준정규분포 $\mathrm{N}(0, 1)$을 따른다.

따라서

$$\begin{aligned}
\mathrm{P}(8 \le Y \le a) &= \mathrm{P}(8 \le Y \le 10) \\
&= \mathrm{P}\left(\frac{8-12}{2} \le Z \le \frac{10-12}{2}\right) \\
&= \mathrm{P}(-2 \le Z \le -1) \\
&= \mathrm{P}(1 \le Z \le 2) \\
&= \mathrm{P}(0 \le Z \le 2) - \mathrm{P}(0 \le Z \le 1) \\
&= 0.4772 - 0.3413 = 0.1359
\end{aligned}$$

답 ①

참고

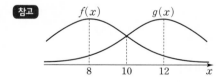

28

곡선 $y=g(x)$는 곡선 $y=f(x)$를 x축의 방향으로 -6만큼 평행이동한 것이므로 두 확률변수 X, Y의 표준편차는 같다.

확률변수 X의 평균을 m, 표준편차를 σ라 하면

확률변수 Y의 평균은 $m-6$, 표준편차는 σ이다.

표준정규분포를 따르는 확률변수 Z에 대하여

조건 (가)에서

$$\mathrm{P}(X \le 11) = \mathrm{P}(Y \ge 23)$$

$$\mathrm{P}\left(Z \le \frac{11-m}{\sigma}\right) = \mathrm{P}\left(Z \ge \frac{29-m}{\sigma}\right)$$

즉, $\dfrac{11-m}{\sigma} = -\dfrac{29-m}{\sigma}$에서 $m=20$

조건 (나)에서

$$\mathrm{P}(X \le k) + \mathrm{P}(Y \le k) = 1$$

$$\mathrm{P}\left(Z \le \frac{k-20}{\sigma}\right) + \mathrm{P}\left(Z \le \frac{k-14}{\sigma}\right) = 1$$

즉, $\dfrac{k-20}{\sigma} = -\dfrac{k-14}{\sigma}$에서 $k=17$

$$\begin{aligned}
\mathrm{P}(X \le 17) + \mathrm{P}(Y \ge 17) &= \mathrm{P}\left(Z \le -\frac{3}{\sigma}\right) + \mathrm{P}\left(Z \ge \frac{3}{\sigma}\right) \\
&= 2 \times \mathrm{P}\left(Z \ge \frac{3}{\sigma}\right)
\end{aligned}$$

$\mathrm{P}(X \le 17) + \mathrm{P}(Y \ge 17) = 0.1336$에서

$$\mathrm{P}\left(Z \ge \frac{3}{\sigma}\right) = 0.0668$$

표준정규분포표에서 $\mathrm{P}(0 \le Z \le 1.5) = 0.4332$이므로

$$\begin{aligned}
\mathrm{P}(Z \ge 1.5) &= 0.5 - \mathrm{P}(0 \le Z \le 1.5) \\
&= 0.5 - 0.4332 = 0.0668
\end{aligned}$$

$\dfrac{3}{\sigma} = 1.5$에서 $\sigma = 2$

따라서 $\mathrm{E}(X) + \sigma(Y) = m + \sigma = 20 + 2 = 22$

답 ④

유형 5 표본평균의 분포

29

정규분포 $\mathrm{N}(20, 5^2)$을 따르는 확률변수를 X라 하면

$$\mathrm{E}(X) = 20, \ \sigma(X) = 5$$

이 모집단에서 크기가 16인 표본을 임의추출하여 구한 표본평균이 $\overline{X}$이므로

$$\begin{aligned}
\mathrm{E}(\overline{X}) + \sigma(\overline{X}) &= \mathrm{E}(X) + \frac{\sigma(X)}{\sqrt{16}} \\
&= 20 + \frac{5}{4} \\
&= \frac{85}{4}
\end{aligned}$$

답 ②

30

이 도시의 시민 한 명이 1년 동안 병원을 이용한 횟수를 확률변수 X라 하면 확률변수 X는 정규분포 $\mathrm{N}(14, 3.2^2)$을 따른다.

이 도시의 시민 중에서 임의추출한 256명의 1년 동안 병원을 이용한 횟수의 표본평균을 $\overline{X}$라 하면 표본평균 $\overline{X}$는 정규분포 $\mathrm{N}\left(14, \dfrac{3.2^2}{256}\right)$, 즉 $\mathrm{N}(14, 0.2^2)$을 따른다.

이때 $Z = \dfrac{\overline{X}-14}{0.2}$로 놓으면 확률변수 Z는 표준정규분포 $\mathrm{N}(0, 1)$을 따른다.

따라서 구하는 확률은

$$P(13.7 \leq \overline{X} \leq 14.2) = P\left(\frac{13.7-14}{0.2} \leq Z \leq \frac{14.2-14}{0.2}\right)$$
$$= P(-1.5 \leq Z \leq 1)$$
$$= P(0 \leq Z \leq 1.5) + P(0 \leq Z \leq 1)$$
$$= 0.4332 + 0.3413$$
$$= 0.7745$$

답 ②

31

모표준편차가 12이고 표본의 크기가 36이므로
$$\sigma(\overline{X}) = \frac{12}{\sqrt{36}} = \frac{12}{6} = 2$$

답 ②

32

확률변수 X가 정규분포 $N(m, \sigma^2)$을 따른다고 하면
$P(X \geq 3.4) = \frac{1}{2}$이므로 $m = 3.4$

또, $P(Z \leq -1) = P(Z \geq 1)$이므로
$P(X \leq 3.9) + P(Z \geq 1) = 1$에서
$P(X \geq 3.9) = P(Z \geq 1)$
$$P(X \geq 3.9) = P\left(Z \geq \frac{3.9-3.4}{\sigma}\right)$$
$$= P\left(Z \geq \frac{0.5}{\sigma}\right)$$

이므로 $\frac{0.5}{\sigma} = 1$, $\sigma = 0.5$

이때 확률변수 X가 정규분포 $N(3.4, 0.5^2)$을 따르므로 표본평균 $\overline{X}$는 정규분포 $N\left(3.4, \frac{0.5^2}{25}\right)$, 즉 $N(3.4, 0.1^2)$을 따른다.

따라서
$$P(\overline{X} \geq 3.55) = P\left(Z \geq \frac{3.55-3.4}{0.1}\right)$$
$$= P(Z \geq 1.5)$$
$$= 0.5 - P(0 \leq Z \leq 1.5)$$
$$= 0.5 - 0.4332$$
$$= 0.0668$$

답 ③

33

주어진 모집단의 확률분포에서
$$\sigma^2 = V(X) = 1^2 \times \frac{1}{6} + 2^2 \times \frac{1}{3} + 3^2 \times \frac{1}{2} - \left(\frac{7}{3}\right)^2 = 6 - \frac{49}{9} = \frac{5}{9}$$

이므로 $p = \frac{5}{9}$

$\overline{X}$는 이 모집단에서 크기가 10인 표본을 임의추출하여 구한 표본평균이므로
$$V(\overline{X}) = \frac{V(X)}{10} = \frac{1}{10} \times \frac{5}{9} = \frac{1}{18}$$

즉, $q = \frac{1}{18}$

또,
$$V(Y) = V(10\overline{X}) = 100 V(\overline{X}) = 100 \times \frac{1}{18} = \frac{50}{9}$$

이므로 $r = \frac{50}{9}$

따라서
$$p + q + r = \frac{5}{9} + \frac{1}{18} + \frac{50}{9} = \frac{37}{6}$$

답 ④

34

이 제과 공장에서 생산하는 과자 1상자의 무게를 확률변수 X라 하면 X는 정규분포 $N(104, 4^2)$을 따른다.

이 제과 공장에서 생산하는 과자 중에서 임의추출한 과자 4상자의 무게의 표본평균을 $\overline{X}$라 하면 $\overline{X}$는 정규분포 $N\left(104, \frac{4^2}{4}\right)$, 즉 $N(104, 2^2)$을 따른다.

$Z = \frac{\overline{X}-104}{2}$로 놓으면 확률변수 Z는 표준정규분포 $N(0, 1)$을 따른다.

$$P(a \leq \overline{X} \leq 106) = P\left(\frac{a-104}{2} \leq Z \leq \frac{106-104}{2}\right)$$
$$= P\left(\frac{a-104}{2} \leq Z \leq 1\right)$$

이때
$$P(-0.5 \leq Z \leq 1) = P(0 \leq Z \leq 0.5) + P(0 \leq Z \leq 1)$$
$$= 0.1915 + 0.3413 = 0.5328$$

이므로 $\frac{a-104}{2} = -0.5$

따라서 $a = -1 + 104 = 103$

답 ⑤

35

이 회사에서 일하는 플랫폼 근로자의 일주일 근무 시간을 확률변수 X라 하면 X는 정규분포 $N(m, 5^2)$을 따른다.

이 회사에서 일하는 플랫폼 근로자 중에서 임의추출한 36명의 일주일 근무 시간의 표본평균을 $\overline{X}$라 하면 $\overline{X}$는 정규분포 $N\left(m, \frac{5^2}{36}\right)$, 즉 $N\left(m, \left(\frac{5}{6}\right)^2\right)$을 따른다.

이때

$$P(\overline{X} \geq 38) = P\left(Z \geq \dfrac{38-m}{\dfrac{5}{6}}\right)$$

$$= P\left(Z \geq \dfrac{6}{5}(38-m)\right)$$

$$= 0.9332$$

이므로

$$P\left(0 \leq Z \leq \dfrac{6}{5}(m-38)\right) = 0.9332 - 0.5$$

$$= 0.4332$$

$P(0 \leq Z \leq 1.5) = 0.4332$이므로

$$\dfrac{6}{5}(m-38) = 1.5$$

따라서 $m = 39.25$

🖪 ③

36

확률변수 X의 표준편차를 a라 하면 확률변수 X는 정규분포 $N(220,\,a^2)$을 따른다.

표본평균 $\overline{X}$는 정규분포 $N\left(220,\,\left(\dfrac{a}{\sqrt{n}}\right)^2\right)$을 따르고,

$Z_1 = \dfrac{\overline{X} - 220}{\dfrac{a}{\sqrt{n}}}$으로 놓으면 확률변수 Z_1은 표준정규분포 $N(0,\,1)$

을 따른다.

$P(\overline{X} \leq 215)$

$$= P\left(Z_1 \leq \dfrac{215-220}{\dfrac{a}{\sqrt{n}}}\right)$$

$$= P\left(Z_1 \leq -\dfrac{5\sqrt{n}}{a}\right)$$

$$= P\left(Z_1 \geq \dfrac{5\sqrt{n}}{a}\right)$$

$$= 0.5 - P\left(0 \leq Z_1 \leq \dfrac{5\sqrt{n}}{a}\right)$$

$0.5 - P\left(0 \leq Z_1 \leq \dfrac{5\sqrt{n}}{a}\right) = 0.1587$에서

$P\left(0 \leq Z_1 \leq \dfrac{5\sqrt{n}}{a}\right) = 0.3413$이므로 표준정규분포표에 의하여

$$\dfrac{5\sqrt{n}}{a} = 1$$

$$\dfrac{a}{\sqrt{n}} = 5 \quad \cdots\cdots ㉠$$

한편, 조건 (나)에서 확률변수 Y의 표준편차는 $\dfrac{3}{2}a$이므로 확률변

수 Y는 정규분포 $N\left(240,\,\left(\dfrac{3}{2}a\right)^2\right)$을 따른다.

표본평균 $\overline{Y}$는 정규분포 $N\left(240,\,\left(\dfrac{\dfrac{3}{2}a}{3\sqrt{n}}\right)^2\right)$을 따르고, ㉠에서

$\dfrac{\dfrac{3}{2}a}{3\sqrt{n}} = \dfrac{1}{2} \times \dfrac{a}{\sqrt{n}} = \dfrac{5}{2}$이므로 $Z_2 = \dfrac{\overline{Y} - 240}{\dfrac{5}{2}}$으로 놓으면 확률변

수 Z_2는 표준정규분포 $N(0,\,1)$을 따른다.

따라서

$P(\overline{Y} \geq 235) = P\left(Z_2 \geq \dfrac{235-240}{\dfrac{5}{2}}\right)$

$\qquad = P(Z_2 \geq -2)$

$\qquad = P(-2 \leq Z_2 \leq 0) + 0.5$

$\qquad = P(0 \leq Z_2 \leq 2) + 0.5$

$\qquad = 0.4772 + 0.5$

$\qquad = 0.9772$

🖪 ⑤

Ⅲ
통계

유형 6   모평균의 추정

37

모표준편차가 1이고 표본의 크기가 n일 때, 표본평균의 값을 $\overline{x}$라

하면 모평균 m에 대한 신뢰도 95 %의 신뢰구간은

$$\overline{x} - 1.96 \times \dfrac{1}{\sqrt{n}} \leq m \leq \overline{x} + 1.96 \times \dfrac{1}{\sqrt{n}}$$

$a = \overline{x} - 1.96 \times \dfrac{1}{\sqrt{n}}$, $b = \overline{x} + 1.96 \times \dfrac{1}{\sqrt{n}}$이므로

$$b - a = \left(\overline{x} + 1.96 \times \dfrac{1}{\sqrt{n}}\right) - \left(\overline{x} - 1.96 \times \dfrac{1}{\sqrt{n}}\right) = 2 \times 1.96 \times \dfrac{1}{\sqrt{n}}$$

따라서 $100(b-a) = 100 \times 2 \times 1.96 \times \dfrac{1}{\sqrt{n}} = 49$에서

$\sqrt{n} = 8$, $n = 64$

🖪 64

38

양파 64개를 임의추출하여 얻은 표본평균이 $\overline{x}$이므로 모평균 m에

대한 신뢰도 95 %의 신뢰구간은

$$\overline{x} - 1.96 \times \dfrac{16}{\sqrt{64}} \leq m \leq \overline{x} + 1.96 \times \dfrac{16}{\sqrt{64}}$$

$$\overline{x} - 3.92 \leq m \leq \overline{x} + 3.92$$

이때 $\overline{x} - 3.92 = 240.12$, $\overline{x} + 3.92 = a$이므로

$$\overline{x} = 240.12 + 3.92 = 244.04$$

$$a = 244.04 + 3.92 = 247.96$$

따라서

$$\bar{x}+a=244.04+247.96=492$$

답 ③

39

모표준편차가 5이고, 표본의 크기가 49, 표본평균이 $\bar{x}$이므로 모평균 m에 대한 신뢰도 95 %의 신뢰구간은

$$\bar{x}-1.96\times\frac{5}{\sqrt{49}}\leq m\leq\bar{x}+1.96\times\frac{5}{\sqrt{49}}$$

$$\bar{x}-1.4\leq m\leq\bar{x}+1.4$$

이때 $\bar{x}-1.4=a$이고

$\bar{x}+1.4=\dfrac{6}{5}a$이므로

$$(\bar{x}+1.4)-(\bar{x}-1.4)=\frac{6}{5}a-a,\ 2.8=\frac{a}{5}$$

$$a=2.8\times5=14$$

따라서

$$\bar{x}=a+1.4=14+1.4=15.4$$

답 ②

40

이 회사에서 생산하는 샴푸 1개의 용량을 확률변수 X라 하면 X는 정규분포 $N(m,\ \sigma^2)$을 따른다.

표본의 크기가 16일 때의 표본평균을 $\overline{x_1}$이라 하면 모평균 m에 대한 신뢰도 95 %의 신뢰구간은

$$\overline{x_1}-1.96\times\frac{\sigma}{\sqrt{16}}\leq m\leq\overline{x_1}+1.96\times\frac{\sigma}{\sqrt{16}}$$

이므로

$$2\times1.96\times\frac{\sigma}{\sqrt{16}}=755.9-746.1$$

즉, $0.98\sigma=9.8$에서 $\sigma=10$

표본의 크기가 n일 때의 표본평균을 $\overline{x_2}$라 하면 모평균 m에 대한 신뢰도 99 %의 신뢰구간은

$$\overline{x_2}-2.58\times\frac{10}{\sqrt{n}}\leq m\leq\overline{x_2}+2.58\times\frac{10}{\sqrt{n}}$$

이므로

$$b-a=2\times2.58\times\frac{10}{\sqrt{n}}=\frac{51.6}{\sqrt{n}}$$

이때 $\dfrac{51.6}{\sqrt{n}}\leq6$, 즉 $\sqrt{n}\geq\dfrac{51.6}{6}=8.6$이어야 하므로

$$n\geq8.6^2=73.96$$

따라서 자연수 n의 최솟값은 74이다.

답 ②

41

전기 자동차 100대를 임의추출하여 얻은 1회 충전 주행 거리의 표본평균이 $\overline{x_1}$일 때, 모평균 m에 대한 신뢰도 95 %의 신뢰구간은

$$\overline{x_1}-1.96\times\frac{\sigma}{\sqrt{100}}\leq m\leq\overline{x_1}+1.96\times\frac{\sigma}{\sqrt{100}}$$

즉, $\overline{x_1}-1.96\times\dfrac{\sigma}{10}\leq m\leq\overline{x_1}+1.96\times\dfrac{\sigma}{10}$

전기 자동차 400대를 임의추출하여 얻은 1회 충전 주행 거리의 표본평균이 $\overline{x_2}$일 때, 모평균 m에 대한 신뢰도 99 %의 신뢰구간은

$$\overline{x_2}-2.58\times\frac{\sigma}{\sqrt{400}}\leq m\leq\overline{x_2}+2.58\times\frac{\sigma}{\sqrt{400}}$$

즉, $\overline{x_2}-2.58\times\dfrac{\sigma}{20}\leq m\leq\overline{x_2}+2.58\times\dfrac{\sigma}{20}$

이때 $a=c$에서

$$\overline{x_1}-1.96\times\frac{\sigma}{10}=\overline{x_2}-2.58\times\frac{\sigma}{20}$$

이고, $\overline{x_1}-\overline{x_2}=1.34$이므로

$$\overline{x_1}-\overline{x_2}=1.96\times\frac{\sigma}{10}-2.58\times\frac{\sigma}{20}$$

$$=0.67\times\frac{\sigma}{10}=1.34$$

$$\sigma=\frac{1.34\times10}{0.67}=20$$

따라서

$$b-a=2\times1.96\times\frac{\sigma}{10}$$

$$=2\times1.96\times2$$

$$=7.84$$

답 ②

42

고객의 주문 대기 시간이 표준편차 σ인 정규분포를 따를 때, 64명을 임의추출하여 얻은 표본평균의 값을 $\bar{x}$라 하면 고객의 주문 대기 시간의 평균 m에 대한 신뢰도 95 %의 신뢰구간은

$$\bar{x}-1.96\times\frac{\sigma}{\sqrt{64}}\leq m\leq\bar{x}+1.96\times\frac{\sigma}{\sqrt{64}}$$

즉, $\bar{x}-1.96\times\dfrac{\sigma}{8}\leq m\leq\bar{x}+1.96\times\dfrac{\sigma}{8}$

이때 $a\leq m\leq b$이고 $b-a=4.9$이므로

$$b-a=2\times1.96\times\frac{\sigma}{8}=0.49\sigma에서$$

$$0.49\sigma=4.9$$

따라서 $\sigma=10$

답 10

01

정답률 27.8%

표본평균, 표본분산, 표본표준편차

모집단에서 크기가 n인 표본 X_1, X_2, $\cdots$, X_n을 임의추출하였을 때, 이들의 평균, 분산, 표준편차를 각각 표본평균, 표본분산, 표본표준편차라 하고, 기호로 $\overline{X}$, S^2, S와 같이 나타낸다.

$$\overline{X}=\frac{1}{n}\sum_{i=1}^{n}X_i,\ S^2=\frac{1}{n-1}\sum_{i=1}^{n}(X_i-\overline{X})^2,\ S=\sqrt{S^2}$$

풀이 전략 표본평균의 분포를 이용한다.

문제 풀이

[STEP 1] 두 수의 차가 1, 2, 3일 확률을 각각 구한다.

주머니 A에서 꺼낸 2개의 공에 적혀 있는 <u>두 수의 차가 1</u>일 확률
은 $\frac{2}{3}$ 　 → $(1,2),(2,3)$

주머니 A에서 꺼낸 2개의 공에 적혀 있는 <u>두 수의 차가 2</u>일 확률
은 $\frac{1}{3}$ 　 → $(1,3)$

주머니 B에서 꺼낸 2개의 공에 적혀 있는 <u>두 수의 차가 1</u>일 확률
은 $\frac{3}{6}=\frac{1}{2}$ 　 → $(1,2),(2,3),(3,4)$

주머니 B에서 꺼낸 2개의 공에 적혀 있는 <u>두 수의 차가 2</u>일 확률
은 $\frac{2}{6}=\frac{1}{3}$ 　 → $(1,3),(2,4)$

주머니 B에서 꺼낸 2개의 공에 적혀 있는 <u>두 수의 차가 3</u>일 확률
은 $\frac{1}{6}$ 　 → $(1,4)$

[STEP 2] 주어진 조건을 방정식으로 나타내고 방정식을 만족시키는 순서쌍을 나누어 확률을 구한다.

첫 번째 시행에서 기록한 수를 X_1, 두 번째 시행에서 기록한 수를 X_2라 하면 구하는 확률은 $X_1+X_2=4$일 확률이다.

(i) $(X_1,\ X_2)=(1,\ 3)$인 경우

첫 번째 시행에서 3의 배수의 눈이 나온 경우의 확률은

$$\left(\frac{1}{3}\times\frac{2}{3}\right)\times\left(\frac{2}{3}\times\frac{1}{6}\right)=\frac{2}{81}$$

첫 번째 시행에서 3의 배수가 아닌 눈이 나온 경우의 확률은

$$\left(\frac{2}{3}\times\frac{1}{2}\right)\times\left(\frac{2}{3}\times\frac{1}{6}\right)=\frac{1}{27}$$

이 경우 구하는 확률은

$$\frac{2}{81}+\frac{1}{27}=\frac{5}{81}$$

(ii) $(X_1,\ X_2)=(3,\ 1)$인 경우

(i)과 같은 방법으로 이 경우의 확률은

$$\frac{2}{81}+\frac{1}{27}=\frac{5}{81}$$

(iii) $(X_1,\ X_2)=(2,\ 2)$인 경우

① 주머니 A에서만 공을 꺼내는 경우

이 경우의 확률은

$$\left(\frac{1}{3}\times\frac{1}{3}\right)\times\left(\frac{1}{3}\times\frac{1}{3}\right)=\frac{1}{81}$$

② 주머니 B에서만 공을 꺼내는 경우

이 경우의 확률은

$$\left(\frac{2}{3}\times\frac{1}{3}\right)\times\left(\frac{2}{3}\times\frac{1}{3}\right)=\frac{4}{81}$$

③ 주머니 A와 주머니 B에서 한 번씩 공을 꺼내는 경우

이 경우의 확률은

$$2\times\left\{\left(\frac{1}{3}\times\frac{1}{3}\right)\times\left(\frac{2}{3}\times\frac{1}{3}\right)\right\}=\frac{4}{81}$$

①~③에서 구하는 확률은

$$\frac{1}{81}+\frac{4}{81}+\frac{4}{81}=\frac{1}{9}$$

[STEP 3] 확률을 구한다.

(i)~(iii)에서 구하는 확률은

$$\frac{5}{81}+\frac{5}{81}+\frac{1}{9}=\frac{19}{81}$$

답 ⑤

02

정답률 25.9%

정규분포와 표준정규분포의 관계

확률변수 X가 정규분포 $N(m,\ \sigma^2)$을 따를 때

(1) 확률변수 $Z=\dfrac{X-m}{\sigma}$은 표준정규분포 $N(0,\ 1)$을 따른다.

(2) $P(a\le X\le b)=P\left(\dfrac{a-m}{\sigma}\le Z\le\dfrac{b-m}{\sigma}\right)$

풀이 전략 정규분포와 표준정규분포의 관계를 이용한다.

문제 풀이

[STEP 1] $E(X)=m_1$, $E(Y)=m_2$, $V(X)=V(Y)=\sigma^2$으로 놓고 m_1, m_2, σ를 a에 대한 식으로 나타낸다.

$E(X)=m_1$, $E(Y)=m_2$, $V(X)=V(Y)=\sigma^2$으로 놓으면 두 확률변수 X, Y는 각각 정규분포 $N(m_1,\ \sigma^2)$, $N(m_2,\ \sigma^2)$을 따른다.
함수 $y=f(x)$의 그래프는 직선 $x=m_1$에 대하여 대칭이고,
$f(a)=f(3a)$이므로

$$m_1=\frac{a+3a}{2}=2a$$

함수 $y=f(x)$의 그래프를 x축의 방향으로 평행이동하면 함수 $y=g(x)$의 그래프와 일치하고, $f(a)=f(3a)=g(2a)$이므로
$$g(0)=g(2a) \text{ 또는 } g(2a)=g(4a)$$
이때 함수 $y=g(x)$의 그래프는 직선 $x=m_2$에 대하여 대칭이므로
$$m_2=\frac{0+2a}{2}=a \text{ 또는 } m_2=\frac{2a+4a}{2}=3a$$
$\text{P}(Y\leq 2a)=0.6915>0.5$이므로 $m_2<2a$
$a>0$이므로 $m_2=a$
확률변수 Z가 표준정규분포 $\text{N}(0, 1)$을 따를 때
$$\begin{aligned}\text{P}(Y\leq 2a)&=\text{P}\left(Z\leq\frac{2a-a}{\sigma}\right)=\text{P}\left(Z\leq\frac{a}{\sigma}\right)\\&=0.5+\text{P}\left(0\leq Z\leq\frac{a}{\sigma}\right)=0.6915\end{aligned}$$
에서 $\text{P}\left(0\leq Z\leq\frac{a}{\sigma}\right)=0.1915$
표준정규분포표에서 $\text{P}(0\leq Z\leq 0.5)=0.1915$이므로
$\frac{a}{\sigma}=0.5$, 즉 $\sigma=2a$

[STEP 2] $\text{P}(0\leq X\leq 3a)$의 값을 구한다.
따라서
$$\begin{aligned}\text{P}(0\leq X\leq 3a)&=\text{P}\left(\frac{0-2a}{2a}\leq Z\leq\frac{3a-2a}{2a}\right)\\&=\text{P}(-1\leq Z\leq 0.5)\\&=\text{P}(0\leq Z\leq 1)+\text{P}(0\leq Z\leq 0.5)\\&=0.3413+0.1915\\&=0.5328\end{aligned}$$

답 ①

03

정답 공식   **개념만 확실히 알자!**

이산확률변수의 기댓값(평균)과 분산, 표준편차
(1) 확률변수 X의 기댓값(평균) $\text{E}(X)$는
$$\text{E}(X)=x_1 p_1+x_2 p_2+\cdots+x_n p_n=\sum_{i=1}^{n}x_i p_i$$
(2) 확률변수 X의 분산 $\text{V}(X)$는
$$\begin{aligned}\text{V}(X)&=\text{E}((X-m)^2)=\sum_{i=1}^{n}(x_i-m)^2 p_i\\&=\text{E}(X^2)-\{\text{E}(X)\}^2\end{aligned}$$
(단, X의 기댓값 $\text{E}(X)=m$)
(3) 확률변수 X의 표준편차 $\sigma(X)$는
$$\sigma(X)=\sqrt{\text{V}(X)}$$

풀이 전략   확률변수의 확률분포를 이용한다.

문제 풀이

[STEP 1] $\text{E}(X)$, $\text{E}(X^2)$의 값을 구한다.
확률변수 X가 갖는 값이 $X=5$에 대하여 확률분포가 대칭이므로
$$\text{E}(X)=5$$
또, $\text{V}(X)=\frac{31}{5}$이므로 $\text{E}(X^2)-\{\text{E}(X)\}^2=\frac{31}{5}$에서
$$\text{E}(X^2)=\{\text{E}(X)\}^2+\frac{31}{5}=25+\frac{31}{5}$$

> **주의** 계산 과정에서 간단히 정리될 수 있으니 무조건 계산하지 말자.

이때
$$\begin{aligned}\text{E}(X^2)&=1^2\times a+3^2\times b+5^2\times c+7^2\times b+9^2\times a\\&=82a+58b+25c\end{aligned}$$
이므로
$$82a+58b+25c=25+\frac{31}{5} \qquad\cdots\cdots \text{㉠}$$

[STEP 2] $\text{E}(Y)$, $\text{E}(Y^2)$의 값을 구한다.
한편, 확률변수 Y가 갖는 값이 $Y=5$에 대하여 확률분포가 대칭이므로 $\text{E}(Y)=5$이고,
$$\begin{aligned}\text{E}(Y^2)=&1^2\times\left(a+\frac{1}{20}\right)+3^2\times b+5^2\times\left(c-\frac{1}{10}\right)+7^2\times b\\&+9^2\times\left(a+\frac{1}{20}\right)\\=&82a+58b+25c+\frac{1}{20}-\frac{5}{2}+\frac{81}{20}\\=&82a+58b+25c+\frac{8}{5}\end{aligned}$$
㉠에서
$$\begin{aligned}\text{E}(Y^2)&=25+\frac{31}{5}+\frac{8}{5}\\&=25+\frac{39}{5}\end{aligned}$$

[STEP 3] $\text{V}(Y)$의 값을 구한다.
따라서
$$\begin{aligned}\text{V}(Y)&=\text{E}(Y^2)-\{\text{E}(Y)\}^2\\&=25+\frac{39}{5}-5^2\\&=\frac{39}{5}\end{aligned}$$
이므로
$$10\times\text{V}(Y)=10\times\frac{39}{5}=78$$

답 78

수능이 보이는 강의

미지수가 많아 보이지만 $X=5$, $Y=5$에 대하여 확률분포가 대칭이므로 $\text{E}(X)=5$, $\text{E}(Y)=5$임을 이용하여 식을 세울 수 있어.

04

정답 공식   개념만 확실히 알자!

정규분포와 표준정규분포의 관계

확률변수 X가 정규분포 $N(m, \sigma^2)$을 따를 때

(1) 확률변수 $Z = \dfrac{X-m}{\sigma}$은 표준정규분포 $N(0, 1)$을 따른다.

(2) $P(a \leq X \leq b) = P\left(\dfrac{a-m}{\sigma} \leq Z \leq \dfrac{b-m}{\sigma}\right)$

풀이 전략 정규분포와 표준정규분포의 관계를 이용한다.

문제 풀이

[STEP 1] 확률변수 X의 평균이 1임을 이용하여 t의 값의 범위를 구한다.

확률변수 X의 평균이 1이므로

$P(X \leq 5t) \geq \dfrac{1}{2}$에서

$5t \geq 1$, 즉 $t \geq \dfrac{1}{5}$ ...... ㉠

[STEP 2] 정규분포와 표준정규분포의 관계를 이용하여 확률이 최댓값을 가질 조건을 구한다.

확률변수 X가 정규분포 $N(1, t^2)$을 따르므로 $Z = \dfrac{X-1}{t}$로 놓으면 확률변수 Z는 표준정규분포 $N(0, 1)$을 따른다.

$P(t^2 - t + 1 \leq X \leq t^2 + t + 1)$

$= P\left(\dfrac{t^2-t}{t} \leq \dfrac{X-1}{t} \leq \dfrac{t^2+t}{t}\right)$

$= P(t-1 \leq Z \leq t+1)$ ...... ㉡

이때 $(t+1) - (t-1) = 2$로 일정하므로 t의 값이 확률변수 Z의 평균 0에 가까울수록 ㉡의 값은 증가한다.

[STEP 3] k의 값을 구한다.

따라서 ㉠에서 $t = \dfrac{1}{5}$일 때 ㉡의 최댓값은

$k = P\left(\dfrac{1}{5} - 1 \leq Z \leq \dfrac{1}{5} + 1\right)$

$= P(-0.8 \leq Z \leq 1.2)$

$= P(0 \leq Z \leq 0.8) + P(0 \leq Z \leq 1.2)$

$= 0.288 + 0.385$

$= 0.673$

이므로

$1000 \times k = 673$

답 673

05

정답 공식   개념만 확실히 알자!

표본평균, 표본분산, 표본표준편차

모집단에서 크기가 n인 표본 $X_1, X_2, \cdots, X_n$을 임의추출하였을 때, 이들의 평균, 분산, 표준편차를 각각 표본평균, 표본분산, 표본표준편차라 하고, 기호로 $\overline{X}$, S^2, S와 같이 나타낸다.

$\overline{X} = \dfrac{1}{n} \sum_{i=1}^{n} X_i$, $S^2 = \dfrac{1}{n-1} \sum_{i=1}^{n} (X_i - \overline{X})^2$, $S = \sqrt{S^2}$

풀이 전략 표본평균의 분포를 이용한다.

문제 풀이

[STEP 1] 꺼낸 네 개의 수를 각각 X_1, X_2, X_3, X_4라 할 때, 조건을 만족시키는 모든 순서쌍 (X_1, X_2, X_3, X_4)의 개수를 구한다.

네 장의 카드를 꺼내는 모든 경우의 수는

6^4

네 개의 수를 각각 X_1, X_2, X_3, X_4라 하면

$\underbrace{X_1 + X_2 + X_3 + X_4 = 11}$ ⟶ $\overline{X} = \dfrac{11}{4}$에서 알 수 있다.

$1 \leq X_i \leq 6$ $(i = 1, 2, 3, 4)$이므로

음이 아닌 정수 x_i에 대하여

$X_i = x_i + 1$로 놓으면

$(x_1 + 1) + (x_2 + 1) + (x_3 + 1) + (x_4 + 1) = 11$

$x_1 + x_2 + x_3 + x_4 = 7$

방정식 $x_1 + x_2 + x_3 + x_4 = 7$을 만족시키는 음이 아닌 정수 x_1, x_2, x_3, x_4의 모든 순서쌍 (x_1, x_2, x_3, x_4)의 개수는

$_4H_7 = {}_{10}C_7 = {}_{10}C_3 = \dfrac{10 \times 9 \times 8}{3 \times 2 \times 1} = 120$

이때 7, 0, 0, 0으로 이루어진 음이 아닌 정수 x_1, x_2, x_3, x_4의 순서쌍 $\dfrac{4!}{3!} = 4$(개)와 6, 1, 0, 0으로 이루어진 음이 아닌 정수 x_1, x_2, x_3, x_4의 순서쌍 $\dfrac{4!}{2!} = 12$(개)는 제외해야 한다.

즉, 조건을 만족시키는 X_1, X_2, X_3, X_4의 모든 순서쌍 (X_1, X_2, X_3, X_4)의 개수는

$120 - (4 + 12) = 104$

[STEP 2] 확률을 구한다.

구하는 확률은 $\dfrac{104}{6^4} = \dfrac{13}{162}$

따라서 $p = 162$, $q = 13$이므로

$p + q = 162 + 13 = 175$

답 175

다른 풀이

한 장의 카드를 꺼낼 확률은 $\dfrac{1}{6}$

네 개의 수의 합이 11인 경우를 다음과 같이 나누어 생각한다.

(i) 세 개의 수가 같은 경우

$(3, 3, 3, 2)$, $(2, 2, 2, 5)$

의 2가지이므로

이 경우 구하는 확률은

$$2 \times \frac{4!}{3!} \times \left(\frac{1}{6}\right)^4 = 8 \times \left(\frac{1}{6}\right)^4$$

(ii) 두 개의 수가 같은 경우

$(4, 4, 2, 1)$, $(3, 3, 4, 1)$, $(2, 2, 6, 1)$, $(2, 2, 4, 3)$,

$(1, 1, 6, 3)$, $(1, 1, 5, 4)$

의 6가지이므로

이 경우 구하는 확률은

$$6 \times \frac{4!}{2!} \times \left(\frac{1}{6}\right)^4 = 72 \times \left(\frac{1}{6}\right)^4$$

(iii) 네 개의 수가 모두 다른 경우

$(5, 3, 2, 1)$의 1가지이므로

이 경우 구하는 확률은

$$4! \times \left(\frac{1}{6}\right)^4 = 24 \times \left(\frac{1}{6}\right)^4$$

(i)~(iii)에서

$$P\left(\overline{X} = \frac{11}{4}\right) = (8 + 72 + 24) \times \left(\frac{1}{6}\right)^4$$
$$= \frac{104}{6^4}$$
$$= \frac{13}{162}$$

따라서 $p = 162$, $q = 13$이므로

$p + q = 162 + 13 = 175$

06

정답률 **7.0%**

정답 공식

개념만 확실히 알자!

확률밀도함수

$\alpha \le x \le \beta$의 모든 실수의 값을 가지는 연속확률변수 X에 대하여 다음 성질을 만족하는 함수 $f(x)$가 존재한다. 이때 함수 $f(x)$를 X의 확률밀도함수라 한다.

(1) $f(x) \ge 0$

(2) 함수 $y = f(x)$의 그래프와 x축 및 두 직선 $x = \alpha$, $x = \beta$로 둘러싸인 도형의 넓이는 1이다.

⇨ $\int_\alpha^\beta f(x)dx = 1$

(3) $P(a \le X \le b)$의 값은 함수 $y = f(x)$의 그래프와 x축 및 두 직선 $x = a$, $x = b$로 둘러싸인 도형의 넓이와 같다.

(단, $\alpha \le a \le b \le \beta$)

⇨ $P(a \le X \le b) = \int_a^b f(x)dx$

풀이 전략 연속확률변수의 확률분포를 이용한다.

문제 풀이

[STEP 1] 확률밀도함수의 성질을 이용하여 k의 값을 구한다.

$0 \le x \le 6$인 모든 실수 x에 대하여

$f(x) + g(x) = k$ (k는 상수)

를 만족시키므로

$g(x) = k - f(x)$

이때 $0 \le Y \le 6$이고 확률밀도함수의 정의에 의하여

$g(x) = k - f(x) \ge 0$, 즉 $k \ge f(x)$이므로 그림과 같이 세 직선 $x = 0$, $x = 6$, $y = k$ 및 함수 $y = f(x)$의 그래프로 둘러싸인 부분의 넓이는 1이다.

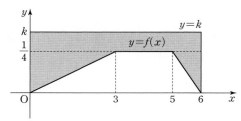

또, $0 \le x \le 6$에서 함수 $y = f(x)$의 그래프와 x축으로 둘러싸인 부분의 넓이도 1이므로

$k \times 6 = 2$ → 세 직선 $x = 0$, $x = 6$, $y = k$ 및 함수 $y = f(x)$의 그래프로 둘러싸인 부분의 넓이와

따라서 $k = \frac{1}{3}$ $0 \le x \le 6$에서 함수 $y = f(x)$의 그래프와 x축으로 둘러싸인 부분의 넓이의 합

[STEP 2] $P(6k \le Y \le 15k)$의 값을 구한다.

이때 $P(6k \le Y \le 15k) = P(2 \le Y \le 5)$이고 이 값은 세 직선 $x = 2$, $x = 5$, $y = \frac{1}{3}$ 및 함수 $y = f(x)$의 그래프로 둘러싸인 부분의 넓이와 같고, $0 \le x \le 3$에서

$f(x) = \frac{1}{12}x$이므로 ──── 원점과 점 $\left(3, \frac{1}{4}\right)$을 지나는 직선

$P(6k \le Y \le 15k)$

$= P(2 \le Y \le 5)$

$= \left[\frac{1}{3} \times 1 - \frac{1}{2} \times \{f(2) + f(3)\} \times 1\right] + \left(\frac{1}{3} \times 2 - \frac{1}{4} \times 2\right)$

$= \left\{\frac{1}{3} - \frac{1}{2} \times \left(\frac{1}{6} + \frac{1}{4}\right)\right\} + \left(\frac{2}{3} - \frac{1}{2}\right)$

$= \frac{3}{24} + \frac{1}{6}$

$= \frac{7}{24}$

따라서 $p = 24$, $q = 7$이므로

$p + q = 24 + 7 = 31$

답 31

07

개념만 확실히 알자!

표본평균의 분포

모평균 m, 모분산이 σ^2인 모집단에서 크기가 n인 표본을 임의추출할 때, 표본평균 $\overline{X}$에 대하여

$\mathrm{E}(\overline{X})=m$, $\mathrm{V}(\overline{X})=\dfrac{\sigma^2}{n}$, $\sigma(\overline{X})=\dfrac{\sigma}{\sqrt{n}}$

풀이 전략 확률분포를 표로 나타낸 다음 표본평균의 분포를 이용한다.

문제 풀이

[STEP 1] 주머니에서 임의로 꺼낸 한 개의 공에 적혀 있는 수를 확률변수 Y라 하고, 확률변수 Y의 확률분포를 표로 나타낸다.

주머니에서 임의로 꺼낸 한 개의 공에 적혀 있는 수를 확률변수 Y라 할 때, 확률변수 Y의 확률분포를 표로 나타내면 다음과 같다.

Y	1	2	3	4	합계
$\mathrm{P}(Y=y)$	a	b	c	d	1

$X=4$인 경우는 4개의 수가 모두 1이어야 하므로

$\mathrm{P}(X=4)=a^4$

$a^4=\dfrac{1}{81}$에서 $0\le a\le 1$이므로

$a=\dfrac{1}{3}$

$X=16$인 경우는 4개의 수가 모두 4이어야 하므로

$\mathrm{P}(X=16)=d^4$

$16d^4=\dfrac{1}{81}$에서 $0\le d\le 1$이므로

$d=\dfrac{1}{6}$

$a+b+c+d=1$이므로

$\xrightarrow{\quad}$ 확률의 총합은 1

$\dfrac{1}{3}+b+c+\dfrac{1}{6}=1$

$b+c=\dfrac{1}{2}$ ...... ㉠

확인한 4개의 수의 표본평균을 $\overline{Y}$라 하면 $X=4\overline{Y}$이다.

$\mathrm{E}(X)=\mathrm{E}(4\overline{Y})$

$\qquad =4\mathrm{E}(\overline{Y})=4\mathrm{E}(Y)$

$\qquad =4\left(\dfrac{1}{3}+2b+3c+\dfrac{4}{6}\right)$

$\qquad =4(1+2b+3c)$

$\mathrm{E}(X)=9$에서 $4(1+2b+3c)=9$이므로

$2b+3c=\dfrac{5}{4}$ ...... ㉡

㉠, ㉡에서 $b=\dfrac{1}{4}$, $c=\dfrac{1}{4}$

[STEP 2] $\mathrm{V}(X)$의 값을 구한다.

$\mathrm{V}(X)=\mathrm{V}(4\overline{Y})$

$\qquad =16\mathrm{V}(\overline{Y})=4\mathrm{V}(Y)$

$\qquad =4[\mathrm{E}(Y^2)-\{\mathrm{E}(Y)\}^2]$

$\qquad =4\left\{\left(1^2\times\dfrac{1}{3}+2^2\times\dfrac{1}{4}+3^2\times\dfrac{1}{4}+4^2\times\dfrac{1}{6}\right)-\left(\dfrac{9}{4}\right)^2\right\}$

$\qquad =4\left(\dfrac{25}{4}-\dfrac{81}{16}\right)=\dfrac{19}{4}$

따라서 $p=4$, $q=19$이므로

$p+q=4+19=23$

답 23

MEMO

수능 기출의 미래

수학영역 확률과 통계

경찰대학, 사관학교

기출 문제

정답과 풀이

I 경우의 수

01 ③	**02** ①	**03** ④	**04** ③	**05** ④
06 ②	**07** 14	**08** ①	**09** ⑤	**10** ④
11 ④	**12** 31	**13** 50	**14** ②	**15** 166
16 ②	**17** ②	**18** ②	**19** ②	**20** ①
21 135	**22** 80	**23** ②	**24** ③	

유형 1 여러 가지 순열

01

세 학생 A, B, C를 포함한 6명의 학생이 원 모양의 탁자에 둘러앉는 경우의 수는

$(6-1)!=5!=120$

(i) A와 C가 원 모양의 탁자에 이웃하여 앉는 경우의 수는

$2\times(5-1)!=2\times4!=48$

(ii) B와 C가 원 모양의 탁자 이웃하여 앉는 경우의 수는

$2\times(5-1)!=2\times4!=48$

(iii) C가 A, B와 동시에 이웃하여 앉는 경우의 수는

$2\times(4-1)!=2\times3!=12$

(i)~(iii)에서 C가 A 또는 B와 이웃하여 앉지 않는 경우의 수는

$120-(48+48-12)=120-84=36$

답 ③

02

3의 배수 3, 6이 적혀 있는 두 공이 서로 이웃해야 하므로 두 공을 묶어서 5개의 공을 원형으로 배열하는 경우의 수는

$(5-1)!=24$

3의 배수가 적혀 있는 두 공이 서로 자리를 바꾸는 경우의 수는

$2!$

따라서 구하는 경우의 수는

$24\times2=48$

답 ①

03

7명의 학생 중 A, B, C를 제외한 4명의 학생이 의자에 앉는 경우의 수는

$(4-1)!=3!=6$

4명의 학생 사이사이에 A, B, C가 앉는 경우의 수는

$_4P_3=4\times3\times2=24$

따라서 구하는 경우의 수는 $6\times24=144$

답 ④

04

다섯 자리 자연수 중 각 자리의 수로 숫자 1, 2, 3을 각각 한 번 이상 사용하는 경우 나머지 2개의 숫자를 a, b라 하면 모든 자리의 수의 합이 10이므로

$a+b+1+2+3=10$, 즉 $a+b=4$ ······ ㉠

(i) $(a, b)=(0, 4)$, $(4, 0)$인 경우

다섯 개의 숫자 0, 1, 2, 3, 4를 일렬로 나열하여 만들 수 있는 다섯 자리 자연수의 개수는

$4\times4!=96$

(ii) $(a, b)=(1, 3)$, $(3, 1)$인 경우

다섯 개의 숫자 1, 1, 2, 3, 3을 일렬로 나열하여 만들 수 있는 다섯 자리 자연수의 개수는

$\dfrac{5!}{2!2!}=30$

(iii) $(a, b)=(2, 2)$인 경우

다섯 개의 숫자 1, 2, 2, 2, 3을 일렬로 나열하여 만들 수 있는 다섯 자리 자연수의 개수는

$\dfrac{5!}{3!}=20$

(i)~(iii)에서 구하는 자연수의 개수는

$96+30+20=146$

답 ③

05

8개의 모자를 모두 일렬로 나열하는 경우의 수는

$\dfrac{8!}{3!2!3!}=560$

(i) 육군사관학교 모자가 양 끝에 놓이는 경우의 수는

$\dfrac{6!}{2!3!}=60$

(ii) 해군사관학교 모자가 양 끝에 놓이는 경우의 수는

$\dfrac{6!}{3!3!}=20$

(iii) 공군사관학교 모자가 양 끝에 놓이는 경우의 수는

$\dfrac{6!}{2!3!}=60$

(i)~(iii)에서 구하는 경우의 수는

$560-(60+20+60)=420$

답 ④

06

(i) $n=1$일 때,

(좌변)$=\dfrac{_2\mathrm{P}_1}{2^1}=1$이고 (우변)$=\dfrac{2!}{2^1}=\boxed{1}$이므로 (*)이 성립

한다.

(ii) $n=m$일 때, (*)이 성립한다고 가정하면

$$\sum_{k=1}^{m}\frac{_{2k}\mathrm{P}_k}{2^k}\leq\frac{(2m)!}{2^m}$$

이다. $n=m+1$일 때,

$$\sum_{k=1}^{m+1}\frac{_{2k}\mathrm{P}_k}{2^k}=\sum_{k=1}^{m}\frac{_{2k}\mathrm{P}_k}{2^k}+\frac{_{2m+2}\mathrm{P}_{m+1}}{2^{m+1}}$$

$$=\sum_{k=1}^{m}\frac{_{2k}\mathrm{P}_k}{2^k}+\frac{\boxed{(2m+2)!}}{2^{m+1}\times(m+1)!}$$

$$\leq\frac{(2m)!}{2^m}+\frac{\boxed{(2m+2)!}}{2^{m+1}\times(m+1)!}$$

$$=\frac{(2m)!}{2^{m+1}}\times\left\{2+\frac{(2m+2)(2m+1)}{(m+1)!}\right\}$$

$$=\frac{\boxed{(2m+2)!}}{2^{m+1}}\times\left\{\frac{1}{\boxed{(m+1)(2m+1)}}+\frac{1}{(m+1)!}\right\}$$

$$<\frac{(2m+2)!}{2^{m+1}}$$

이다. 따라서 $n=m+1$일 때도 (*)이 성립한다.

즉, $p=1$, $f(m)=(2m+2)!$, $g(m)=(m+1)(2m+1)$이므로

$$p+\frac{f(2)}{g(4)}=1+\frac{6!}{5\times9}=17$$

답 ②

07

버튼 ㉠을 m번, 버튼 ㉡을 n번 누르면 원점 $(0,\,0)$에 있는 점 P를 점 $(m+2n,\,m+n)$으로 이동시키게 된다.

원점 $(0,\,0)$에 있는 점 P를 점 $C(9,\,7)$로 이동시키려면 두 방정식 $m+2n=9$, $m+n=7$을 만족시켜야 하므로 $m=5$, $n=2$

즉, 버튼 ㉠을 5번, 버튼 ㉡을 2번 누르는 방법의 수는

㉠㉠㉠㉠㉠㉡㉡을 일렬로 나열하는 방법의 수와 같으므로

$$\frac{7!}{5!2!}=21$$

이때 $(0,\,0)\to\mathrm{A}\to\mathrm{C}$로 이동시키는 경우와 $(0,\,0)\to\mathrm{B}\to\mathrm{C}$로 이동시키는 경우를 제외해야 한다.

(i) 원점 $(0,\,0)$에 있는 점 P를 점 $\mathrm{A}(5,\,5)$로 이동시키려면 두 방정식 $m+2n=5$, $m+n=5$를 만족시켜야 하므로

$m=5$, $n=0$

즉, 버튼 ㉠을 5번, 버튼 ㉡을 0번 누르는 방법의 수는 1

$\mathrm{A}\to\mathrm{C}$로 이동시키려면 버튼 ㉠을 0번, 버튼 ㉡을 2번 눌러야

하므로 누르는 방법의 수는 1

따라서 $(0,\,0)\to\mathrm{A}\to\mathrm{C}$로 이동시키는 방법의 수는 $1\times1=1$

(ii) 원점 $(0,\,0)$에 있는 점 P를 점 $\mathrm{B}(6,\,4)$로 이동시키려면 두 방정식 $m+2n=6$, $m+n=4$를 만족시켜야 하므로

$m=2$, $n=2$

즉, 버튼 ㉠을 2번, 버튼 ㉡을 2번 누르는 방법의 수는

㉠㉠㉡㉡을 일렬로 나열하는 방법의 수와 같으므로 $\dfrac{4!}{2!2!}=6$

$\mathrm{B}\to\mathrm{C}$로 이동시키려면 버튼 ㉠을 3번, 버튼 ㉡을 0번 눌러야

하므로 누르는 방법의 수는 1

따라서 $(0,\,0)\to\mathrm{B}\to\mathrm{C}$로 이동시키는 방법의 수는 $6\times1=6$

전체 방법의 수에서 (i), (ii)의 방법의 수를 제외하면 구하는 경우의 수는

$21-1-6=14$

답 14

08

A 스티커와 E 스티커는 $90°$씩 회전하더라도 처음의 모양과 일치한다.

따라서 A 스티커와 E 스티커는 회전에 의하여 각각 1가지씩의 경우가 생긴다.

B 스티커와 C 스티커는 $360°$ 회전했을 때, 처음으로 같은 모양이 나온다.

따라서 B 스티커와 C 스티커는 회전에 의하여 각각 4가지씩의 경우가 생긴다.

D 스티커는 $180°$ 회전했을 때, 처음으로 같은 모양이 나온다.

따라서 D 스티커는 회전에 의하여 2가지 경우가 생긴다.

따라서 ▦ 모양의 판의 중앙에 붙이는 스티커에 따라 다음과 같이 3가지 경우로 나눌 수 있다.

(i) A 또는 E를 붙이는 경우

나머지 4개의 스티커를 중앙을 제외한 4개의 위치에 붙일 위치를 정하는 경우의 수는 원순열의 경우의 수와 같으므로

$(4-1)!=3!$이고, 중앙에 A 또는 E를 붙이는 경우의 수이므로 $2\times3!$

이 각각에 대하여 각 스티커를 회전하여 문양이 달라지도록 4개의 스티커를 붙이는 경우의 수는 $1\times2\times4\times4=32$이므로 A 또는 E를 ▦ 모양의 판의 중앙에 붙이는 모든 경우의 수는

$2\times3!\times32$

(ii) B 또는 C를 붙이는 경우

나머지 4개의 스티커를 중앙을 제외한 4개의 위치에 붙일 위치를 정하는 경우의 수는 $(4-1)!=3!$이고 이 각각에 대하여

B 또는 C를 중앙에 붙이는 경우의 수가 4이므로 중앙에 B 또는 C를 붙이고, 나머지 4개의 스티커를 붙일 위치를 정하는 경우의 수는

$4 \times 3! = \boxed{24}$

이 각각에 대하여 각 스티커를 회전하여 문양이 달라지도록 4개의 스티커를 붙이는 경우의 수는 $1 \times 1 \times 2 \times 4 = 8$이므로 B 또는 C를 ✚ 모양의 판의 중앙에 붙이는 모든 경우의 수는
$2 \times \boxed{24} \times 8$

(iii) D를 붙이는 경우

나머지 4개의 스티커를 중앙을 제외한 4개의 위치에 붙일 위치를 정하는 경우의 수는 $(4-1)! = 3!$이고 이 각각에 대하여 D를 중앙에 붙이는 경우의 수가 2이므로 중앙에 D를 붙이고, 나머지 4개의 스티커를 붙일 위치를 정하는 경우의 수는
$2 \times 3! = \boxed{12}$

이 각각에 대하여 각 스티커를 회전하여 문양이 달라지도록 4개의 스티커를 붙이는 경우의 수는 $\boxed{16}$

따라서 D를 ✚ 모양의 판의 중앙에 붙이는 모든 경우의 수는
$\boxed{12} \times \boxed{16}$

따라서 $a = 24$, $b = 12$, $c = 16$이므로
$a + b + c = 24 + 12 + 16 = 52$

답 ①

09

5개의 공에 적힌 수의 합은 $1 + 2 + 3 + 4 + 5 = 15$이므로 한 상자에 5개의 공을 모두 넣으면 안 된다.

4개의 공 중 $1 + 2 + 3 + 5 = 11$, $1 + 2 + 3 + 4 = 10$이므로 공에 적힌 수의 합이 11 이하인 경우는 두 가지이고, 상자 A, B, C에 4개, 1개, 0개의 공을 넣는 경우의 수는
$2 \times 3! = 12$

3개의 공 중 $3 + 4 + 5 = 12$인 경우가 아니면 공에 적힌 수의 합이 11 이하이므로 5개의 공에서 3개의 공을 뽑는 경우의 수는
$_5C_3 - 1 = 10 - 1 = 9$이고, 상자 A, B, C에 3개, 2개, 0개 또는 3개, 1개, 1개의 공을 넣는 경우의 수는
$9 \times (3! + 3!) = 108$

상자 A, B, C에 2개, 2개, 1개의 공을 넣는 경우의 수는
$3 \times \dfrac{5!}{2!2!} = 90$

따라서 구하는 방법의 수는
$12 + 108 + 90 = 210$

답 ⑤

10

다섯 개의 자연수 1, 2, 3, 4, 5 중에서 중복을 허락하여 3개의 수를 택하는 경우의 수는
$_5H_3 = {_7C_3} = \dfrac{7 \times 6 \times 5}{3 \times 2 \times 1} = 35$

택한 세 수의 곱이 6 미만인 경우는
$1 \times 1 \times 1 = 1$, $1 \times 1 \times 2 = 2$, $1 \times 1 \times 3 = 3$, $1 \times 1 \times 4 = 4$,
$1 \times 2 \times 2 = 4$, $1 \times 1 \times 5 = 5$의 6가지이므로 구하는 경우의 수는
$35 - 6 = 29$

답 ④

11

$f(1)$, $f(2)$, $f(3)$, $f(4)$의 함숫값을 각각 a, b, c, d라 할 때,
$a + b + c + d = 8$ (단, $0 \le a \le 6$, $0 \le b \le 6$, $0 \le c \le 6$, $0 \le d \le 6$인 정수)

이때 순서쌍 (a, b, c, d)의 개수는 $_4H_8$에서 a, b, c, d 중에 8이 1개, 0이 3개 있는 경우의 수 $\dfrac{4!}{3!} = 4$와 a, b, c, d 중에 7이 1개, 1이 1개, 0이 2개 있는 경우의 수 $\dfrac{4!}{2!} = 12$를 뺀 값과 같다.

따라서 구하는 함수 f의 개수는
$_4H_8 - 4 - 12 = {_{11}C_3} - 16$
$= \dfrac{11 \times 10 \times 9}{3 \times 2 \times 1} - 16$
$= 165 - 16 = 149$

답 ④

12

조건 (가)에서 $ab(c + d + e) = 12$이고
$c + d + e \ge 3$이므로
$c + d + e = 3$ 또는 $c + d + e = 4$ 또는 $c + d + e = 6$ 또는 $c + d + e = 12$

(i) $c + d + e = 3$인 경우

$c = d = e = 1$, $ab = 4$

조건 (나)를 만족시키려면 a, b 모두 짝수이어야 하므로
$a = b = 2$

따라서 구하는 순서쌍의 개수는 1이다.

(ii) $c + d + e = 4$인 경우

$ab = 3$에서 $(a, b) = (1, 3)$, $(3, 1)$
$(c, d, e) = (1, 1, 2)$, $(1, 2, 1)$, $(2, 1, 1)$

이때 조건 (나)를 만족시키는 순서쌍은 없다.

(iii) $c+d+e=6$인 경우

　$ab=2$에서 $(a, b)=(1, 2), (2, 1)$

　이때 $c+d+e=6$일 때, 세 자연수 c, d, e 중 적어도 하나는 짝수이므로 조건 (나)를 만족시킨다.

　구하는 순서쌍의 개수는

　$$2\times {}_3H_{6-3}=2\times {}_5C_3=2\times {}_5C_2=2\times \frac{5\times 4}{2\times 1}=20$$

(iv) $c+d+e=12$인 경우

　$ab=1$에서 $(a, b)=(1, 1)$

　이때 조건 (나)를 만족시키려면 세 자연수 c, d, e 모두 짝수이어야 하므로

　$c=2c'+2, d=2d'+2, e=2e'+2$

　　　　　　(c', d', e'은 음이 아닌 정수)

　로 놓으면

　$c+d+e=2(c'+d'+e')+6=12$

　$c'+d'+e'=3$

　구하는 순서쌍의 개수는

　$${}_3H_3={}_5C_3={}_5C_2=\frac{5\times 4}{2\times 1}=10$$

(i)~(iv)에서 구하는 순서쌍의 개수는

$1+20+10=31$

　　　　　　　　　　　　　　　　　　　달 31

13

조건 (나)에 의하여 a와 b 모두 홀수이므로

$a=2a'+1, b=2b'+1$ (a', b'은 음이 아닌 정수)로 놓을 수 있다.

또, $c=c'+1, d=d'+1, e=e'+1$ (c', d', e'은 음이 아닌 정수)

로 놓을 수 있다.

이를 조건 (가)에 대입하면

$(2a'+1)+(2b'+1)+(c'+1)+(d'+1)+(e'+1)=10$

즉, $2(a'+b')+c'+d'+e'=5$

(i) $a'+b'=0$인 경우

　$a'+b'=0$을 만족시키는 음이 아닌 정수 a', b'의 순서쌍 (a', b')의 개수는 $(0, 0)$의 1이고, 이 각각에 대하여 $c'+d'+e'=5$를 만족시키는 음이 아닌 정수 c', d', e'의 순서쌍 (c', d', e')의 개수는

　$${}_3H_5={}_7C_5={}_7C_2$$
　$$=\frac{7\times 6}{2\times 1}=21$$

　따라서 이 경우의 수는 $1\times 21=21$

(ii) $a'+b'=1$인 경우

　$a'+b'=1$을 만족시키는 음이 아닌 정수 a', b'의 순서쌍 (a', b')의 개수는

　$${}_2H_1={}_2C_1=2$$

이 각각에 대하여 $c'+d'+e'=3$을 만족시키는 음이 아닌 정수 c', d', e'의 순서쌍 (c', d', e')의 개수는

　$${}_3H_3={}_5C_3={}_5C_2$$
　$$=\frac{5\times 4}{2\times 1}=10$$

따라서 이 경우의 수는 $2\times 10=20$

(iii) $a'+b'=2$인 경우

　$a'+b'=2$를 만족시키는 음이 아닌 정수 a', b'의 순서쌍 (a', b')의 개수는

　$${}_2H_2={}_3C_2={}_3C_1$$
　$$=3$$

이 각각에 대하여 $c'+d'+e'=1$을 만족시키는 음이 아닌 정수 c', d', e'의 순서쌍 (c', d', e')의 개수는

　$${}_3H_1={}_3C_1$$
　$$=3$$

따라서 이 경우의 수는 $3\times 3=9$

(i)~(iii)에서 구하는 순서쌍의 개수는

$21+20+9=50$

　　　　　　　　　　　　　　　　　　　달 50

14

(i) $f(1)=f(2)=f(3)=1$인 경우

　$f(4), f(5), f(6), f(7), f(8)$의 값은 1, 2, 3의 값 중 중복을 허락하여 5개를 택하는 경우의 수와 같으므로

　$${}_3H_5={}_7C_5={}_7C_2=\frac{7\times 6}{2\times 1}=21$$

(ii) $f(1)=f(2)=1, f(3)=2$인 경우

　$f(4), f(5), f(6), f(7), f(8)$의 값은 2, 3의 값 중 중복을 허락하여 5개를 택하는 경우의 수와 같으므로

　$${}_2H_5={}_6C_5={}_6C_1=6$$

(i), (ii)에서 구하는 함수 f의 개수는

$21+6=27$

　　　　　　　　　　　　　　　　　　　달 ②

15

(i) 학생 A가 연필을 4자루 받고, 공책보다 연필을 더 많이 받은 학생이 A일 때,

　남은 연필 한 자루를 받는 학생을 선택하는 경우의 수는 3

　남은 연필 한 자루를 받은 학생은 반드시 공책을 1권 이상 받아야 하고 남은 4권의 공책을 4명의 학생에게 나누어 주는데, 학생 A가 공책을 4권 받을 수 없으므로

　$${}_4H_4-1={}_7C_3-1$$
　$$=\frac{7\times 6\times 5}{3\times 2\times 1}-1=35-1=34$$

구하는 경우의 수는 $3\times34=102$

(ii) 학생 A가 연필을 5자루 받고, 공책보다 연필을 더 많이 받은 학생이 A일 때,

5권의 공책을 4명의 학생에게 나누어 주는데, 학생 A가 공책을 5권 받을 수 없으므로 구하는 경우의 수는

$_4H_5-1=_8C_3-1$

$\qquad =\dfrac{8\times7\times6}{3\times2\times1}-1=56-1=55$

(iii) 학생 A가 연필을 4자루 받고, 공책보다 연필을 더 많이 받은 학생이 A가 아닐 때,

남은 연필 한 자루를 받는 학생을 선택하는 경우의 수는 3

학생 A가 공책보다 연필을 더 많이 받으면 안되므로, 학생 A는 공책을 4권 이상 받아야 하고, 남은 연필 한 자루를 받은 학생은 공책을 받으면 안된다.

남은 공책 한 권을 받는 학생을 선택하는 경우의 수는 3

구하는 경우의 수는 $3\times3=9$

(i)~(iii)에서 구하는 경우의 수

$102+55+9=166$

답 166

16

(i) 상자 A에 흰색 탁구공을 3개 넣는 경우

상자 A에는 반드시 주황색 탁구공이 적어도 1개 들어 있어야 한다.

이때 빈 상자가 있을 수 있으므로 나머지 주황색 탁구공 3개를 넣는 경우의 수는

$_3H_3=_5C_3=_5C_2$

$\qquad =\dfrac{5\times4}{2\times1}=10$

(ii) 상자 A에 흰색 탁구공을 2개 넣는 경우

상자 A에는 반드시 주황색 탁구공이 적어도 1개 들어 있어야 한다.

또, 남은 흰색 탁구공 1개를 넣는 상자에는 반드시 주황색 탁구공이 적어도 1개 들어 있어야 하므로 남은 흰색 탁구공 1개와 주황색 탁구공 1개를 상자 B 또는 상자 C에 넣고 나머지 주황색 탁구공 2개를 넣는 경우의 수는

$_2C_1\times{_3H_2}=_2C_1\times{_4C_2}$

$\qquad =2\times\dfrac{4\times3}{2\times1}=12$

(iii) 상자 A에 흰색 탁구공을 1개 넣는 경우

상자 A에는 반드시 주황색 탁구공이 적어도 1개 들어 있어야 한다.

이때 흰색 탁구공 2개와 주황색 탁구공 3개를 넣는 방법을 생

각해 보자.

① 흰색 탁구공 2개를 한 상자에 모두 넣는 경우, 주황색 탁구공은 적어도 1개 들어 있어야 하므로 주황색 탁구공을 흰색 탁구공 2개가 들어간 상자 B 또는 상자 C에 넣고 나머지 주황색 탁구공 2개를 넣는 경우의 수

$_2C_1\times{_3H_2}=_2C_1\times{_4C_2}$

$\qquad =2\times\dfrac{4\times3}{2\times1}=12$

② 흰색 탁구공 2개를 상자 B, C에 각각 1개씩 넣는 경우, 주황색 탁구공도 상자 B, C에 적어도 1개씩 들어 있어야 하므로 주황색 탁구공을 상자 B, C에 1개씩 넣고 나머지 주황색 탁구공 1개를 넣는 경우의 수는

$_3H_1=_3C_1=3$

(i)~(iii)에서 구하는 경우의 수

$10+12+12+3=37$

답 ②

유형 **3** 이항정리

17

$(x+2)^6$의 전개식의 일반항은

$_6C_r2^{6-r}x^r\ (r=0,\ 1,\ 2,\ \cdots,\ 6)$

따라서 x^4항은 $r=4$일 때이므로 구하는 x^4의 계수는

$_6C_4\times2^2=_6C_2\times4$

$\qquad =\dfrac{6\times5}{2\times1}\times4=60$

답 ②

18

$(2x+1)^6$의 전개식의 일반항은

$_6C_r(2x)^r=_6C_r2^rx^r\ (r=0,\ 1,\ 2,\ \cdots,\ 6)$

따라서 x^2항은 $r=2$일 때이므로 구하는 x^2의 계수는

$_6C_2\times2^2=\dfrac{6\times5}{2\times1}\times4=60$

답 ②

19

$\left(x^3+\dfrac{1}{x}\right)^5$의 전개식의 일반항은

$_5C_r(x^3)^{5-r}\left(\dfrac{1}{x}\right)^r={}_5C_r x^{15-4r}$ $(r=0,\ 1,\ 2,\ \cdots,\ 5)$

x^3항은 $15-4r=3$에서 $r=3$일 때이다.

따라서 $\left(x^3+\dfrac{1}{x}\right)^5$의 전개식에서 x^3의 계수는

$_5C_3={}_5C_2=\dfrac{5\times4}{2\times1}=10$

답 ②

20

$\left(2x^2+\dfrac{1}{x}\right)^5$의 전개식의 일반항은

$_5C_r(2x^2)^{5-r}\left(\dfrac{1}{x}\right)^r={}_5C_r 2^{5-r}x^{10-3r}$ $(r=0,\ 1,\ 2,\ \cdots,\ 5)$

x^4항은 $10-3r=4$에서 $r=2$일 때이다.

따라서 $\left(2x^2+\dfrac{1}{x}\right)^5$의 전개식에서 x^4의 계수는

$_5C_2\times2^3=\dfrac{5\times4}{2\times1}\times8=80$

답 ①

21

$\left(3x^2+\dfrac{1}{x}\right)^6$의 전개식에서 일반항은

$_6C_r(3x^2)^{6-r}\left(\dfrac{1}{x}\right)^r={}_6C_r 3^{6-r}x^{12-3r}$ $(r=0,\ 1,\ 2,\ \cdots,\ 6)$

따라서 상수항은 $12-3r=0$에서 $r=4$일 때이므로 구하는 상수항은

$_6C_4\times3^2={}_6C_2\times9$

$\qquad=\dfrac{6\times5}{2\times1}\times9=135$

답 135

22

$(2x+1)^5$의 전개식에서 일반항은

$_5C_r(2x)^r={}_5C_r 2^r x^r$ $(r=0,\ 1,\ 2,\ \cdots,\ 5)$

따라서 x^3항은 $r=3$일 때이므로 구하는 x^3의 계수는

$_5C_3\times2^3={}_5C_2\times8=\dfrac{5\times4}{2\times1}\times8=80$

답 80

23

$(ax+1)^7$의 전개식의 일반항은

$_7C_r(ax)^r={}_7C_r a^r x^r$ $(r=0,\ 1,\ 2,\ \cdots,\ 7)$

x^5항은 $r=5$일 때이므로 x^5의 계수는 $_7C_5 a^5$

x^3항은 $r=3$일 때이므로 x^3의 계수는 $_7C_3 a^3$

x^5의 계수와 x^3의 계수가 같으므로

$_7C_5 a^5={}_7C_3 a^3$

$\dfrac{7\times6}{2\times1}\times a^5=\dfrac{7\times6\times5}{3\times2\times1}\times a^3,\ a^2=\dfrac{5}{3}$

따라서 구하는 x^2의 계수는

$_7C_2 a^2=\dfrac{7\times6}{2\times1}\times a^2=21\times\dfrac{5}{3}=35$

답 ②

24

$(x-y+1)^{n+2}=\{(x+1)-y\}^{n+2}$의 전개식에서 $(x+1)^n y^2$항은

$_{n+2}C_2(x+1)^n y^2=\dfrac{(n+2)(n+1)}{2}(x+1)^n y^2$

이때 $(x+1)^n$의 전개식에서 x^n의 계수는 $_nC_0=1$이므로

$(x-y+1)^{n+2}$의 전개식에서 $x^n y^2$의 계수 $f(n)$은

$f(n)=\dfrac{(n+2)(n+1)}{2}$

$\dfrac{1}{f(1)}+\dfrac{1}{f(2)}+\dfrac{1}{f(3)}+\cdots+\dfrac{1}{f(2020)}$

$=\displaystyle\sum_{k=1}^{2020}\dfrac{2}{(k+1)(k+2)}=2\sum_{k=1}^{2020}\left(\dfrac{1}{k+1}-\dfrac{1}{k+2}\right)$

$=2\left\{\left(\dfrac{1}{2}-\dfrac{1}{3}\right)+\left(\dfrac{1}{3}-\dfrac{1}{4}\right)+\cdots+\left(\dfrac{1}{2021}-\dfrac{1}{2022}\right)\right\}$

$=2\left(\dfrac{1}{2}-\dfrac{1}{2022}\right)=1-\dfrac{1}{1011}=\dfrac{1010}{1011}$

따라서 $a=1010$, $b=1011$이므로

$a+b=1010+1011=2021$

답 ③

Ⅱ 확률

유형 1 확률의 연산(덧셈정리와 배반사건)

01

$$P(A^C \cup B) = P((A \cap B^C)^C)$$
$$= 1 - P(A \cap B^C) = \frac{2}{3}$$
$$P(A \cap B^C) = 1 - \frac{2}{3} = \frac{1}{3}$$

따라서

$$P(A) = P(A \cap B) + P(A \cap B^C)$$
$$= \frac{1}{6} + \frac{1}{3} = \frac{1}{2}$$

답 ③

유형 2 확률의 연산(조건부확률, 곱셈정리, 사건의 독립)

02

두 사건 A, B가 서로 독립이므로
$$P(A \cap B) = P(A)P(B)$$
즉, $\frac{1}{4} = \frac{2}{3} \times P(B)$이므로
$$P(B) = \frac{3}{8}$$

답 ②

03

$P(A \cup B) = P(A) + P(B) - P(A \cap B)$이므로
$$\frac{4}{5} = \frac{1}{2} + \frac{2}{5} - P(A \cap B)$$
$$P(A \cap B) = \frac{1}{2} + \frac{2}{5} - \frac{4}{5}$$
$$= \frac{1}{10}$$

따라서
$$P(B|A) = \frac{P(A \cap B)}{P(A)}$$
$$= \frac{\frac{1}{10}}{\frac{1}{2}} = \frac{1}{5}$$

답 ②

유형 3 여러 가지 사건의 확률의 계산

04

a, b, c, d, e, f, g의 7개의 문자를 모두 일렬로 나열하는 경우의 수는 7!

ab를 한 묶음으로 하고 나머지 5개의 문자와 일렬로 나열하는 경우의 수는 6!

이때 c가 ab의 왼쪽에 있는 경우의 수는 $\frac{6!}{2!}$이고, a와 b가 서로 자리를 바꾸는 경우의 수는 2!이므로 두 조건 (가), (나)에서 a와 b가 이웃하고, c가 a보다 왼쪽에 있는 경우의 수는

$$\frac{6!}{2!} \times 2! = 720 \quad \cdots\cdots \text{㉠}$$

조건 (가)에서 a와 c는 이웃하지 않으므로 ㉠에서 c, a, b가 이 순서대로 이웃한 경우의 수

$$5! = 120$$

은 제외해야 한다.

주어진 조건을 만족시키는 경우의 수는

$$720 - 120 = 600$$

따라서 구하는 확률은

$$\frac{600}{7!} = \frac{5}{42}$$

답 ⑤

05

10장의 카드 중에서 임의로 3장을 선택하는 경우의 수는

$$_{10}C_3 = \frac{10 \times 9 \times 8}{3 \times 2 \times 1} = 120$$

3장의 카드에 적혀 있는 세 수의 곱이 4의 배수가 아닌 경우의 수는 다음과 같다.

(ⅰ) 1, 3, 5, 7, 9의 5장의 카드 중에서 3장을 선택하는 경우의 수는

$$_5C_3 = {}_5C_2 = \frac{5 \times 4}{2 \times 1} = 10$$

(ii) 2, 6, 10의 3장의 카드 중에서 1장, 1, 3, 5, 7, 9의 5장의 카드 중에서 2장을 뽑는 경우의 수는

$$_3C_1 \times {}_5C_2 = 3 \times \frac{5 \times 4}{2 \times 1} = 30$$

(i), (ii)에서 3장의 카드에 적혀 있는 세 수의 곱이 4의 배수가 아닐 확률은

$$\frac{10 + 30}{120} = \frac{1}{3}$$

따라서 3장의 카드에 적혀 있는 세 수의 곱이 4의 배수일 확률은

$$1 - \frac{1}{3} = \frac{2}{3}$$

답 ④

06

ab가 6의 배수가 되는 순서쌍 (a, b)는

$(1, 6), (2, 3), (2, 6), (3, 2), (3, 4), (3, 6), (4, 3), (4, 6),$
$(5, 6), (6, 1), (6, 2), (6, 3), (6, 4), (6, 5), (6, 6)$

의 15가지이다.

이 중 a 또는 b가 홀수인 경우는

$(1, 6), (2, 3), (3, 2), (3, 4), (3, 6), (4, 3), (5, 6), (6, 1),$
$(6, 3), (6, 5)$

의 10가지이다.

따라서 구하는 확률은 $\frac{10}{15} = \frac{2}{3}$

즉, $p = 3$, $q = 2$이므로 $p + q = 5$

답 5

07

주사위를 던져서 3의 배수의 눈이 나올 확률은 $\frac{2}{6} = \frac{1}{3}$

상자에서 꺼낸 구슬 중 검은 구슬의 개수가 2인 경우는 다음과 같다.

(i) 주사위를 던져서 나온 눈의 수가 3의 배수이고 상자에서 꺼낸 2개의 구슬이 모두 검은 구슬인 경우의 확률은

$$\frac{1}{3} \times \frac{{}_4C_2}{{}_7C_2} = \frac{1}{3} \times \frac{6}{21} = \frac{2}{21}$$

(ii) 주사위를 던져서 나온 눈의 수가 3의 배수가 아니고 상자에서 꺼낸 3개의 구슬 중 흰 구슬이 1개, 검은 구슬이 2개인 경우의 확률은

$$\frac{2}{3} \times \frac{{}_3C_1 \times {}_4C_2}{{}_7C_3} = \frac{2}{3} \times \frac{3 \times 6}{35} = \frac{12}{35}$$

(i), (ii)의 경우는 서로 배반사건이므로 구하는 확률은

$$\frac{2}{21} + \frac{12}{35} = \frac{10 + 36}{105} = \frac{46}{105}$$

따라서 $p = 105$, $q = 46$이므로

$p + q = 151$

답 151

08

한 개의 주사위를 두 번 던져서 나온 눈의 수의 순서쌍 (a, b)의 모든 경우의 수는 $6 \times 6 = 36$

이차부등식 $ax^2 + 2bx + a - 3 \leq 0$의 해가 존재하지 않을 확률을 p라 할 때, 이차부등식 $ax^2 + 2bx + a - 3 \leq 0$의 해가 존재할 확률은 $1 - p$이다.

이차방정식 $ax^2 + 2bx + a - 3 = 0$의 판별식을 D라 할 때, 이차부등식 $ax^2 + 2bx + a - 3 \leq 0$의 해가 존재하지 않으려면 $D < 0$이어야 한다.

$\frac{D}{4} = b^2 - a(a - 3) < 0$에서 $b^2 < a(a - 3)$인 경우는

$1 \leq a \leq 3$일 때, b가 존재하지 않는다.

$a = 4$일 때, $b = 1$

$a = 5$일 때, $b = 1, 2, 3$

$a = 6$일 때, $b = 1, 2, 3, 4$

이므로 이차부등식 $ax^2 + 2bx + a - 3 \leq 0$의 해가 존재하지 않는 a, b의 순서쌍 (a, b)의 개수는 $1 + 3 + 4 = 8$이다.

따라서 $p = \frac{8}{36} = \frac{2}{9}$이므로 이차부등식 $ax^2 + 2bx + a - 3 \leq 0$의 해가 존재할 확률은

$$1 - p = 1 - \frac{2}{9} = \frac{7}{9}$$

답 ①

09

둘째 날, 셋째 날, 넷째 날, 다섯째 날은 각각 전날 사용한 색의 밴드를 제외한 나머지 4가지의 색의 밴드를 사용할 수 있으므로 전체 경우의 수는

$$_4\Pi_4 = 4^4$$

첫째 날과 다섯째 날에 파란색의 밴드를 사용했을 때, 둘째 날에 사용할 수 있는 색은 파란색을 제외한 4가지이고 가능한 경우는 다음과 같다.

(i) 셋째 날에 전날에 사용한 색과 파란색을 제외한 3가지 색 중 하나를 사용한 경우

넷째 날에 사용할 수 있는 색은 전날에 사용한 색과 파란색을 제외한 3가지이므로 가능한 경우의 수는

$$4 \times 3 \times 3$$

(ii) 셋째 날에 파란색을 사용한 경우

　넷째 날에 사용할 수 있는 색은 파란색을 제외한 4가지이므로
가능한 경우의 수는

　　$4 \times 1 \times 4$

(i), (ii)에서 구하는 확률은

$$\frac{4 \times 9 + 4 \times 4}{4^4} = \frac{13}{64}$$

冒 ①

10

여섯 장의 카드를 모두 한 번씩 사용하여 임의로 일렬로 나열하는
경우의 수는 $6! = 720$

이웃한 두 장의 카드 중 왼쪽 카드에 적힌 수가 오른쪽 카드에 적
힌 수보다 큰 경우가 한 번만 나타나는 경우의 수는 다음과 같다.

(i) 6 의 위치를 움직이는 경우

$\boxed{6}\ \square\ \square\ \square\ \square\ \square$: $_5C_0 \times _5C_5 = _5C_0$

$\bigcirc\ \boxed{6}\ \square\ \square\ \square\ \square$: $_5C_1 \times _4C_4 = _5C_1$

$\bigcirc\ \bigcirc\ \boxed{6}\ \square\ \square\ \square$: $_5C_2 \times _3C_3 = _5C_2$

$\bigcirc\ \bigcirc\ \bigcirc\ \boxed{6}\ \square\ \square$: $_5C_3 \times _2C_2 = _5C_3$

$\bigcirc\ \bigcirc\ \bigcirc\ \bigcirc\ \boxed{6}\ \square$: $_5C_4 \times _1C_1 = _5C_4$

$_5C_0 + _5C_1 + _5C_2 + _5C_3 + _5C_4 = 2^5 - 1$

(ii) 6 을 고정하고 5 의 위치를 움직이는 경우

$\boxed{5}\ \square\ \square\ \square\ \square\ \boxed{6}$: $_4C_0 \times _4C_4 = _4C_0$

$\bigcirc\ \boxed{5}\ \square\ \square\ \square\ \boxed{6}$: $_4C_1 \times _3C_3 = _4C_1$

$\bigcirc\ \bigcirc\ \boxed{5}\ \square\ \square\ \boxed{6}$: $_4C_2 \times _2C_2 = _4C_2$

$\bigcirc\ \bigcirc\ \bigcirc\ \boxed{5}\ \square\ \boxed{6}$: $_4C_3 \times _1C_1 = _4C_3$

$_4C_0 + _4C_1 + _4C_2 + _4C_3 = 2^4 - 1$

(iii) 5 , 6 을 고정하고 4 의 위치를 움직이는 경우

$_3C_0 + _3C_1 + _3C_2 = 2^3 - 1$

(iv) 4 , 5 , 6 을 고정하고 3 의 위치를 움직이는 경우

$_2C_0 + _2C_1 = 2^2 - 1$

(v) 3 , 4 , 5 , 6 을 고정하고 2 의 위치를 움직이는 경우

$_1C_0 = 2^1 - 1$

따라서

$(2^1 - 1) + (2^2 - 1) + (2^3 - 1) + (2^4 - 1) + (2^5 - 1)$

$= \dfrac{2(2^5 - 1)}{2 - 1} - 5 = 57$

이고, 구하는 확률은 $\dfrac{57}{720} = \dfrac{19}{240} = \dfrac{q}{p}$ 이므로

$p + q = 240 + 19 = 259$

冒 259

11

방정식

$a + b + c = 3n$ ⋯⋯ (*)

을 만족시키는 자연수 a, b, c 의 모든 순서쌍 (a, b, c) 의 개수는

$_3H_{3n-3} = {}_{3+3n-3-1}C_{3n-3} = {}_{3n-1}C_{3n-3} = {}_{3n-1}C_2$

$$= \boxed{\frac{(3n-1)(3n-2)}{2}}$$

이다.

선택한 순서쌍 (a, b, c) 가 '$a > b$ 또는 $a > c$'를 만족시키는 사건
을 A 라 하면 사건 A 의 여사건 A^c 은 선택한 순서쌍 (a, b, c) 가
'$a \leq b$ 이고 $a \leq c$'를 만족시키는 사건이다.

'$a \leq b$ 이고 $a \leq c$'인 순서쌍 (a, b, c) 의 개수를 구하자.

$a = k\ (1 \leq k \leq n)$일 때, $b \geq k$ 이고 $c \geq k$ 이므로

$a = k$ 일 때, 방정식 (*)에서

$k + b + c = 3n$, $b + c = 3n - k$

$b = b' + k$, $c = c' + k$ 라 하면 b', c' 은 음이 아닌 정수이고 방정식
(*)은

$k + (b' + k) + (c' + k) = 3n$, $b' + c' = 3n - 3k$

이므로 위의 방정식을 만족시키는 음이 아닌 정수 b', c' 의 순서쌍
(b', c') 의 개수는

$_2H_{3n-3k} = {}_{2+3n-3k-1}C_{3n-3k} = {}_{3n-3k+1}C_{3n-3k}$

$= {}_{3n-3k+1}C_1 = 3n - 3k + 1$

따라서 $a = k$ 일 때, 방정식 (*)을 만족시키는 순서쌍 (a, b, c) 의
개수는 $\boxed{3n - 3k + 1}$ 이다.

사건 A^c 의 원소의 개수는

$$\sum_{k=1}^{n} (\boxed{3n - 3k + 1}) = 3n^2 - 3 \times \frac{n(n+1)}{2} + n$$

$$= \frac{n(3n-1)}{2}$$

이므로 사건 A 가 일어날 확률은

$\mathrm{P}(A) = 1 - \mathrm{P}(A^c)$

$= 1 - \dfrac{\dfrac{n(3n-1)}{2}}{\dfrac{(3n-1)(3n-2)}{2}} = 1 - \dfrac{n}{3n-2}$

$$= \boxed{\frac{2n-2}{3n-2}}$$

이다.

따라서

$p = \dfrac{5 \times 4}{2} = 10$, $q = 3 \times 7 - 3 \times 2 + 1 = 16$, $r = \dfrac{2 \times 4 - 2}{3 \times 4 - 2} = \dfrac{3}{5}$

이므로

$p \times q \times r = 10 \times 16 \times \dfrac{3}{5} = 96$

冒 ③

12

점 $\left(\cos\dfrac{n\pi}{6},\ \sin\dfrac{n\pi}{6}\right)$에 $n=1,\ 2,\ 3,\ \cdots,\ 11$을 대입하여 좌표

평면에 나타내면 단위원을 점 $A(1,\ 0)$으로부터 12등분한 점들이다.

삼각형 ABC가 이등변삼각형인 경우는 이등변삼각형의 꼭짓점을

기준으로 동일한 간격으로 두 점을 택하는 경우이다.

(i) 꼭짓점을 기준으로 간격이 한 칸인 경우

　　$(1,\ 11),\ (1,\ 2),\ (10,\ 11)$로 세 가지 경우이다.

(ii) 꼭짓점을 기준으로 간격이 두 칸인 경우

　　$(2,\ 10),\ (2,\ 4),\ (8,\ 10)$으로 세 가지 경우이다.

(iii) 꼭짓점을 기준으로 간격이 세 칸인 경우

　　$(3,\ 9),\ (3,\ 6),\ (6,\ 9)$로 세 가지 경우이다.

(iv) 꼭짓점을 기준으로 간격이 네 칸인 경우

　　$(4,\ 8)$로 한 가지 경우이다.

　　이때 삼각형 ABC는 정삼각형이다.

(v) 꼭짓점을 기준으로 간격이 다섯 칸인 경우

　　$(5,\ 7),\ (5,\ 10),\ (2,\ 7)$로 세 가지 경우이다.

(i)~(v)에서 삼각형 ABC가 이등변삼각형인 경우의 수는

$3+3+3+1+3=13$

삼각형 ABC가 이등변삼각형일 확률은

$$\dfrac{13}{{}_{11}\mathrm{C}_2}=\dfrac{13}{55}$$

따라서 $p=55,\ q=13$이므로

$p+q=55+13=68$

🖬 68

13

(i) 1열에 A, B가 앉는 경우

　　1열에 A가 좌측에 앉거나 우측에 앉고 남은 자리에 B가 앉으

　　므로 2가지

　　2, 3열 중에 C가 앉는 경우 4가지

　　C가 앉은 후 다른 열에 D가 앉는 경우 2가지

　　남은 2자리 중 E가 앉는 경우 2가지

　　남은 자리에 F가 앉는 경우 1가지

　　그러므로 경우의 수는 $2\times4\times2\times2\times1=32$

(ii) 2열에 A, B가 앉는 경우

　　2열에 A가 좌측에 앉거나 우측에 앉고 남은 자리에 B가 앉으

　　므로 2가지

　　1, 3열 중에 C가 앉는 경우 4가지

　　C가 앉은 후 다른 열에 D가 앉는 경우 2가지

　　3열에 E가 앉는 경우 1가지

　　남은 자리에 F가 앉는 경우 1가지

　　그러므로 경우의 수는 $2\times4\times2\times1\times1=16$

(iii) 3열에 A, B가 앉는 경우

　　(ii)에서 경우의 수는 16

(i)~(iii)에서 모든 경우의 수는

$32+16+16=64$

6명의 학생을 6개의 좌석에 앉히는 모든 경우의 수는 $6!=720$이

므로 구하는 확률은

$$\dfrac{64}{720}=\dfrac{4}{45}$$

따라서 $p=45,\ q=4$이므로

$p+q=45+4=49$

🖬 49

14

집합 S의 공집합이 아닌 부분집합의 개수는 $2^4-1=15$이다.

한 번 택한 집합은 다시 택하지 않으므로 모든 경우의 수는

$15\times14=210$

$n(A)\times n(B)=2\times n(A\cap B)$가 성립하기 위해서는

$n(A)=2,\ n(B)=1$ 또는 $n(A)=1,\ n(B)=2$이어야 한다.

(i) $n(A)=2,\ n(B)=1$인 경우

　　A를 뽑을 때, 원소가 2개인 집합을 뽑을 확률은 $\dfrac{6}{15}$이다.

　　B를 뽑을 때, B는 A의 원소 2개 중 1개를 원소로 하는 집합

　　이어야 한다.

　　따라서 이 조건을 만족시키는 B를 뽑을 확률은 $\dfrac{2}{14}$이다.

　　그러므로 $n(A)=2,\ n(B)=1$인 경우 주어진 등식이 성립할

　　확률은 $\dfrac{6}{15}\times\dfrac{2}{14}=\dfrac{2}{35}$이다.

(ii) $n(A)=1,\ n(B)=2$인 경우

　　A를 뽑을 때, 원소가 1개인 집합을 뽑을 확률은 $\dfrac{4}{15}$이다.

　　B를 뽑을 때, B는 원소가 2개이어야 하고, A의 원소를 포함

　　해야 한다.

　　따라서 이 조건을 만족시키는 B를 뽑을 확률은 $\dfrac{3}{14}$이다.

　　그러므로 $n(A)=1,\ n(B)=2$인 경우 주어진 등식이 성립할

　　확률은 $\dfrac{4}{15}\times\dfrac{3}{14}=\dfrac{2}{35}$이다.

(i), (ii)에서 구하는 확률은

$$\dfrac{2}{35}+\dfrac{2}{35}=\dfrac{4}{35}$$

🖬 ③

다른 풀이 집합의 포함 관계를 이용한 풀이

$(A\cap B)\subset A,\ (A\cap B)\subset B$이므로

$n(A \cap B) \leq n(A)$, $n(A \cap B) \leq n(B)$이다.

따라서 $n(A) \times n(B) = 2 \times n(A \cap B)$가 성립하는 경우는 다음 두 가지가 있다.

(i) $n(A) = 2$, $n(B) = 1$, $n(A \cap B) = 1$인 경우

$B \subset A$이므로 ${}_4\mathrm{C}_2 \times 2 = \dfrac{4 \times 3}{2 \times 1} \times 2 = 12$(가지)

(ii) $n(A) = 1$, $n(B) = 2$, $n(A \cap B) = 1$인 경우

$A \subset B$이므로 $4 \times {}_3\mathrm{C}_1 = 4 \times 3 = 12$(가지)

그리고 집합 S의 공집합이 아닌 부분집합의 개수는 $2^4 - 1 = 15$이므로 구하는 확률은

$\dfrac{12 + 12}{15 \times 14} = \dfrac{4}{35}$

15

ㄱ. 첫 번째 던져서 나온 눈의 수가 짝수이면 $a_2 = -1$, 홀수이면 $a_2 = 1$이다.

따라서 $a_2 = 1$일 확률은 첫 번째 던져서 나온 눈의 수가 홀수일 확률과 같으므로 $\dfrac{1}{2}$이다. (참)

ㄴ. 주사위를 던지는 시행을 반복할 때마다 나올 수 있는 -1, 0, 1 각각의 개수를 표로 나타내면 다음과 같다.

값	1회	2회	3회	4회	⋯	n회	$(n+1)$회	$(n+2)$회	⋯
1	1	1	3	$2+3=5$	⋯	a	$a+b$	$3a+b$	⋯
0	0	2	2	$3+3=6$	⋯	b	$2a$	$2(a+b)$	⋯
-1	1	1	3	$3+2=5$	⋯	a	$a+b$	$3a+b$	⋯
총 개수	2	4	8	16	⋯	2^n	2^{n+1}	2^{n+2}	⋯
결정	a_2	a_3	a_4	a_5	⋯	a_{n+1}	a_{n+2}	a_{n+3}	⋯

n회에서 1의 개수가 a개이면 $(n+1)$회에서 0과 -1의 개수가 각각 a개씩 증가한다.

n회에서 0의 개수가 b개이면 $(n+1)$회에서 1과 -1의 개수가 각각 b개씩 증가한다.

n회에서 -1의 개수가 c개이면 $(n+1)$회에서 0과 1의 개수가 각각 c개씩 증가한다.

첫 번째의 시행 결과는 a_2를 결정짓고, 두 번째의 시행 결과는 a_3을 결정짓고, n번째의 시행 결과는 a_{n+1}을 결정짓는다.

따라서 2회의 시행 결과 $a_3 = 1$일 확률은 $\dfrac{1}{4}$이고, 3회의 시행 결과 $a_4 = 0$일 확률은 $\dfrac{2}{8} = \dfrac{1}{4}$이다.

따라서 $\mathrm{P}(a_3 = 1) = \mathrm{P}(a_4 = 0) = \dfrac{1}{4}$ (참)

ㄷ. ㄴ의 표에서 $n = 8$이라 하면

$a_9 = 0$일 확률 $\mathrm{P}(a_9 = 0) = p = \dfrac{b}{2^8}$이고

$a_{11} = 0$일 확률 $\mathrm{P}(a_{11} = 0) = \dfrac{2(a+b)}{2^{10}} = \dfrac{a+b}{2^9}$이다.

한편, $2a + b = 2^8$이므로

$a = 2^7 - \dfrac{b}{2}$

따라서

$\mathrm{P}(a_{11} = 0) = \dfrac{a+b}{2^9}$

$= \dfrac{2^7 + \dfrac{b}{2}}{2^9}$

$= \dfrac{1 + \dfrac{b}{2^8}}{2^2}$

$= \dfrac{1 + p}{4}$

이므로 $a_{11} = 0$일 확률은 $\dfrac{1+p}{4}$이다. (거짓)

따라서 옳은 것은 ㄱ, ㄴ이다.

답 ③

유형 4 조건부확률의 활용

16

데스크톱을 사용하는 남학생 수는 15명이고 데스크톱을 사용하는 여학생 수는 $18 - 10 = 8$(명)이므로 구하는 확률은

$\dfrac{15}{15 + 8} = \dfrac{15}{23}$

답 ③

17

꺼낸 2장의 카드에 적힌 두 수의 합이 홀수인 사건을 S, 주머니 A 에서 꺼낸 카드에 적힌 수가 홀수인 사건을 T라 하자.

두 수의 합이 홀수인 경우는 다음과 같다.

주머니 A	주머니 B	확률
홀수	짝수	$\dfrac{3}{5} \times \dfrac{2}{3} = \dfrac{2}{5}$
짝수	홀수	$\dfrac{2}{5} \times \dfrac{1}{3} = \dfrac{2}{15}$

$\mathrm{P}(S) = \dfrac{2}{5} + \dfrac{2}{15} = \dfrac{8}{15}$

$\mathrm{P}(S \cap T) = \dfrac{2}{5}$

따라서 구하는 확률은

$$P(T|S) = \frac{P(S \cap T)}{P(S)}$$

$$= \frac{\frac{2}{5}}{\frac{8}{15}} = \frac{3}{4}$$

답 ⑤

18

8장의 카드를 원형으로 배열할 때, 서로 마주 보는 위치에 있는 두 장의 카드에 적혀 있는 두 수의 차가 모두 같은 사건을 A, 숫자 1이 적혀 있는 카드와 숫자 2가 적혀 있는 카드가 서로 이웃하는 사건을 B라 하자.

8장의 카드를 원형으로 배열하는 경우의 수는 $(8-1)!=7!$

서로 마주 보는 위치에 있는 두 장의 카드에 적혀 있는 두 수의 차가 모두 같은 경우는 다음과 같이 세 가지 경우가 있다.

(ⅰ) 두 수의 차가 1인 경우

    $(1, 2), (3, 4), (5, 6), (7, 8)$

(ⅱ) 두 수의 차가 2인 경우

    $(1, 3), (2, 4), (5, 7), (6, 8)$

(ⅲ) 두 수의 차가 4인 경우

    $(1, 5), (2, 6), (3, 7), (4, 8)$

(ⅰ)~(ⅲ)의 각각에 대하여

첫 번째 순서쌍의 숫자가 적혀 있는 카드 2장을 배열하는 경우의 수는 1

이 각각에 대하여 두 번째 순서쌍의 숫자가 적혀 있는 카드 2장을 배열하는 경우의 수는 6

이 각각에 대하여 세 번째 순서쌍의 숫자가 적혀 있는 카드 2장을 배열하는 경우의 수는 4

이 각각에 대하여 네 번째 순서쌍의 숫자가 적혀 있는 카드 2장을 배열하는 경우의 수는 2

구하는 경우의 수는 $1 \times 6 \times 4 \times 2 = 48$이고, 마주 보는 위치에 있는 두 장의 카드에 적혀 있는 두 수의 차는 1, 2, 4의 3가지 경우가 있으므로 곱의 법칙에 의하여

$3 \times 48 = 144$

따라서 $P(A) = \dfrac{144}{7!}$ …… ㉠

사건 A와 사건 B가 동시에 일어나는 경우의 수는 (ⅱ)에서 1이 적힌 카드의 왼쪽과 오른쪽에 2가 적힌 카드가 오는 경우의 수가 2이고, 이 각각에 대하여 남은 2쌍의 카드를 나열하는 경우의 수가 4×2이므로

$2 \times 4 \times 2 = 16$

(ⅲ)에서도 (ⅱ)와 같은 방법으로 하면 경우의 수가 16이므로 숫자 1이 적혀 있는 카드와 숫자 2가 적혀 있는 카드가 서로 이웃하는 경

우의 수는

$16 + 16 = 32$

따라서 $P(A \cap B) = \dfrac{32}{7!}$ …… ㉡

㉠, ㉡에서 구하는 확률은

$$P(B|A) = \frac{P(A \cap B)}{P(A)} = \frac{\frac{32}{7!}}{\frac{144}{7!}} = \frac{2}{9}$$

답 ④

19

두 주머니 A와 B에 흰 공 1개, 검은 공 1개각 각각 들어 있는

에서 문제의 조건에 따라 시행을 할 때, 4번째 시행의 결과 처음으로 주머니 A에 들어 있는 공의 개수가 0이 되는 경우를 그림으로 나타내면 다음과 같이 ①, ②, ③, ④의 경우로 나누어 생각할 수 있다.

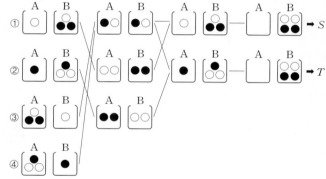

첫 번째 시행 결과 두 번째 시행 결과 세 번째 시행 결과 네 번째 시행 결과

① : $\dfrac{1}{4} \times \dfrac{1}{3} \times 1 \times \dfrac{2}{3} = \dfrac{1}{18} \Rightarrow S$

② : $\dfrac{1}{4} \times \dfrac{1}{3} \times 1 \times \dfrac{2}{3} = \dfrac{1}{18} \Rightarrow T$

③ : $\dfrac{1}{4} \times \dfrac{2}{3} \times \dfrac{1}{4} \times \dfrac{2}{3} = \dfrac{1}{36} \Rightarrow S$

    $\dfrac{1}{4} \times \dfrac{2}{3} \times \dfrac{1}{4} \times \dfrac{2}{3} = \dfrac{1}{36} \Rightarrow T$

    $S + T = \dfrac{1}{36} \times 2 = \dfrac{1}{18}$

④ : $\dfrac{1}{4} \times \dfrac{2}{3} \times \dfrac{1}{4} \times \dfrac{2}{3} = \dfrac{1}{36} \Rightarrow S$

    $\dfrac{1}{4} \times \dfrac{2}{3} \times \dfrac{1}{4} \times \dfrac{2}{3} = \dfrac{1}{36} \Rightarrow T$

    $S + T = \dfrac{1}{36} \times 2 = \dfrac{1}{18}$

이때 2번째 시행의 결과 주머니 A에 흰 공이 들어 있는 경우는 ①, ③, ④이므로 구하는 확률은

$$\frac{\frac{1}{18} \times 3}{\frac{1}{18} \times 4} = \frac{3}{4}$$

따라서 $p=\dfrac{3}{4}$이므로

$$36p=36\times\dfrac{3}{4}=27$$

답 27

20

첫 번째 시행에서 검은 공 n개 $(n=1,\ 2,\ 3)$를 뽑는 사건을 각각 $A_1,\ A_2,\ A_3$이라 하고 두 번째 시행에서 흰 공만 2개 남은 사건을 B라 하면 두 번째 시행의 결과 주머니에 흰 공만 2개 들어 있을 확률은

$$P(B)=P(B\cap A_1)+P(B\cap A_2)+P(B\cap A_3)$$

$$=\dfrac{{}_4C_1\times{}_2C_2}{{}_6C_3}\times\dfrac{{}_3C_3}{{}_5C_3}+\dfrac{{}_4C_2\times{}_2C_1}{{}_6C_3}\times\dfrac{{}_2C_2\times{}_2C_1}{{}_4C_3}+\dfrac{{}_4C_3}{{}_6C_3}\times\dfrac{1}{{}_3C_3}$$

$$=\dfrac{1}{50}+\dfrac{3}{10}+\dfrac{1}{5}$$

$$=\dfrac{1+15+10}{50}$$

$$=\dfrac{26}{50}$$

따라서 구하는 확률은

$$P(A_2|B)=\dfrac{P(B\cap A_2)}{P(B)}=\dfrac{\dfrac{3}{10}}{\dfrac{26}{50}}=\dfrac{15}{26}$$

즉, $p=26$, $q=15$이므로

$$p+q=26+15=41$$

답 41

21

주사위의 눈의 수가 5일 때 동전의 앞면이 나오는 횟수가 5일 확률은

$$\dfrac{1}{6}\times{}_5C_5\left(\dfrac{1}{2}\right)^5\left(\dfrac{1}{2}\right)^0=\dfrac{1}{6}\times1\times\dfrac{1}{32}\times1=\dfrac{1}{192}$$

주사위의 눈의 수가 6일 때 동전의 앞면이 나오는 횟수가 5일 확률은

$$\dfrac{1}{6}\times{}_6C_5\left(\dfrac{1}{2}\right)^5\left(\dfrac{1}{2}\right)^1=\dfrac{1}{6}\times6\times\dfrac{1}{32}\times\dfrac{1}{2}=\dfrac{1}{64}$$

따라서 구하는 확률은

$$\dfrac{1}{192}+\dfrac{1}{64}=\dfrac{1}{192}+\dfrac{3}{192}=\dfrac{4}{192}=\dfrac{1}{48}$$

답 ①

22

5회 시행에서 흰 공이 나온 횟수를 a, 검은 공이 나온 횟수를 b라 하면 $a+b=5$, $a+2b=7$이므로

$$a=3,\ b=2$$

1회 시행에서 흰 공이 나올 확률이 $\dfrac{2}{3}$, 검은 공이 나올 확률이 $\dfrac{1}{3}$이고 각 시행은 서로 독립이므로 구하는 확률은

$${}_5C_2\left(\dfrac{2}{3}\right)^3\left(\dfrac{1}{3}\right)^2=10\times\dfrac{8}{27}\times\dfrac{1}{9}$$

$$=\dfrac{80}{243}$$

답 ①

23

4회의 시행 중 5가 적힌 구슬이 3회, 4 이하의 수가 적힌 구슬 중 한 개가 1회 나올 확률은 ${}_4C_3\left(\dfrac{1}{5}\right)^3\left(\dfrac{4}{5}\right)^1=\dfrac{\boxed{16}}{625}$이다.

4회의 시행 중 5가 적힌 구슬이 2회, 4가 적힌 구슬이 1회, 3 이하의 수가 적힌 구슬 중 한 개가 1회 나올 확률은

$${}_4C_2\left(\dfrac{1}{5}\right)^2\times{}_2C_1\left(\dfrac{1}{5}\right)^1\left(\dfrac{3}{5}\right)^1=\dfrac{\boxed{36}}{625}$$이다.

$$P(N\geq14)=P(N=15)+P(N=14)$$

$$=\left(\dfrac{1}{625}+\dfrac{16}{625}\right)+\left(\dfrac{6}{625}+\dfrac{36}{625}\right)$$

$$=\dfrac{\boxed{59}}{625}$$

따라서 $p=16$, $q=36$, $r=59$이므로

$$p+q+r=16+36+59=111$$

답 ④

Ⅲ 통계

01 ③	**02** ③	**03** ①	**04** ②	**05** ④
06 ②	**07** 17	**08** ⑤	**09** ①	**10** ④
11 ②	**12** 29	**13** 80	**14** ②	**15** ③
16 ③	**17** ①	**18** 149	**19** ③	**20** 25
21 ④	**22** ⑤	**23** 19	**24** ④	**25** ⑤
26 88	**27** 8	**28** ②	**29** ④	**30** ②

유형 1 이산확률변수의 확률분포

01

확률의 총합은 1이므로

$a+a+b=1$

$2a+b=1$ ······ ㉠

$E(X)=5$에서

$2\times a+4\times a+6\times b=5$

$6a+6b=5$ ······ ㉡

㉠, ㉡에서 $a=\dfrac{1}{6}$, $b=\dfrac{2}{3}$

따라서 $b-a=\dfrac{2}{3}-\dfrac{1}{6}=\dfrac{1}{2}$

답 ③

02

확률의 총합은 1이므로

$a+\dfrac{a}{2}+\dfrac{a}{3}=1$

$\dfrac{11}{6}a=1$

$a=\dfrac{6}{11}$

따라서

$E(X)=1\times\dfrac{6}{11}+2\times\dfrac{3}{11}+3\times\dfrac{2}{11}$

$=\dfrac{18}{11}$

이므로

$E(11X+2)=11E(X)+2$

$=11\times\dfrac{18}{11}+2=20$

답 ③

03

6개의 공 중에서 2개의 공을 선택하는 경우의 수는

$_6C_2=\dfrac{6\times5}{2\times1}=15$

꺼낸 2개의 공에 적힌 두 수의 차가 0인 경우의 수는

$_3C_2+_2C_2=3+1=4$

꺼낸 2개의 공에 적힌 두 수의 차가 1인 경우의 수는

$_3C_1\times_2C_1+_2C_1\times_1C_1=3\times2+2\times1=8$

꺼낸 2개의 공에 적힌 두 수의 차가 2인 경우의 수는

$_3C_1\times_1C_1=3\times1=3$

확률변수 X의 확률분포를 표로 나타내면 다음과 같다.

X	0	1	2	합계
$P(X=x)$	$\dfrac{4}{15}$	$\dfrac{8}{15}$	$\dfrac{3}{15}$	1

따라서 $E(X)=0\times\dfrac{4}{15}+1\times\dfrac{8}{15}+2\times\dfrac{3}{15}=\dfrac{14}{15}$

답 ①

04

확률의 총합은 1이므로

$P(X=0)+P(X=2)+P(X=4)+P(X=6)=1$

$a+\dfrac{1}{2}+\dfrac{1}{4}+\dfrac{1}{6}=1$

$a=1-\dfrac{11}{12}=\dfrac{1}{12}$

따라서

$E(X)=0\times P(X=0)+2\times P(X=2)$

$\qquad\qquad+4\times P(X=4)+6\times P(X=6)$

$=2\times\dfrac{1}{2}+4\times\dfrac{1}{4}+6\times\dfrac{1}{6}=3$

이므로

$E(aX)=aE(X)=\dfrac{1}{12}\times E(X)$

$=\dfrac{1}{12}\times3=\dfrac{1}{4}$

답 ②

05

확률의 총합은 1이므로

$a+\dfrac{1}{3}+\dfrac{1}{4}+b=1$

$a+b=1-\dfrac{7}{12}=\dfrac{5}{12}$ ······ ㉠

$E(X)=\dfrac{11}{6}$에서

$0\times a+1\times\dfrac{1}{3}+2\times\dfrac{1}{4}+3\times b=\dfrac{11}{6}$

$$\frac{1}{3}+\frac{1}{2}+3b=\frac{11}{6}$$

$$3b=1$$

$$b=\frac{1}{3} \qquad \cdots\cdots \text{ⓛ}$$

㉠, ㉡에서

$$a=\frac{5}{12}-\frac{1}{3}=\frac{1}{12}$$

따라서 $\dfrac{b}{a}=\dfrac{\dfrac{1}{3}}{\dfrac{1}{12}}=4$

답 ④

06

홀수와 짝수를 모두 포함해서 서로 다른 3장의 카드를 뽑으므로

$k+(\boxed{\text{(가)}}-k)=3$이어야 한다.

따라서 (가)$=3$

$(2n-1)$장의 카드 중에서 짝수가 적힌 카드는 $(n-1)$장, 홀수가

적힌 카드는 n장이다.

택한 3장의 카드 중 짝수가 적힌 카드의 개수가 확률변수 X이므

로 X는 0, 1, 2, 3의 값을 갖는다.

확률변수 X의 확률분포를 표로 나타내면 다음과 같다.

X	0	1	2	3	합계
$\mathrm{P}(X=k)$	$\dfrac{_{n-1}\mathrm{C}_0\times {_n}\mathrm{C}_3}{_{2n-1}\mathrm{C}_3}$	$\dfrac{_{n-1}\mathrm{C}_1\times {_n}\mathrm{C}_2}{_{2n-1}\mathrm{C}_3}$	$\dfrac{_{n-1}\mathrm{C}_2\times {_n}\mathrm{C}_1}{_{2n-1}\mathrm{C}_3}$	$\dfrac{_{n-1}\mathrm{C}_3\times {_n}\mathrm{C}_0}{_{2n-1}\mathrm{C}_3}$	1

각각의 확률을 계산해 보면

$$\mathrm{P}(X=0)=\frac{\dfrac{n(n-1)(n-2)}{3\times2\times1}}{\dfrac{(2n-1)(2n-2)(2n-3)}{3\times2\times1}}$$

$$=\frac{n(n-2)}{2(2n-1)(2n-3)}$$

$$\mathrm{P}(X=1)=\frac{(n-1)\times\dfrac{n(n-1)}{2\times1}}{\dfrac{(2n-1)(2n-2)(2n-3)}{3\times2\times1}}$$

$$=\frac{3n(n-1)}{2(2n-1)(2n-3)}$$

$$\mathrm{P}(X=2)=\frac{\dfrac{(n-1)(n-2)}{2\times1}\times n}{\dfrac{(2n-1)(2n-2)(2n-3)}{3\times2\times1}}$$

$$=\boxed{\frac{3n(n-2)}{2(2n-1)(2n-3)}}$$

$$\mathrm{P}(X=3)=\frac{\dfrac{(n-1)(n-2)(n-3)}{3\times2\times1}}{\dfrac{(2n-1)(2n-2)(2n-3)}{3\times2\times1}}$$

$$=\frac{(n-2)(n-3)}{2(2n-1)(2n-3)}$$

그러므로

$$\mathrm{E}(X)=\sum_{k=0}^{3}\{k\times\mathrm{P}(X=k)\}$$

$$=\frac{3n(n-1)}{2(2n-1)(2n-3)}+2\times\frac{3n(n-2)}{2(2n-1)(2n-3)}$$

$$+3\times\frac{(n-2)(n-3)}{2(2n-1)(2n-3)}$$

$$=\frac{3n^2-3n+6n^2-12n+3n^2-15n+18}{2(2n-1)(2n-3)}$$

$$=\frac{12n^2-30n+18}{2(2n-1)(2n-3)}$$

$$=\frac{6(n-1)(2n-3)}{2(2n-1)(2n-3)}$$

$$=\frac{\boxed{3(n-1)}}{2n-1}$$

따라서 $a=3$, $f(n)=\dfrac{3n(n-2)}{2(2n-1)(2n-3)}$, $g(n)=3(n-1)$이

므로

$$a\times f(5)\times g(8)=3\times\frac{3\times5\times3}{2\times9\times7}\times(3\times7)$$

$$=\frac{45}{2}$$

답 ②

07

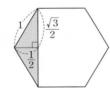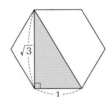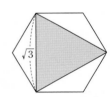

3개의 점을 어떻게 택하느냐에 따라 만들어지는 삼각형을 위 그림

과 같이 세 종류로 구분할 수 있고, 이때의 넓이는 각각 $\dfrac{\sqrt{3}}{4}$, $\dfrac{\sqrt{3}}{2}$,

$\dfrac{3\sqrt{3}}{4}$이다.

확률변수 X의 확률분포를 표로 나타내면 다음과 같다.

X	$\dfrac{\sqrt{3}}{4}$	$\dfrac{\sqrt{3}}{2}$	$\dfrac{3\sqrt{3}}{4}$	합계
$\mathrm{P}(X=x)$	$\dfrac{6}{_6\mathrm{C}_3}$	$\dfrac{12}{_6\mathrm{C}_3}$	$\dfrac{2}{_6\mathrm{C}_3}$	1

$$\mathrm{P}\left(X\geq\frac{\sqrt{3}}{2}\right)=1-\frac{6}{_6\mathrm{C}_3}$$

$$=1-\frac{6}{20}=\frac{7}{10}$$

따라서 $p=10$, $q=7$이므로 $p+q=10+7=17$

답 17

08

확률변수 X가 이항분포 $B\left(50, \frac{1}{4}\right)$을 따르므로

$$E(X)=50 \times \frac{1}{4}=\frac{25}{2}$$

$$V(X)=50 \times \frac{1}{4} \times \frac{3}{4}=\frac{75}{8}$$

따라서 $V(4X)=16V(X)=16 \times \frac{75}{8}=150$

답 ⑤

09

확률변수 X는 이항분포 $B\left(20, \frac{4}{5}\right)$를 따르므로

$$V(X)=20 \times \frac{4}{5} \times \frac{1}{5}=\frac{16}{5}$$

따라서

$$V\left(\frac{1}{4}X+1\right)=\frac{1}{16}V(X)$$

$$=\frac{1}{16} \times \frac{16}{5}=\frac{1}{5}$$

답 ①

10

$$P(X=3)={}_5C_3 p^3(1-p)^2$$
$$=10p^3(1-p)^2$$

$$P(X=4)={}_5C_4 p^4(1-p)$$
$$=5p^4(1-p)$$

$P(X=3)=P(X=4)$에서

$10p^3(1-p)^2=5p^4(1-p)$이므로 $2(1-p)=p$

$$p=\frac{2}{3}$$

$$E(X)=5 \times \frac{2}{3}=\frac{10}{3}$$

따라서

$$E(6X)=6E(X)$$
$$=6 \times \frac{10}{3}=20$$

답 ④

11

부부가 상품을 받을 확률은 $\frac{1}{3} \times \frac{1}{3}=\frac{1}{9}$

상품을 받는 부부의 쌍의 수를 확률변수 X라 하면 X는 이항분포 $B\left(n, \frac{1}{9}\right)$을 따른다.

이때 상품을 받는 부부가 2쌍 이하일 확률이 $\frac{57}{32}\left(\frac{8}{9}\right)^n$이므로

$${}_nC_0\left(\frac{8}{9}\right)^n+{}_nC_1\left(\frac{1}{9}\right)^1\left(\frac{8}{9}\right)^{n-1}+{}_nC_2\left(\frac{1}{9}\right)^2\left(\frac{8}{9}\right)^{n-2}=\frac{57}{32}\left(\frac{8}{9}\right)^n$$

$$\left\{1+\frac{n}{8}+\frac{n(n-1)}{128}\right\}\left(\frac{8}{9}\right)^n=\frac{57}{32}\left(\frac{8}{9}\right)^n$$

$$1+\frac{n}{8}+\frac{n(n-1)}{128}=\frac{57}{32}$$

$$16n+n(n-1)=100, \ n^2+15n-100=0$$

$$(n-5)(n+20)=0$$

따라서 n은 자연수이므로

$$n=5$$

답 ②

12

확률변수 X가 이항분포 $B(25, p)$를 따르므로

$V(X)=25p(1-p)=4$에서

$$25p^2-25p+4=0, \ (5p-1)(5p-4)=0$$

$0<p<\frac{1}{2}$이므로 $p=\frac{1}{5}$

따라서 $E(X)=25 \times \frac{1}{5}=5$이므로

$$E(X^2)=V(X)+\{E(X)\}^2=4+25=29$$

답 29

13

4회의 시행 중 나오는 눈의 수가 3 이상인 사건이 각각 4, 3, 2, 1, 0번 일어나는 경우에 말이 도착한 칸에 적혀 있는 수가 각각 4, 2, 0, 6, 4이므로 확률변수 X에 대한 확률질량함수는

$$P(X=0)={}_4C_2\left(\frac{2}{3}\right)^2\left(\frac{1}{3}\right)^2=\frac{24}{3^4}$$

$$P(X=2)={}_4C_3\left(\frac{2}{3}\right)^3\left(\frac{1}{3}\right)^1=\frac{32}{3^4}$$

$$P(X=4)={}_4C_0\left(\frac{1}{3}\right)^4+{}_4C_4\left(\frac{2}{3}\right)^4=\frac{17}{3^4}$$

$$P(X=6)={}_4C_1\left(\frac{2}{3}\right)^1\left(\frac{1}{3}\right)^3=\frac{8}{3^4}$$

따라서 확률변수 X의 확률분포를 표로 나타내면 다음과 같다.

X	0	2	4	6	합계
$P(X=x)$	$\frac{24}{3^4}$	$\frac{32}{3^4}$	$\frac{17}{3^4}$	$\frac{8}{3^4}$	1

$$E(X)=0 \times \frac{24}{3^4}+2 \times \frac{32}{3^4}+4 \times \frac{17}{3^4}+6 \times \frac{8}{3^4}$$

$$=\frac{64+68+48}{3^4}=\frac{20}{9}$$

따라서

$$E(36X)=36E(X)=36 \times \frac{20}{9}=80$$

답 80

14

확률의 총합은 1이므로

$$\left(a \times \frac{3}{4a}\right)+\left\{\frac{1}{2} \times (2-a) \times \frac{3}{4a}\right\}=1$$

$$\frac{3}{4}+\frac{3(2-a)}{8a}=1$$

에서 $a=\dfrac{6}{5}$

따라서 $\mathrm{P}\left(0 \leq X \leq \dfrac{1}{2}\right)=\dfrac{1}{2} \times \dfrac{3}{4a}=\dfrac{1}{2} \times \dfrac{3}{4} \times \dfrac{5}{6}=\dfrac{5}{16}$이므로

$$\mathrm{P}\left(\frac{1}{2} \leq X \leq 2\right)=1-\mathrm{P}\left(0 \leq X \leq \frac{1}{2}\right)$$
$$=1-\frac{5}{16}$$
$$=\frac{11}{16}$$

답 ②

15

확률변수 X의 확률밀도함수의 그래프에서 확률밀도함수 $f(x)$는

$$f(x)=\begin{cases} \dfrac{1}{4}x & (0 \leq x \leq 2) \\ 1-\dfrac{1}{4}x & (2 < x \leq 4) \end{cases}$$

$1<k<2$인 상수 k에 대하여
$\mathrm{P}(k \leq X \leq 2k)=\mathrm{P}(k \leq X \leq 2)+\mathrm{P}(2 \leq X \leq 2k)$

$$=\frac{1}{2}(2-k)\left(\frac{1}{4}k+\frac{1}{2}\right)+\frac{1}{2}(2k-2)\left(\frac{1}{2}+1-\frac{1}{2}k\right)$$
$$=\frac{1}{8}(2-k)(2+k)+\frac{1}{2}(k-1)(3-k)$$
$$=-\frac{5}{8}k^2+2k-1$$
$$=-\frac{5}{8}\left(k-\frac{8}{5}\right)^2+\frac{3}{5}$$

따라서 $\mathrm{P}(k \leq X \leq 2k)$는 $k=\dfrac{8}{5}$일 때, 최댓값을 갖는다.

답 ③

16

확률변수 X의 확률밀도함수의 그래프에서 확률밀도함수 $f(x)$는

$$f(x)=\begin{cases} \dfrac{1}{4}x & (0 \leq x \leq 2) \\ 1-\dfrac{1}{4}x & (2 < x \leq 4) \end{cases}$$

구하는 값은 전체 확률 1에서

$\mathrm{P}\left(0 \leq X \leq \dfrac{1}{2}\right)$과 $\mathrm{P}(3 \leq X \leq 4)$의 값을 뺀 것과 같다.

따라서

$$\mathrm{P}\left(\frac{1}{2} \leq X \leq 3\right)=1-\mathrm{P}\left(0 \leq X \leq \frac{1}{2}\right)-\mathrm{P}(3 \leq X \leq 4)$$
$$=1-\frac{1}{2} \times \frac{1}{2} \times \frac{1}{8}-\frac{1}{2} \times 1 \times \frac{1}{4}$$
$$=1-\frac{1}{32}-\frac{1}{8}$$
$$=1-\frac{5}{32}=\frac{27}{32}$$

답 ③

17

이 대학에 지원한 5000명의 입학 시험점수를 확률변수 X라 하면

X는 정규분포 $\mathrm{N}(63.7, 10^2)$을 따르고, $Z=\dfrac{X-63.7}{10}$로 놓으면

확률변수 Z는 표준정규분포 $\mathrm{N}(0, 1)$을 따른다.

이 대학에 입학하기 위한 최저 점수가 a이므로

$$\mathrm{P}(X \geq a)=\mathrm{P}\left(Z \geq \frac{a-63.7}{10}\right)=\frac{50}{5000}=0.01$$

이때

$$\mathrm{P}(Z \geq 2.33)=0.5-\mathrm{P}(0 \leq Z \leq 2.33)=0.5-0.490=0.01$$

이므로

$$\frac{a-63.7}{10}=2.33$$

$$a=23.3+63.7=87$$

또, 장학금을 받는 학생 수가 b이므로

$$\mathrm{P}(X \geq 94.6)=\mathrm{P}\left(Z \geq \frac{94.6-63.7}{10}\right)=\mathrm{P}(Z \geq 3.09)$$
$$=\frac{b}{5000}$$

이때

$$\mathrm{P}(Z \geq 3.09)=0.5-\mathrm{P}(0 \leq Z \leq 3.09)=0.5-0.499=0.001$$

이므로

$$\frac{b}{5000}=0.001$$

$$b=5$$

따라서 $a+b=87+5=92$

답 ①

18

정규분포 $\mathrm{N}(m, \sigma^2)$을 따르는 확률변수 X에 대하여 조건 (가)에서 $\mathrm{P}(X \geq 128)=\mathrm{P}(X \leq 140)$이므로

$128-m=-(140-m)$, $2m=128+140=268$

따라서 $m=134$

조건 (나)에서

$$\mathrm{P}(m \le X \le m+10)=\mathrm{P}\Big(\frac{m-m}{\sigma} \le Z \le \frac{m+10-m}{\sigma}\Big)$$
$$=\mathrm{P}\Big(0 \le Z \le \frac{10}{\sigma}\Big)$$
$$=\mathrm{P}(-1 \le Z \le 0)$$

이므로 $\frac{10}{\sigma}=1$, $\sigma=10$

$$\mathrm{P}(X \ge k)=\mathrm{P}\Big(Z \ge \frac{k-134}{10}\Big)$$
$$=0.0668$$
$$=0.5-0.4332$$
$$=0.5-\mathrm{P}(0 \le Z \le 1.5)$$
$$=\mathrm{P}(Z \ge 1.5)$$

따라서 $\frac{k-134}{10}=1.5$이므로

$k=15+134=149$

답 149

19

학생들의 수학 점수를 확률변수 X라 하면 X는 정규분포 $\mathrm{N}(67, 12^2)$을 따르고, $Z=\frac{X-67}{12}$로 놓으면 확률변수 Z는 표준정규분포 $\mathrm{N}(0, 1)$을 따른다.

성취도가 A 또는 B인 학생이기 위해서는 수학 점수가 79점 이상이어야 하므로 구하는 것은 $\mathrm{P}(X \ge 79)$이다.

따라서

$$\mathrm{P}(X \ge 79)=\mathrm{P}\Big(Z \ge \frac{79-67}{12}\Big)$$
$$=\mathrm{P}(Z \ge 1)$$
$$=0.5-\mathrm{P}(0 \le Z \le 1)$$
$$=0.5-0.3413$$
$$=0.1587$$

답 ③

20

$\frac{a+(2b-a)}{2}=11$이므로 $b=11$이고, $g(10)=f(12)$이다.

즉, $f(17)<g(10)<f(15)$에서 $f(17)<f(12)<f(15)$이고, 확률밀도함수 $f(x)$는 $x=a$ (a는 자연수)에 대하여 대칭이므로 $11<a$이고, $a=14$이다.

따라서 $a+b=14+11=25$

답 25

참고 두 확률밀도함수 $y=f(x)$, $y=g(x)$의 그래프는 다음 그림과 같다.

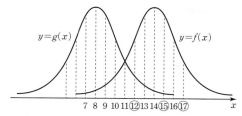

21

조건 (가)에서 $x=t+5$로 놓으면 모든 실수 t에 대하여 $f(15+t)=f(15-t)$가 성립하므로 함수 $y=f(x)$의 그래프는 직선 $x=15$에 대하여 대칭이다.

따라서 확률밀도함수의 그래프의 성질에 의하여 $m=15$

확률변수 X는 정규분포 $\mathrm{N}(15, 4^2)$을 따르므로 $Z_1=\frac{X-15}{4}$로 놓으면 확률변수 Z_1은 표준정규분포 $\mathrm{N}(0, 1)$을 따른다.

$$\mathrm{P}(X \ge 17)=\mathrm{P}\Big(Z_1 \ge \frac{17-15}{4}\Big)=\mathrm{P}(Z_1 \ge 0.5)$$

또, 확률변수 Y는 정규분포 $\mathrm{N}(20, \sigma^2)$을 따르므로 $Z_2=\frac{X-20}{\sigma}$으로 놓으면 확률변수 Z_2는 표준정규분포 $\mathrm{N}(0, 1)$을 따른다.

$$\mathrm{P}(Y \le 17)=\mathrm{P}\Big(Z_2 \le \frac{17-20}{\sigma}\Big)=\mathrm{P}\Big(Z_2 \le \frac{-3}{\sigma}\Big)$$

조건 (나)에서 $\mathrm{P}(X \ge 17)=\mathrm{P}(Y \le 17)$이 성립하므로

$-\frac{3}{\sigma}=-0.5$, 즉 $\sigma=6$

따라서

$$\mathrm{P}(X \le m+\sigma)=\mathrm{P}(X \le 15+6)=\mathrm{P}(X \le 21)$$
$$=\mathrm{P}\Big(Z_1 \le \frac{21-15}{4}\Big)=\mathrm{P}(Z_1 \le 1.5)$$
$$=0.5+\mathrm{P}(0 \le Z_1 \le 1.5)$$
$$=0.5+0.4332=0.9332$$

답 ④

22

두 확률변수 X, Y의 표준편차가 서로 같으므로 함수 $y=g(x)$의 그래프는 함수 $y=f(x)$의 그래프를 x축의 양의 방향으로 $m-10$만큼 평행이동한 그래프이다.

두 곡선이 만나는 점의 x좌표는

$\frac{10+m}{2}=k$, $m=2k-10$

확률변수 Y는 정규분포 $\mathrm{N}(m, 5^2)$을 따르므로 $Z=\frac{Y-m}{5}$으로

놓으면 확률변수 Z는 표준정규분포 $\mathrm{N}(0, 1)$을 따른다.
따라서

$$\mathrm{P}(Y \leq 2k) = \mathrm{P}\left(Z \leq \frac{2k-m}{5}\right) = \mathrm{P}(Z \leq 2)$$
$$= 0.5 + \mathrm{P}(0 \leq Z \leq 2)$$
$$= 0.5 + 0.4772 = 0.9772$$

답 ⑤

유형 5 **표본평균의 분포**

23

$\mathrm{E}(\overline{X}) = 15$이고 $\sigma(\overline{X}) = \dfrac{8}{\sqrt{4}} = 4$이므로

$\mathrm{E}(\overline{X}) + \sigma(\overline{X}) = 15 + 4 = 19$

답 19

24

어느 회사에서 근무하는 직원들의 일주일 근무 시간의 평균을 확률변수 X라 하면 X는 정규분포 $\mathrm{N}(42, 4^2)$을 따른다.

이 회사에서 근무하는 직원 중에서 임의추출한 4명의 일주일 근무 시간의 표본평균을 $\overline{X}$라 하면 $\overline{X}$는 정규분포 $\mathrm{N}\left(42, \left(\dfrac{4}{2}\right)^2\right)$,

즉 $\mathrm{N}(42, 2^2)$을 따르고, $Z = \dfrac{\overline{X} - 42}{2}$로 놓으면 확률변수 Z는 표준정규분포 $\mathrm{N}(0, 1)$을 따른다.

따라서 구하는 확률은

$$\mathrm{P}(\overline{X} \geq 43) = \mathrm{P}\left(Z \geq \frac{43 - 42}{2}\right)$$
$$= \mathrm{P}(Z \geq 0.5)$$
$$= 0.5 - \mathrm{P}(0 \leq Z \leq 0.5)$$
$$= 0.5 - 0.1915$$
$$= 0.3085$$

답 ④

25

모집단이 정규분포 $(100, \sigma^2)$을 따르므로 표본평균 $\overline{X}$는 정규분포 $\mathrm{N}\left(100, \left(\dfrac{\sigma}{5}\right)^2\right)$을 따르고, $Z = \dfrac{\overline{X} - 100}{\frac{\sigma}{5}}$으로 놓으면 확률변수 Z는 표준정규분포 $\mathrm{N}(0, 1)$을 따른다.

$$\mathrm{P}(98 \leq \overline{X} \leq 102) = \mathrm{P}\left(\frac{98 - 100}{\frac{\sigma}{5}} \leq Z \leq \frac{102 - 100}{\frac{\sigma}{5}}\right)$$

$$= \mathrm{P}\left(-\frac{10}{\sigma} \leq Z \leq \frac{10}{\sigma}\right)$$
$$= 2 \times \mathrm{P}\left(0 \leq Z \leq \frac{10}{\sigma}\right)$$
$$= 0.9876$$

에서 $\mathrm{P}\left(0 \leq Z \leq \dfrac{10}{\sigma}\right) = 0.4938$

이때 $\mathrm{P}(0 \leq Z \leq 2.5)$이므로 $\dfrac{10}{\sigma} = 2.5$

따라서 $\sigma = 4$

답 ⑤

26

모집단이 정규분포 $\mathrm{N}(85, 6^2)$을 따르므로 표본평균 $\overline{X}$는 정규분포 $\mathrm{N}\left(85, \left(\dfrac{6}{4}\right)^2\right)$, 즉 $\mathrm{N}(85, 1.5^2)$을 따르고, $Z = \dfrac{\overline{X} - 85}{1.5}$로 놓으면 확률변수 Z는 표준정규분포 $\mathrm{N}(0, 1)$을 따른다.

$$\mathrm{P}(\overline{X} \geq k) = \mathrm{P}\left(Z \geq \frac{k - 85}{1.5}\right) = 0.5 - \mathrm{P}\left(0 \leq Z \leq \frac{k - 85}{1.5}\right) = 0.0228$$

이므로 $\mathrm{P}\left(0 \leq Z \leq \dfrac{k - 85}{1.5}\right) = 0.5 - 0.0228 = 0.4772$

이때 $\mathrm{P}(0 \leq Z \leq 2) = 0.4772$이므로 $\dfrac{k - 85}{1.5} = 2$

따라서 $k = 2 \times 1.5 + 85 = 88$

답 88

27

어느 공장에서 생산하는 과자 1개의 무게를 확률변수 X라 하면 X는 정규분포 $\mathrm{N}(150, 9^2)$을 따른다.

이 공장에서 생산하는 과자의 세트 상품 1개에 속한 n개의 과자의 무게의 표본평균을 $\overline{X}$라 하면 정규분포 $\mathrm{N}\left(150, \left(\dfrac{9}{\sqrt{n}}\right)^2\right)$을 따르고, $Z = \dfrac{\overline{X} - 150}{\frac{9}{\sqrt{n}}}$으로 놓으면 확률변수 Z는 표준정규분포 $\mathrm{N}(0, 1)$을 따른다.

$$\mathrm{P}(\overline{X} \leq 145) = \mathrm{P}\left(Z \leq \frac{145 - 150}{\frac{9}{\sqrt{n}}}\right)$$
$$= \mathrm{P}\left(Z \leq \frac{-5\sqrt{n}}{9}\right) \leq 0.07$$

$\mathrm{P}(0 \leq Z \leq 1.5) = 0.43$에서

$$\mathrm{P}(Z \leq -1.5) = \mathrm{P}(Z \geq 1.5) = 0.5 - \mathrm{P}(0 \leq Z \leq 1.5)$$
$$= 0.5 - 0.43 = 0.07$$

이므로

$$\frac{-5\sqrt{n}}{9} \leq -1.5$$

$$\sqrt{n} \geq 2.7$$

$$n \geq 7.29$$

이때 n은 자연수이므로 구하는 n의 최솟값은 8이다.

답 8

유형 6 모평균의 추정

28

표본의 크기 $n=36$일 때의 표본평균 $\overline{x}$에 대하여 평균 m에 대한 신뢰도 95 %의 신뢰구간은

$$\overline{x} - 1.96 \times \frac{1.5}{\sqrt{36}} \leq m \leq x + 1.96 \times \frac{1.5}{\sqrt{36}}$$

이 신뢰구간이 $a \leq m \leq 6.49$와 일치하므로

$$6.49 - a = 2 \times 1.96 \times \frac{1.5}{6} = 0.98$$

따라서 $a = 5.51$

답 ②

29

모집단의 표준편차 $\sigma = 50$, 표본평균 $\overline{x} = 1740$이므로 표본의 크기를 n이라 하면 모평균 m에 대한 신뢰도 95 %의 신뢰구간은

$$1740 - 1.96 \times \frac{50}{\sqrt{n}} \leq m \leq 1740 + 1.96 \times \frac{50}{\sqrt{n}}$$

이 신뢰구간이 $1720.4 \leq m \leq a$와 일치하므로

$$1740 - 1.96 \times \frac{50}{\sqrt{n}} = 1720.4 \text{에서 } 19.6 = 1.96 \times \frac{50}{\sqrt{n}}$$

$$\frac{50}{\sqrt{n}} = 10, \sqrt{n} = 5$$

$$n = 25$$

$$a = 1740 + 1.96 \times \frac{50}{\sqrt{25}} = 1740 + 19.6 = 1759.6$$

따라서 $n + a = 25 + 1759.6 = 1784.6$

답 ④

30

어느 도시의 직장인들이 하루 동안 도보로 이동한 거리를 확률변수 X라 하면 X는 정규분포 $\mathrm{N}(m, \sigma^2)$을 따른다.

이 도시의 직장인들 중에서 36명을 임의추출하여 조사한 결과 36명이 하루 동안 도보로 이동한 거리의 총합이 216 km이므로 표본평균 $\overline{x}$는

$$\overline{x} = \frac{216}{36} = 6$$

따라서 확률변수 X의 평균 m에 대한 신뢰도 95 %의 신뢰구간은

$$6 - 1.96 \times \frac{\sigma}{\sqrt{36}} \leq m \leq 6 + 1.96 \times \frac{\sigma}{\sqrt{36}}$$

이 신뢰구간이 $a \leq m \leq a + 0.98$과 일치하므로

$$a = 6 - 1.96 \times \frac{\sigma}{6} \qquad \cdots\cdots \text{㉠}$$

$$a + 0.98 = 6 + 1.96 \times \frac{\sigma}{6} \qquad \cdots\cdots \text{㉡}$$

㉠을 ㉡에 대입하여 풀면

$$0.98 = 2 \times 1.96 \times \frac{\sigma}{6}, \sigma = 1.5$$

따라서 $a = 6 - 1.96 \times \frac{1.5}{6} = 6 - 0.49 = 5.51$이므로

$$a + \sigma = 5.51 + 1.5 = 7.01$$

답 ②

MEMO

한눈에 보는 정답

Ⅰ 경우의 수

수능 유형별 기출 문제
본문 8~26쪽

01 ①	02 ④	03 ③	04 ③	05 ②	06 ③
07 ③	08 ④	09 ①	10 ④	11 ④	12 ①
13 ①	14 ①	15 ④	16 ③	17 ①	18 ②
19 ⑤	20 ②	21 ⑤	22 ②	23 36	24 ⑤
25 ④	26 840	27 ⑤	28 ③	29 ⑤	30 120
31 ⑤	32 ①	33 ④	34 ⑤	35 ③	36 ④
37 ①	38 ⑤	39 40	40 450	41 84	42 ③
43 ③	44 ⑤	45 ③	46 ③	47 ②	48 ③
49 ①	50 ⑤	51 ①	52 ①	53 37	54 49
55 ③	56 64	57 ①	58 74	59 ①	60 24
61 ②	62 ⑤	63 15	64 ④	65 ⑤	66 24
67 ④	68 24	69 ③	70 ①	71 ④	72 60
73 ②	74 ②	75 ①	76 ①	77 ②	

도전 1등급 문제
본문 27~33쪽

01 8	02 55	03 150	04 84	05 48	06 84
07 114	08 ①	09 168	10 25	11 196	12 105
13 115	14 201	15 45	16 285	17 97	18 218
19 336	20 65	21 260	22 708		

Ⅱ 확률

수능 유형별 기출 문제
본문 36~58쪽

01 ①	02 ⑤	03 ④	04 ④	05 ④	06 ②
07 ⑤	08 ③	09 ④	10 ⑤	11 ⑤	12 ⑤
13 ④	14 ④	15 ①	16 ④	17 ②	18 ③
19 ③	20 ③	21 ④	22 ②	23 ②	24 ⑤
25 ③	26 ⑤	27 ⑤	28 ③	29 ②	30 ③
31 ③	32 ②	33 ①	34 ②	35 ④	36 ③
37 ③	38 ①	39 ③	40 ⑤	41 ②	42 ③
43 ⑤	44 ④	45 ①	46 ②	47 ④	48 ④
49 ①	50 ⑤	51 ①	52 ⑤	53 ④	54 ①
55 ②	56 ⑤	57 ④	58 ①	59 ③	60 47
61 ②	62 ④	63 ④	64 ①	65 ②	66 ②
67 ④	68 137	69 ①			

도전 1등급 문제
본문 59~63쪽

01 22	02 46	03 15	04 51	05 5	06 47
07 62	08 587	09 17	10 9	11 135	12 191
13 49					

III 통계

수능 유형별 기출 문제　　　본문 66~83쪽

01 ③	02 121	03 ⑤	04 ②	05 ①	06 ④
07 ③	08 ①	09 ②	10 32	11 59	12 15
13 300	14 ④	15 15	16 ③	17 ③	18 ④
19 ④	20 ④	21 ②	22 ⑤	23 ⑤	24 ④
25 ④	26 ①	27 ①	28 ④	29 ②	30 ②
31 ②	32 ③	33 ④	34 ⑤	35 ③	36 ⑤
37 64	38 ③	39 ②	40 ②	41 ②	42 10

도전 1등급 문제　　　본문 84~86쪽

01 ⑤	02 ①	03 78	04 673	05 175	06 31
07 23					

I 경우의 수　　　본문 88~95쪽

01 ③	02 ①	03 ④	04 ③	05 ④	06 ②
07 14	08 ①	09 ⑤	10 ④	11 ④	12 31
13 50	14 ②	15 166	16 ②	17 ②	18 ②
19 ②	20 ①	21 135	22 80	23 ②	24 ③

II 확률　　　본문 96~102쪽

01 ③	02 ②	03 ②	04 ⑤	05 ④	06 5
07 151	08 ①	09 ①	10 259	11 ③	12 68
13 49	14 ③	15 ③	16 ③	17 ⑤	18 ④
19 27	20 41	21 ①	22 ①	23 ④	

III 통계　　　본문 103~112쪽

01 ③	02 ③	03 ①	04 ②	05 ④	06 ②
07 17	08 ⑤	09 ①	10 ④	11 ②	12 29
13 80	14 ②	15 ③	16 ③	17 ①	18 149
19 ③	20 25	21 ④	22 ⑤	23 19	24 ④
25 ⑤	26 88	27 8	28 ②	29 ④	30 ②

스스로 성장하는 힘,

나는
덕성이다

차미리사 선생님의 창학이념과

덕성의 자유전공제가 만나

더욱 단단하고 밝은

'나'의 미래를 만듭니다

자생
自生
살되, 네 생명을 살아라
Live, but live your
own life.

自覺
자각
알되, 네가 깨달아 알아라
Learn, but learn your
own lesson.

自立
자립
자성
自省
생각하되, 네 생각으로 하여라
Think, but think for
yourself.

SMU 세명대학교
SEMYUNG UNIVERSITY

아버지의 사원증

유니폼을 깨끗이 차려 입은
아버지의 가슴 위에
반듯이 달린 이름표, KD운송그룹 임남규

아버지는 출근 때마다 이 이름표를 매만지고
또 매만지신다. 마치 훈장을 다루듯이...

아버지는 동서울에서 지방을 오가는 긴 여정을 운행하신다
때론 밤바람을 묻히고 퇴근하실 때도 있고
때론 새벽 여명을 뚫고 출근 하시지만
아버지의 유니폼은 언제나 흐트러짐이 없다

동양에서 가장 큰 여객운송그룹에 다니는 남편이 자랑스러워
평생을 얼룩 한 점 없이 깨끗이 세탁하고
구김하나 없이 반듯하게 다려주시는 어머니 덕분이다
출근하시는 아버지의 뒷모습을 지켜보는 어머니의 얼굴엔
언제나 흐뭇한 미소가 번진다
나는 부모님께 행복한 가정을 선물한 회사와
자매 재단의 세명대학교에 다닌다
우리가정의 든든한 울타리인 회사에 대한 자부심과 믿음은
세명대학교를 선택함에 있어 조금의 주저도 없도록 했다
아버지가 나의 든든한 후원자이듯
KD운송그룹은 우리대학의 든든한 후원자다
요즘 어머니는 출근하는 아버지를 지켜보듯 등교하는 나를 지켜보신다
든든한 기업에 다니는 아버지가 자랑스럽듯
든든한 기업이 세운 대학교에 다니는 내가 자랑스럽다고
몇 번이고 몇 번이고 말씀하신다

KD 운송그룹
KD Transportation Group

사 원 증

임남규
Lim Nam Gyu

www.buspia.co.kr

SMU 세명대학교

[법인자매회사] **KD KD 운송그룹**

대원여객, 대원관광, 경기고속, 대원고속, 대원교통, 대원운수, 대원버스, 평안운수, 경기여객
명진여객, 진명여객, 경기버스, 경기운수, 경기상운, 화성여객, 삼흥고속, 평택버스, 이천시내버스

자매교육기관 대원대학교, 성희여자고등학교,
세명고등학교, 세명컴퓨터고등학교

• **주소 :** (27136) 충북 제천시 세명로 65(신월동)   • **입학문의 :** 입학관리본부(☎ 043-649-1170~4)   • **홈페이지 :** www.semyung.ac.kr

인생!
속도보다는 방향성!

우리는 매우 바쁘게 살아갑니다.

왜 바쁘게 살아가는지, 무엇을 위해 사는지도 모른채

그냥 열심히 뛰어갑니다.

잠시, 뛰어가는 걸음을 멈추고 눈을 들어 하늘을 쳐다보세요.

그리고 이렇게 자신에게 질문해보십시오!

'나는 지금 어디를 향해 달려가고, 왜 그곳을 향해 달려가고 있는가?'

pray

"나의 가는 길을 오직 그가 아시나니
그가 나를 단련하신 후에는 내가 정금 같이 나오리라"

– 욥기 23장 10절 –

총신대학교
CHONGSHIN UNIVERSITY
2025학년도 신입생 모집

원서접수 | 수시 : 2024년 9월 9일(월) ~ 9월 13일(금) / 정시 : 2024년 12월 31일(화) ~ 2025년 1월 3일(금)
모집학과 | 신학과·아동학과·사회복지학과·중독재활상담학과·기독교교육과·영어교육과·역사교육과·유아교육과·교회음악과
입학상담 | TEL: 02.3479.0400 / URL: admission.csu.ac.kr

나의 대학 팔로우
Follow

입시정보

입시자료

대학굿즈

TALK

입시상담

모두의 요강

나의 대학 　대학별 입시 요강 　대학별 굿즈 　≡

가고 싶은 대학 어디야?

서울대학교 　Follow ♥

충남대학교 　Follow ♥

부산대학교 　Follow ♥

전남대학교 　Follow ♥

강원대학교 　Follow ♥

Follow Tip
QR코드로 접속하여 답변하면 자동으로 응모가 됩니다.
성실하게 답변할수록 당첨 확률이 높아집니다.

가고싶은 대학을 팔로우하면 다양한 대학 입시정보와 함께 선물이 따라온다!!

1등

스마트 워치
(2명)

2등

CU 모바일 금액권 3,000원
CU상품권 3000원
(100명)

응모기간

1차	2차
4월 30일까지	7월 31일까지
(당첨발표 5월중 개별통지)	(당첨발표 8월중 개별통지)